传媒艺苑文丛

吴裕成　著

典藏版

中国国际广播出版社

图书在版编目（CIP）数据

中国井文化：典藏版 / 吴裕成著. —北京：中国国际广播出版社，2022.11

（传媒艺苑文丛.第二辑）

ISBN 978-7-5078-5221-9

Ⅰ.①中… Ⅱ.①吴… Ⅲ.①井—文化—中国 Ⅳ.①TU991.12-05

中国版本图书馆CIP数据核字（2022）第188967号

中国井文化（典藏版）

著　　者　吴裕成
出 版 人　张宇清　田利平
项目统筹　李　卉　张娟平
策划编辑　筴学婧
责任编辑　筴学婧
校　　对　张　娜
设　　计　国广设计室

出版发行　中国国际广播出版社有限公司［010-89508207（传真）］
社　　址　北京市丰台区榴乡路88号石榴中心2号楼1701
　　　　　邮编：100079
印　　刷　环球东方（北京）印务有限公司

开　　本　710×1000　1/16
字　　数　330千字
印　　张　28.5
版　　次　2023年5月　北京第一版
印　　次　2023年5月　第一次印刷
定　　价　68.00元

引　言

两横平行，两竖平行，两组平行线的交叉，造就一个朴实无华的汉字：井。“井”写实，寥寥四笔，如一幅俯视图，表示滋养生命、灌溉五谷也浇灌出一种文化的那类物体。“井”又是激情纵横大写意，书纵入地上天，书横天涯海角，不仅让人看井泉深深，还让人读悠悠岁月里永汲不竭的文化故事，品味井文化与华夏文明的阡陌交织。

井是什么？平地凿凹，人与泉源的对话。这对话，一开口就讲了几千年。深奥的、浅显的，技术的、哲学的，理想的、道德的，风俗的、传奇的，抒情的、寓言的，真是话题多多。于是，水之井就成了历史之凹，汪着水情也汪着人情。数不清的太阳在井里浮过，数不清的月亮在井里浮过，月亮朔望圆缺，太阳每一天都是新的。

就来说一件20世纪50年代末的事。大庆油田开创之初，钻井队来了个新工人。问他打过井吗？他很自信地说：“在家时打过。”他边答边做掘地挖坑的动作——水井啊！人们笑了。应该说，在这位新工人的尴尬之中，有着古老的井文化的骄傲。

20世纪90年代末，在浙江金华老城区的酒坊巷，笔者慕名寻访一眼古井。它被冷落于街隅旮旯，静静地以水气熏染着井壁井口的苔绿。常有人汲水吗？邻近的住户摇摇头：“早用上了自来水。”老井被闲置，所幸还有人来汲水洗洗涮涮，因而没遭填塞。这令人生出沧桑感。要知道，此巷号“酒坊”，只缘守着甜井酿美酒。这是城里。其实，即使在乡间，自来水、机井、压把井也在不断地挤占水井辘轳的生存空间。如今说打井，油井、气井钻机开钻；开采地下水资源的井，也往往不是原本模样的砖砌石甃井台辘轳了。

我们可以如数家珍地谈论古代掘井技术，自然也不该漠视“沿海城市切莫再掘深井”的呼吁——2000年10月11日《经济日报》报道：辽宁营口和葫芦岛，由于过度开采地下水甚至深层地下水，使得地下水位不断沉降，招引来大面积的海水倒灌，这两个城市已经成为“坐在咸水上的城市”。新的话题也出现了，不是琢磨将大地深处的甘泉汲取出来，而是设想以“回填淡水”等方式，逼地层下的海水退却。人类凿井汲泉的聪明，终于走到了尽头，开始向着反面转化。应该说，这是更高层次的聪明。

20世纪50年代至今，历史长河一瞬间，生活却发生了如此巨大的变化。“鸡上房，狗跳墙，一间土屋半间炕，喝井水，走泥路，煤油灯下补衣裳。”天津近郊杨柳青民间的顺口溜，回忆欠发达的当年，选了诸种已经消失了的典型事物，其中包括“喝井水”。水井就是这样，在历史的巨变当中，成了落伍者。现在谈井，仿佛在鉴赏文物，至少可以说是面对一种夕阳事物。历史的况味，便由其中生出来。

用电脑录下这些心得的时候，想到了网络。井字笔画间架中，珍藏着纵横交叉的结点。它有点像网络系统的微观局部。如果说，博大精深的中华文化如一个巨大的网络系统，拥有无穷无尽的结点；那么，井文化恰似大系统里的小单元。请别嫌其小：它“小”，但它与“大”相通联，也就成了窗口。以窗之灵透，正可以得广角镜，获大视野。

好，就让我们一同上“网”，去叩访井字纵横交织的结点，做一回访问者，当一次观光客。

农历己卯秋九月

目　录

第一章 饮水思源

常言道，吃水不忘掘井人。这就是电脑汉字输入软件“饮”字之下第一词：饮水思源。

华夏先民有着许许多多彪炳千秋的物质文明创造。凿井技术的发明和发展，留下一条闪光溢彩的历程。饮水而思井，思绪如一只小船，悠悠然，溯出一条泛着碎金的水道。

人畜饮水的井，浇田灌园的井，水井作为古代生活不可或缺的事物，它的历史、它的沿革，也曾令古人思绪如缕。就以明代大科学家徐光启为例，他的《农政全书》专门论井：

井，池穴出水也。《说文》曰：清也。故《易》曰：井洌寒泉，食。甃之以石，则洁而不泥。汲之以器，则养而不穷。井之功大矣。按《周书》云：黄帝穿井。又《世本》云：伯益作井。尧民凿井而饮。汤旱，伊尹教民田头凿井以溉田，今之桔槔是也。此皆人力之井也。若夫岩穴泉窦，流而不穷，汲而不竭，此天然之井也。皆可灌溉田亩，水利之中所不可阙者。

玄扈先生曰：井以深大为佳。如南方小井，则用未博。大而敞口，则汲者惧险，须如北方三四眼者，以容辘轳，即大善矣。其盖则须极厚，上施石栏焉。即言井，曷不具汲法也。汲有三法：汲为上，辘轳次之，挈绠缶为下。

徐光启，字子先，号玄扈。《农政全书》这段文字，容量很大。从井形到水质，从井的发明到农田水利，大井浅井，井盖井栏，南方小井、北方深井，以及凿井而饮的社会理想，桔槔辘轳的汲水之利，等等，都讲到了。请不要忽略玄扈先生的这句话：“井之功大矣。”

是的，“井之功大矣”……

一、掘井

（一）象形“井”字储信息

在集结于成千上万片殷商甲骨之上的，亦写亦画的早期文字的大军中，我们一眼便可以认出这“井”字——它们作井，或作丼。与那些画虎、画马、画鱼，画得很是传神的古文字相比，象形“井”字朴素、简约，似乎不具有浓厚的“画”字的况味，以至未经什么变形，不经修理、整饰，就一步由商代人的书写符号跨入今天，甚至无所谓繁体简体，一成不变。

然而，这并不是一件平淡无奇的事。

由甲骨刻画到青铜铸形，由简书到帛书、纸书，汉字为了自身的生存付出了代价——它们不断地舍弃原有的笔画韵味，以适应流行和规范化的要求。有些字的结构造型，甚至变化得面目全非了。在今人用笔书写、用电脑敲打出的字行文稿中，“井”是最具初期象形原汁原味的字形之一。如果对于它的横竖笔画的曾稍呈弯曲忽略不计的话，那么我们可以讲，写了几千年的“井”字，始终是这样的四笔结构——两横两竖、四个叠合点的交叉。

甲骨文中另有表示狩猎陷阱的字，字形上下结构，上部分鹿形，下部分井形——这“井”，或为呈凹形的线条图形，或画“井”字，如[illegible]如[illegible]。那笔画，说它是摹物象形，可以；说它是借用“井”字再组字，也可以。因为，初期水井造型特点，正是一个“井”字。

如今人们印象中的水井，那通常圆圆的或六角形的井口，与“井”字似乎并不怎么合拍。“井”字象形，如果按图索骥的话，井形方方者才能入选。

考古发掘提供了这样的古水井，并且它取形为方，完全是结构本身的需要。这对于“井”字，确是绝妙的诠释。

迄今发现最古老的水井，当推浙江余姚河姆渡新石器时代遗址木构水井。这一遗迹，田野发掘之初被认作房屋遗存。在进行室内研究时，建筑考古专家杨鸿勋提出“原始水井”的鉴定意见，经发掘队首肯，作为结论写入考古发掘报告。杨鸿勋《河姆渡遗址木构水井鉴定》一文描绘，这是一个直径6米的圆坑，坑呈锅底状，深处不足

1米；圆坑中央有一方坑，边长约2米，方坑底距地表1.3米；方坑壁四周密排木桩，并有方框支护。中央方坑底部淤泥中出土有带耳的汲水陶器。处于原始聚落内的这一水塘，该是一处生活用水的水源。沿圆坑周边，存有木桩遗迹，圆坑内有截面较小的原木构件残段和芦席残片，这告诉人们，圆坑周围立木柱，以支撑芦席盖顶的棚架，保护水源的清洁。圆坑中央的方坑，以榫卯结构的原木方框支护四壁，其平面俯视图形（图1），呈“口”字形，又似“井”字之状。根据中央木构件支护的方坑以及方坑外大圆坑底部淤泥中的石块等遗存推测，水塘的水位不定，枯水期仅只有锅底状的坑底有积水，圆坑中央挖一方坑，是为了保持一定的积水量。多水季节，人们在圆坑边上取水。枯水季节，要到方坑里汲水，圆坑边沿到方坑之间，几块平面朝上的大石块，是枯水季节供取水者踩踏的。简而言之，河姆渡人汲水之井，是一个圆中含方的两层水塘。大圆之中的小方坑，如同锅底，作用虽然是蓄水，但是已见“井”的端倪。在湖南澧县城头山古文化遗址的考古发掘中，发现距今6500年的古稻田遗迹，稻田配有用于灌溉的水塘，那也应是水井的雏形。

图1　河姆渡遗址水井复原图及水井平面图

河姆渡文化遗址距今六七千年，为母系氏族公社时期。父系公社时期文化遗址也有古井遗迹。河南汤阴白营山遗址，属龙山文化类型。一眼方井，井深超过十米，井口大，井底小。井壁四周以木棍支撑，木棍交叉呈井字形结构——这也是一处可以印证“井”字字形来源的遗迹。在江苏江阴县城西郊，20世纪70年代末一次发现良渚文化古井四处，出土一批黑陶器皿。四口井的井口直径均一米有余，井与井的间距为两米至三米。如此密度的四眼水井，是同期挖凿同时汲用还是井废再凿，有先有后？对于推想原始先民的生活，这无疑是个有意义的话题。

“井”字形造型，沿用了相当长的时期。天津蓟县发现的汉代古井，井身木结构，方形，木构件四根一层，组成“井”字形平面。除了古井实物，一些地方出土的陶井模型，也表现为“井”字造型。洛阳五女冢新莽墓出土的明器陶井，井栏长方，俯视若“井”。山西长治唐墓出土陶井，仿木井口，四木呈“井”字交叉，四个交叉点上特别突出表现圆形钉帽。此陶井现藏于中国历史博物馆。

（二）上古神话中井的发明者

人类从史前走来。那是走出混沌、始肇人文的时代。告别动物界的先民，一代又一代艰难地跋涉在宇宙洪荒之间，在漫漫时光中，一点一滴地收获着，积累人文曙光初现时期的发明和创造。燧人氏首先举火，有巢氏率先造屋，还有伏羲、神农、黄帝、后稷、少昊、尧舜，结绳为网，和泥烧陶，历法授时，教稼农作，服牛乘马，刳木为舟……就这样，从猿人相揖别的那一刻开始，在自然的王国里，缓缓地、慢慢地扩大着文明的领地，一步一个脚印，脚步如夯，走过狩猎时代，走过采集时代，为走向畜牧业文明，走向农业文明，走向工业文明以至更发达的文明，夯实了前进的路基。

这初期文明跋山涉水的历程，一部人类文化的创业史，该到哪里去寻觅？有史以前的历史，保存在上古神话传说里。

瑰丽多彩的中国神话，没有忽略人类文明创业史的重要一页：水井。

井的发明，在中国神话中的反映方式，与有巢氏、燧人氏传说有所不同。有巢氏、燧人氏的传说比较单一。上古本穴居，有圣人出，架木巢居，使居住条件大为改善，天下拥护他，尊其为“有巢氏”。燧人氏则是因为发明了钻木取火，使人们再不必茹毛饮血，号之曰“燧人氏”。这二者，都用发明事项冠为名号，专人专项。可是，神话中却并没有一位“凿井氏”。

古代神话告诉人们，神农尝百草，后稷教稼。这两位的神功，全在于“饮食”二字中的“食”——解决食源的课题。关于神农和后稷，尽管还有其他传说，但尝百草非神农莫属，后稷开始种五谷的故事也是主角明确的。

这样说来，为“饮食”一词打头的“饮”，似乎比不得它所率领的“食”。水井的创始，并无“专业”领衔的大神。

水井的发明权属谁？几位神话英雄都同此事沾边。这就使得井的来历——从神话的角度看，远不如造屋、用火、种庄稼那样源头明晰。仅从神话学研究的角度来看，井的发明该如何描述，如果真要较出个子丑寅卯来，确实不是件容易的事。

造成这种情况，原因大约在于井的发明，在时间上要比搭巢、钻燧出现得晚。架木构屋也好，钻燧取火也罢，各自都是那一时期最为重要的发明，它们成为那个时期的标志——就如有那么一个时期可以称为“蒸汽机时代”一样。井的发明虽然解决了人类生存的一个重要问题，但是它却未能像有巢氏或燧人氏的发明，成为划时代的物质文明成果。

首创水井的时代，初期文明已具诸多成果。相对于燧人氏、有巢氏时代的发明事项之少，与水井相伴的发明之多，甚至可以说那是一个发明创造百花齐放的时代。反映在神话中，便出现了两种情况，一是井的发明者不一而足，二是挂在这些发明者名下的发明也不一而足。不妨这样形象地表述：先民跨入文明门槛，是以实现了“钻燧”和“有巢”为进门礼物的；迈进门槛，再朝前走，在庭院里挖出第一口井的时候，先民们肩上扛的、臂上挎的、手中拎的，左置右设的发明已经很多。这就使得水井的发明者没能享受燧人氏、有巢氏那样的荣耀。他发明了水井，却没能做一个可以划时代的“凿井氏”。

然而，古代神话传说还是把井的发明作为一件惊天地泣鬼神的事。汉代人写《淮南子·本经训》说：“伯益作井，而龙登玄云，神栖昆仑。”伯益凿出水井，龙和神都视其为天下发生的大变故，龙腾空乘云而去，众神跑回了昆仑山。

这传说，很有些意韵在。它在讲：人类与鬼神，仿佛分享着一块地盘。人类未知的领域，便是鬼神得以长袖善舞的王国。人类长一点本事，就多一块地盘，神鬼则只好有所放弃，有所失守。以此，咀嚼品味“仓颉作书，天雨粟，鬼夜哭”和“伯益作井，而龙登玄云，神栖昆仑”的传说，会感到神话创作者的逻辑推理，以及对文明成果的自豪与陶醉。

“作井”成，龙神惊，神话传说从一个侧面反映了先民们对于“作井”意义的估量。挖井出泉，使人们在承雨雪、汲河湖之外，另辟出新的获取水源的途径。这在文明史上，意义之重大，非同小可。多出一种水源，此其一；掘井，于本无水的地表掘出水，这与河边取水、洼里灌瓶——利用地表固有水源，在得水形式上有着质的区别，此其二；因为能够掘井，摆脱对江河湖汊的依赖也就成为可能，为了饮水需要，不得不依水而居的情况，便可以有了小小的改观——依井而居，此其三。

关于井的创造，古代神话有哪些描述呢？

水井发明权的归属，除了上面提及的“伯益作井”，还有其他说法。请读宋代高承《事物纪原》的归纳：

> 《淮南子》曰：伯益作井，而龙登元云。注：益佐舜，初作井。《世本》《吕氏春秋》俱谓伯益作井。《世本》又云：黄帝正名百物，始穿井。《周书》亦曰：黄帝作井。而盛洪之《荆州记》则云：随郡有村，父老传炎帝所生村中，有九井，云神农既育，九井自穿。

井的发明者是谁，高承列举了伯益、黄帝、炎帝三位神话人物。神话有黄炎之争的传说，他们应该是同一时代的部落首领。伯益传说的时代要靠后一些，伯益与治水的禹同时。

对一般读者来说，伯益这名字，比起炎、黄二帝要生疏一些，这里且先来说伯益。相传伯益为虞舜时代东夷部落的首领，为嬴姓各族的祖先。《尚书·舜典》说，伯益做过掌管山林的官。尧将帝位禅让给舜，二十八年后尧归天，举丧三年之后，舜任命官员，让治水有功的禹做司空，让契做司徒，派稷掌管农业、垂掌管百工、伯夷主祀礼，等等。这时，舜又说道：需要有人掌管“上下草泽鸟兽”。人们同声推举：“益哉！”舜便说：“益，汝作朕虞。”任命伯益为山泽草木鸟兽的主管——虞。伯益也表现出谦让之风，“让于朱、虎、熊、罴”。于是舜说：“好吧，你与他们一道上任去吧。”

朱，袁珂释为豹，《汉书人表考》：“江东语豹为朱。”伯益的这四位助手，若细说起来，也是可以切入中华文化一个重要话题的。仅说“虎”与“虞”相同的部首，就很有些意思；并且，虎为山君、百兽之王，也不只是比喻修辞或童话拟人。到了晋代，葛洪《抱朴子·登涉》有关于十二生肖的文字，“山中寅日，有自称虞吏者，虎也”。虞吏代虎，透露着丰富的文化内涵。

因为伯益曾受舜的指派，掌管草泽鸟兽，有研究者认为，“伯益作井”发明的应是陷阱，用来捕兽，这才合乎他的身份。这种看法，将伯益与水井的应用分隔开来，至少在两方面是可以商榷的。首先，关于伯益，还有辅禹治水的传说，不可忽略的；其次，《淮南子》“伯益作井”，汉末高诱注：“伯益佐舜，初作井，凿地而求水。”这位东汉学者相信，伯益“作井”讲的是水井而非陷阱。

伯益虽与朱、虎、熊、罴“同事”，充当虞官，但关于他的传说，主要还是和水相关的。《尚书·大禹谟》记录的传说讲，禹治水有功，舜将帝位让给禹。禹即位之初赶上三苗部族闹事，禹兴兵征伐，三苗并没有顺服。作为治水时的旧臣，伯益给禹出主意：

> 惟德动天，无远弗届。满招损，谦受益，时乃天道。帝初于历山，往于田，日号泣于旻天，于父母，负罪引慝。祇载见瞽叟，夔夔斋栗，瞽亦允若。至諴感神，矧兹有苗。

伯益的这段话，“满招损，谦受益”，是名言。此外，还讲到一个著名的传说，那是关于舜与盲父、继母及同父异母兄弟象之间的故事。对于三苗的叛乱，伯益建议禹不诉诸武力，而是采取怀柔感召的策略。他援引了舜的故事——舜未做帝王之前，父母和弟弟不容他，几次欲置之死地而后快。舜一次次死里逃生，一次次宽容地对待家人，终于感动了他们，一家人和睦相处了。禹赞同伯益的意见，撤回军队，广施德政，三苗果然前来归顺。

《孟子·万章上》讲到伯益，禹学着当年尧禅让舜、舜禅让禹的模式，“荐益于天”；禹死后，伯益也学习“禹避舜之子于阳城”的样子，“避禹之子于箕山之阴”——不去占那帝王的位子。做法相同，结果不同。舜的帝位、禹的帝位都是推也推不掉的，而伯益似乎没有舜和禹那样的威望。伯益躲起来，让；百姓大概也并不怎么特别稀罕他，一齐跑去找禹的儿子启，结果是启袭了帝位，由此，开了王权世袭、家天下的先河。这就是屈原《天问》“启代益作后”所涉及的伯益与启的传说。

孟子在讲禹和伯益的这些故事时，也穿插讲到舜与家人的故事，而舜的故事，前面已言及，又是同井相关的——“使浚井，出，从而掩之”。《史记·五帝本纪》记此事，舜的父亲瞽叟与舜的弟弟象，要谋杀舜，设下填井杀人的毒计：

又使舜穿井。舜穿井为匿空旁出。舜既入深，瞽叟与象共下土实井，舜从匿空出，去。

这段故事，讲舜听从瞽叟的支使，挖成一口井。据明代洪兴祖注《天问》所引古本《列女传》，预谋杀子的瞽叟，支使舜去“浚井”——淘井：

复使浚井。舜告二女，二女曰：“时亦唯其戕汝，时其掩汝，汝去裳，衣龙往。”舜往浚井，格其出入，从掩，舜潜出。

让舜浚井，是阴谋陷阱。善良的舜得到神女娥皇、女英的指点，穿上龙形彩纹的衣服下井。瞽叟与象填井时，他化作一条龙，从井旁穿地而出，得以免祸。明知被暗算而不违父命，这应了“孝顺”一词的第二个字。因此，舜的有关传说旧时被编入《二十四孝》，广为流传。清代陈彝《握兰轩随笔》说：“舜穿井，又告二女。二女曰，去汝裳衣，龙工往。入井，瞽瞍（叟）与象下土实井。舜从他井出也。《括地志》云，舜井在妫州怀戎县西外城中，其西有一井，并舜井也。”这一传说曾广为流传，甚至连舜井的遗址都认定了。陕西民间传统灯画表现这一题材（图2），画着舜的后母和兄弟象。舜从另一井中逃出，躲过暗算。在画面中，井口架着辘轳。

图2　陕西民间传统灯画

就神话人物谱系来说，舜先而禹后。既有伯益为舜时虞官的传说，又有伯益辅助大禹治水的神话，而这则关于舜的孝顺故事又在讲，舜还没有成为帝王之前，水井即已存在了——这才有浚井之说。

伯益作井，见于秦代《吕氏春秋·勿躬》。该篇列举大桡作甲子、羲和作占日、尚仪作占月、后益作占岁、胡曹作衣、夷羿作弓、祝融作市、仪狄作酒、高元作室等二十种事项，其中讲到“伯益作井”。二十种事项，即二十种给生活带来革命性影响的重大发明。

秦始皇的年代，吕不韦组织写作班子，谈古论今，把井的发明归于伯益。伯益作井之说，很可能出自舜穿井或舜浚井的故事。伯益是虞舜时的虞官，由此讹传为“益佐舜，初作井”。

传说伯益曾佐禹治水，东汉《论衡·别通篇》：“禹、益并治洪水，禹主治水，益主记异物，海外山表，无远不至，以所闻见作《山海经》。”伯益协助大禹平水患，同时留意记录山川风物产，采集民风，不朽的伟大著作《山海经》就是他编撰的。这些传说，让人们看到一个渊博多能的伯益。如果需要“竞争”水井发明权的话，伯益自有他的实力。

伯益造井的传说，大约还同他的名字有些干系。益，就是“溢”的古字。前面已讲到《尚书·大禹谟》所记伯益的话“满招损，谦受益”。此语可以说是伯益最著名的格言，它恰是取之于水井。井以自满而得意的时候，正是要招至汲取之损的时候；井因水少而谦逊的时候，它将得到益——溢，增加水量，增高水位。挖井，总希望井水泉涌，取之不竭，汲之不尽，伯益之益（溢），不正是关于井的吉祥语、对于井的祝福话吗？可以设想，如果古人需要杜撰一个井的发明者的话，“益”无疑是这一人物理想的称谓，这就像“燧人氏”之于火、“有巢氏”之于屋一样。

“伯益作井”传说的形成，靠着多种因素形成的合力。除了以上诸条原因，天文星宿也助了一臂之力。这方面的情况，且留在本书“天宇井星”一节探讨。

大禹治水，伯益辅佐。今人借助神话传说研究商代河患，发现从大禹治水以后到春秋以前，似乎再没有大的洪水灾害了。有人认为，这是由于在大禹治水的过程中发明了凿井。有了井，人们可以远离河流居住，避开洪水的威胁。对此，1979年出版的《中国水利史稿》提出异议：那时凿井并非易事，想要远离河流湖泊，完全靠井水满足人畜饮用的需要，恐怕是很困难的。同时，凿井还要有适宜的水文条件，不是随处挖井都可以成功的。

仅就上古神话提供的材料来说，井的发明应该早于虞舜、夏禹及伯益的时代。东汉王充《论衡·感虚篇》引述尧帝时的“击壤歌”，涉及饮水用井：“吾日出而作，日入而息，凿井而饮，耕田而食，尧何等力？”据此，王充认为“尧时已有井矣”。并且，毫无疑问，这是水井而非陷阱。

考察有关“作井”的古代神话，与伯益说并重的，有黄帝说、炎帝说。后二说在年代方面较伯益说更久远，也更合理些。伯益传说的时代定位，是在原始社会末期。井的发明应早于这一年代。

至于黄帝和炎帝，神话中有涿鹿之野炎、黄战争的传说。据《绎史》引《新书》：“炎帝者，黄帝同母异父兄弟也，各有天下之半。”他们是同时代人。炎帝是传说中姜姓部落的首领。又传说炎帝即是曾遍尝百草的神农氏。黄帝轩辕氏，居姬水而姓姬。陕西黄帝陵有一通碑，上刻“人文初祖”四个大字，字字千钧地标明了黄帝在民族文化中的地位。

炎帝神农（图3），是为农业作出卓越贡献的神话人物。《搜神记》记：“神农以赭鞭鞭百草，尽知其平、毒、寒、温之性，臭味所主，以播百谷，故天下号神农也。”神农尝百草，反映了农业文明的曙光时期，由采集向种植的过渡。神农尝百草之滋味，为了解决果腹生存的问题，着眼于“以播百谷”，至于因尝百草而辨百药，则是附带的收获。农业离不开水利。炎帝既为神农，不仅尝百草、播百谷，也带来水之利。《淮南子·修务训》说："神农乃始教民播种五谷，相土地宜，燥湿肥垵高下，尝百草之滋味，水泉之甘苦，令民知所辟就。"这位古代的农业神，做出三方面的探索，选择作物、选择耕地以及辨水——"水泉之甘苦"，水泉之泉应该包括掘井所得之泉吧？

图3　明代《三才图会》炎帝像

就有这样的神话传说，讲神农是带井而来的神灵。他带着九口水井降生世间。请看《水经注·漻水》：

> 漻水北出大义山，南至厉乡西，赐水入焉。水源东出大紫山，分为二水，一水西迳厉乡南，水南有重山，即烈山也。山下有一穴，父老相传，云是神农所生处也，故《礼》谓之烈山氏。水北有九井，子书所谓神农既诞，九井自穿，谓斯水也。又言汲一井则众水动，井今堙塞，遗迹仿佛存焉。

此正同于《事物纪原》所引《荆州记》："随郡有村，父老传炎帝所生村中，有九井，云神农既育，九井自穿。"九井自穿，并且井井相连，有这般神奇，才好配神农之神。神农在两个方面启迪从事种植业的人们，一是播种，一是灌溉。在农业文明发轫时期，有播种和灌溉这两个轮子，农业之车便可以驶向前方了。

炎帝部落因农而兴，力量壮大，地盘日增，以致后来与黄帝发生冲突。《吕氏春秋·孟秋纪》说："兵所自来者久矣，黄、炎故用水火矣。"两军阵前，炎帝神农氏使用火攻的手段，黄帝轩辕氏则以水克敌制胜。这又透露了一个信息，水利并非神农的专利，黄帝也是沾边的。

自古流传黄帝造井的传说，《世本》有云："黄帝正名百物，始穿井。"

何谓"正名百物"？这要从黄帝——中国上古神话的大神说起。黄帝作为中国神话中一个集大成的角色，他的故事格外多。炎黄之争，黄帝是胜利者。他赢得的，不光是那场旷日持久的战争。《列子·黄帝》说："黄帝与炎帝战于阪泉之野，帅熊、罴、狼、豹、貙、虎为前驱，以雕、鹖、鹰、鸢为旗帜。"按照图腾说的见解，这些充先锋、做旗帜的猛兽猛禽，代表着不同的部落。他们集合于黄帝号令之下，形成了规模宏大的部落联盟。广泛的部落联盟不仅夺取了战争的胜利，而且还实现了文化的大交流、大融合。在此情况下，"黄帝正名百物"，当不是空泛之言。正名百物，颇似"六王毕，四海一"之际，秦始皇实行书同文，车同轨，统一货币和度量衡。正名百物，黄帝时代部落大联盟带来的文化进步——这是对既有文化的规范化过程，也是各部落之间取长补短、相互交流，从而共同占有先进文化成果的过程。

正是由于“正名百物”的历史性功勋，黄帝被后人尊为“人文初祖”。

“始穿井”，应该是“正名百物”的事项之一。黄帝“正名百物”，对已有文明成果的梳理和提高，使得他成为一个集大成者。这可借用近代学者胡适的一个比喻：黄帝为“箭垛式人物”——许多发明创造都记在他的名下，使他的大名如同承载箭支的草把子。以黄帝冠名的发明很多，《史记正义》“黄帝命大桡造甲子，容成造历”；《新语》“天下人民与鸟兽同域，黄帝乃伐木构材，筑作宫室，上栋下宇”；《拾遗记》“黄帝始垂衣服冕”，“黄帝始造书契”；《汉书·律历志》“黄帝令泠为律”；《通考》“神农作瓮瓶缶，黄帝作釜甑碗碟”；等等。其中有首创于黄帝时代者，更多的则是发明于先、完善于后，至黄帝时有所提高。“黄帝”或许是部落首领的称号，一代代首领都以其称之，而非某一个人的大号。黄帝可能是发明家，又是科技革新家。

对于“始穿井”，不妨作如是观：黄帝正名百物，对于衣、食、住、行均有所观照，水井自然也不会是被遗忘的角落——凿井技术在黄帝时代获得了长足的进步。至于黄帝“始穿井”的传说，那同样是将黄帝当作箭垛，增射一箭而已。

如上所叙，在上古神话传说中，与“始作井”相关的神话人物，有炎黄二帝，有尧和舜，有伯益。诸多传说，众多人物，说明井的发明与完善，井的广泛普及，是一个漫长的历史过程。同时，许多神话人物涉事其间，还说明“始作井”的创举或许是多地域的，在南方与北方、东部和西部，先民们共同书写了华夏井文化的最初篇章。

（三）井灌，中国农业史的重要篇章

生命起源于水，生命离不开水的滋养。

水是地球养育万物的乳汁。地球表面积十分之七为水面，因此有人戏称地球该叫水球。然而，那浩浩瀚瀚的，主要是咸的海。海阔凭鱼跃，任鲸游，可供海藻舞蹈其间，可以晒出结晶盐，却不能供人饮用，不能浇田。

我国幅员辽阔、地域广大，南北共跨纬度约50度，东西共跨经度60多度，东边濒临太平洋，西边青藏高原耸起世界屋脊。中华民族世代生息的这一片土地，东南方沐浴海洋季风携来的充沛降雨，西北方享受雪山融水的浸润。江河湖汊很多。地形决定着大江大河的走向。关于地形与河流，古代神话的描述是那样富于想象力，又不失为精到的宏观把握："天倾西北，故日月星辰移焉；地不满东南，故水潦尘埃归焉。"这段载于《淮南子·天文训》的故事，讲述共工与颛顼争做天帝，共工失败，一怒之下，头撞撑天柱——不周山。擎天支柱被撞断，使得西北方天宇向下倾斜而近地，东南方塌陷低洼而濒海，于是河川由西来，江流东入海。

江河水流，湖泊水静，贵如油的春雨，挟雷电的夏雨，情绵绵的秋雨，飘鹅毛的冬雪，向繁衍生息在这片土地上的人们提供着水资源。

还有地下之水的溢出，那是涌泉。在地表无水的地方，挖个坑，挖出水来，这便为井。同是利用地下水资源，人工井较之于自然泉，已实现了质的飞跃。取井水有别于汲河湖之水，有别于掬涌泉之水，有别于蓄天降之水——当然，水井起源于蓄水池塘，如新石器时代的河姆渡原始水井。人工井区别于自然泉，表现在人对自然的改造。保留自燃火种是利用现成之物。居住山洞是利用现成之物。物取现成，局限则大，受制也多。燧人氏、有巢氏伟大创举的划时代意义，就在于以人类特有的主观能动性冲破局限，摆脱挟制，为文明的发展争得一块自由空间。井的挖掘，其意义也在于此。

掘井是古代利用地下水资源的主要形式。纵观中国水利史，在农业灌溉方面，井水位居末席，对靠天吃饭的古代种植业来说，井水只起拾遗补阙的作用。在日常生活用水方面，井水就未必总是排末座了。原始人依水而居，以便利用地表水，长江、黄河成为中华民族的摇篮。然而，随着自然聚落扩大为规模较大的城镇，城市空间得到大的发展，在这些濒河的村镇城市里，出现了许多并未能依水而居的居民。对于他们来说，就近汲取地下水以资日用，往往比去大河挑水更便利。此外，清冽甘甜的水质也促使人们取用地下水。

农耕时代，以“靠天吃饭”为主旋律，风调雨顺才有五谷丰登。但是尽管如此，滋润中国农业文明的生长，还是有着井水的功劳。《中国水利史稿》说，海河流域早在先秦时期即已开始开挖农田灌渠，井灌也比较发达。

汉代农人已懂得合理使用井水。农学名著《齐民要术·种麻子》引西汉《氾胜之书》：“无流水，曝井水杀其寒气以浇之。”人们对于合理利用井水已有了合乎种植科学的认识。地下水水温低，为了不影响作物生长，汲出的井水不是立刻浇地，要晒一晒，升升温。

元代鼓励农桑，重视水利，至元七年（1270）规定：“河渠之利，……以时浚治”，“地高水不能上者，命造水车。……田无水者凿井，井深不能得水者，听种区田”。首选渠水灌溉，次选车水灌溉，再选汲井灌溉。田间地头，挖井深深仍不见水，才轮到“区田”——《齐民要术》引《氾胜之书·区田法》：“汤有旱灾，伊尹作为区田，教民粪种，负水浇稼。”井灌是元代农田水利的重要方面军，《王祯农书·农器图谱》记当时广泛使用桔槔汲井浇园的情况：“今濒水灌园之家多置之，实古今通用之器，用力少而见功多者。”《王祯农书》插图（图4），画面为农夫二人，借助桔槔，汲井浇地。桔槔浇地，俯仰辛劳，很不轻松。

图4 《王祯农书》中的桔槔

对于庄稼汉汲井浇田之苦，明代科学家徐光启感受颇深，他的《农政全书》写道：

> 既远江河，必资井养。井汲之法，多从绠缶，瓮飧朝夕，未觉其烦。所见高原之处，用井灌畦，或加辘轳，或藉桔槔，似为便矣。乃俯仰尽日，润不终亩……他方习惰，既见其难，不复问井灌之法。岁旱之苗，立视其槁。饥成已后，非殍则流，吁可悯矣！

引不到江河湖水的田地，地下水成了重要的水源，就得汲取井水。原始的方法是抱着水罐浇田，出力大，效率低。借助桔槔或辘轳，“似为便矣”，其实仍是一件累人的活计。所以有的地方人们不习惯于井灌，只等雨水，逢旱成灾，只好做饥民，走他乡。

明代的务农者，汲井灌溉，肯付出大辛苦，徐光启推崇山西人。他写道：“闻三晋最勤，汲井灌田，旱熯之岁，八口之力，昼夜勤动，数亩而止。”山西人勤劳，遇大旱之年，一家几口轮番上阵，昼夜不停，汲井水以浇田。虽然付出繁重的体力劳动，一天仅能浇地几亩，人们还是汲井不止，不肯放弃抗旱的努力。

在汲井的辛苦反衬之下，对于涌泉般自溢的井，农夫们以一个“圣”字来称它，就是情理中的事了。明代蒋一葵《长安客话》记：“顺义县有井，一日三溢，海潮则大溢。或云源与海通。民疏其水为渠，灌田百亩，号曰圣井。”守着这样的水井的庄稼汉，真真好福气。

清代赵翼《檐曝杂记》载“水井灌田”条，为作者出仕福建的见闻，从中可见当时泉州农田灌溉倚重井水的情况：

> 山左人间用辘轳汲水，不过灌畦蔬而已。泉州则禾田亦以井灌。田各有井，井之上立一石柱，而横贯一小木为关捩。横木之上，系一长木，根缚石而杪悬竿。竿末有桶，拄其竿下，汲满，则引而上之，木根之石方压而下，则桶趁势出矣。其用略如罾鱼之架，而俯仰更捷。或井深而桶大，石之力不能压使出，则又一人绠于木之根以曳之。余尝有句云“一田一井浇禾遍，此是泉南古井田”，亦异闻也。盖泉州在海边，地之下皆水所渗，故汲之不竭云。然久旱则井亦涸。

田间掘井，以备天旱。汲井不靠绠绳，有专用设备，如罾鱼之架，其实就是桔槔之类，可节省劳力。田间有此井，能补救一般的干旱，久旱不雨就难以应付了，因为大旱之年浅层地下水随之枯竭，井中无水了。

在引述了这些井水浇田的零星史料之后，让我们来看国家有关部门的统计资料。1973年中国农业科学院农田灌溉研究所编写的《井淤防治》一书载，1949年全国土井、石井、砖井灌溉1582万亩土地，平均单井灌溉面积7亩左右。这些水井大部分是人工开挖，汲取浅层水的筒井，水量受气候变化影响很大，提水工具大部分为简陋的桔槔和辘轳。

中国农业文明在艰苦跋涉的路途上，曾有水井相伴相随，走过漫长的路程……

（四）湮没地下的古井

如果把水井归入建筑类事物，那么，评选最经久的古建筑，也就非它莫属了。

建筑考古的专家们通过夯土推想早已荡然无存的地面建筑，凭借几个埋柱的孔洞勾勒宫殿复原图，如此勉为其难，是因为远古时代的大房小屋已被时光抹平。

时光却不能抹掉古老的井。它们天生就是凹于地表的。它们可能被掩在若干文化堆积层之下，但不妨把那掩埋看作是覆盖着冬小麦的雪被子。它们也可能被填塞，但就如一个陶罐，罐外有厚厚的土围护，罐里再做一些填充，那真是可以地久天长了。

于是，除了许许多多仍在素面朝天的古井，考古的发掘还挖出了大量水井。要看殷商时期的建筑造型，只能看复原图，看根据复原图重新搭建的房屋。但这全是推想出来的。古井则不同。要看商代的井，就请看遗址好了。河北省藁城商代遗址的古井，井深近6米，井底支护四壁的木构方框，当年跌落井下的汲水陶罐，有的陶罐颈部的井绳还那么拴着——这样一眼商代水井，真切切、活生生，让今人与3000多年前的汲水者，俯视相同的井深、相同的井壁、相同的汲器。

比起那些墙体无存、构件难寻的房子来，大地保留下的古井真是完整且又完好。它的发展脉络、它的分门别类，可以直观而清晰地展现在今人面前。

在土井、瓦井、砖井、石井中，土井的身份最卑贱。20世纪70年代，扬州对唐城手工作坊遗址进行考古发掘，发现砖井四口，土井一口。土井井口用砖平砌，井壁为灰黄土。

北京市宣武门、和平门一带，20世纪60年代中期至70年代初，曾发掘出50多口瓦筒井。根据文化层和井内遗物推断，它们为东周至西汉初期水井。瓦筒井的特点是，挖出井形后，井壁用陶制井圈一节一节地套叠，砌成筒状，井圈外壁用土或碎陶片填实。

河北易县城东南的战国燕下都遗址，当年燕太子丹易水之畔送荆轲的地方，燕昭王高筑黄金台、广招天下士的地方。20世纪50年代在这里发现陶制井圈，均为几节竖接在一起——套叠成井的模样。

这样的瓦筒井，20世纪90年代初在山东沂水县城北15公里处也有发现。这一古井，石砌30厘米高井口，水井直径70厘米，井深1.9米，由四层陶制井圈叠起。

关于这类瓦筒井圈，《鸡肋编》有所记录。此书作者庄绰，作为宋朝的地方官，庄绰曾仕宦于南北各地。在今河南许昌，他看到掘地挖出的古井，井“不以甓甃，而陶瓦作圈，如蒸炊笼床之状，高尺许，皆以子口相承而上”。井圈一层接一层，庄绰形象地将其比喻为蒸锅的笼屉。他对井圈充满新奇感，称为“世罕此制”，不知是哪个时代的凿井技术。后来，庄绰被派往西北，见“边寨皆流沙，不可凿井”，他就向人们传授井圈技术，获得成功。

其实，在庄绰的时代，南方也还在使用瓦筒井。在厦门海沧镇上瑶村，1987年抢救性发掘一口北宋水井，属瓦筒井类型。此井深3米多，上半部直径60厘米，下半部直径40厘米，剖面如一个倒立的酒瓶。倒立酒瓶的瓶颈部分，垂直叠砌两节红陶小井圈。小井圈上部叠砌楔形砖，形成斜面井壁，扩大井的直径。再向上，叠砌红陶大井圈，构成垂直的上部井壁。在大、小井圈之间，以楔形砖做直径变化的过渡，这种造井技术比起单一直径井圈的垂直套叠，复杂了许多。汲水器与井壁的磕磕碰碰，是一个并不容易解决的问题。厦门文博部门介绍此井的文章写道："在陶瓷罐壶吊水易碰的内壁部位，使用不易破碎的大、小楔形砖，错缝斗角，向上扩张叠砌，既便于吊水，又不会导致井壁碎裂坍塌，是古井建筑技术上的一个进步。"北宋的这种倒立酒瓶式水井，对于解决瓶碰井、井碎瓶的难题，确是一个聪明的办法。

在古时，砖井也是广泛使用的水井。扬州的唐城手工作坊遗址，除一眼土井，同时发现四眼砖井。砖井井口平砌若干层，接下去竖砌成圈状。砖砌的内壁，抹一薄层白灰泥。

1977年，江苏无锡发现37口古代水井，其中晚唐五代时期水井六口，宋代水井两口，均为砖井，但井砖有所区别。晚唐五代井，井壁为每层十块长方砖立砌，采用错缝斗角叠砌法。井壁外侧用竹篾围箍。两口宋井建造方法同于前代，但井砖带有榫卯，围箍加木楔，显示了凿井技术的进步。榫卯做在井砖的两短侧斜口上，一头带有长方形榫头，另一头为相应的长方形卯眼，垒砌时砖两侧的榫卯互相拼合，从而提高井壁的牢固程度。在砖砌井壁的外侧，不仅有竹篾围箍，还在每块砖外侧与竹篾之间，楔以长方形木楔，以强化围箍加固的效果。木楔的厚端朝下，即使井壁下沉，木楔也不会脱落，竹篾仍可紧箍。榫卯砖砌井，是江南地区宋代水井的常见形制，江苏吴县等地也有此类发现。

河北省卢龙县陈官屯村一眼辽代古井，井壁井石均以石砌，井口石上刻字“大安元年二月十三日造井”。

这里，还要说一说“井”字形古水井。2000年夏，天津蓟县刘家顶乡大安宅村，在一片开阔洼地发现分布密集的古井群，其中战国水井七眼、汉代水井十一眼、明代水井一眼。战国井主要为圆形竖穴土坑形制，汉代井有砖井，也有砖木混合井。清理出的一眼汉代水井，以砖砌为圆形井口，井口之下为方形木结构井身。井身每层由四块木块结构为“井”字形状，从井底层层垒起。

古老的水井，再一次向人们展示了象形文字怎样写成一个“井”字。

（五）古井模型

绝不是为了给后世留下一点资料，古人用陶土做出井的模样，埋在地下，它是冥器，而如今却成了珍贵的古井模型。

将人生的终点，想象为跨入另一世界的开端，这种想法决定了过去千百年丧葬习俗的主要模式。千古一帝秦始皇，梦想在另一世界里仍做帝王，带走了气势恢宏的兵马俑军阵。兵马俑可以说是特别气派的特殊冥器。一般百姓比不了那样的威风八面，抟几个泥人、捏一套小院房屋，也就表达了生者对亡者的一片情意。陶制冥器，东汉墓葬出土很多。这种葬俗一直影响到隋唐，唐三彩成为陶制冥器的巅峰之作。

捏泥塑物，农夫、村妪都可为之，眼所见手所捏，塑出的物件也就富有世俗生活气息。囤积余粮有陶仓，烧水煮饭有陶灶，陶猪圈里还塑着肥豕小豚，其他诸如陶楼、陶屋、陶院落，应有尽有。当然，这其中也就少不了对于用水的设计——要有烧泥成陶的井。

那些陶井就是微缩了实物的模型。与文字记述比，它形象直观，与图案画样比，它是表现力超过平面图的立体造型。

广州出土的东汉陶井，方形井台井栏，覆以井亭。井亭顶盖攒尖，饰以瓦陇，造型别致，可见当时井亭的建造已很讲究。

《文物》杂志1995年第11期载李虹《洛阳五女冢新莽墓发掘简报》，介绍一件出土陶井，值得注意："井筒为一瓮，埋于（墓）前室西侧耳室地面下，井栏上有井架，坐于瓮口上，呈长方形，上有滑轮，架上有亭，为四面坡顶，井栏仿木结构，上有几何形雕刻。高30厘米。井栏上一卧羊水槽，流下置一盆。水槽长17厘米。瓮内有三个小水斗。"这样一个陶井，展示了后世依然在使用的水井的全部构成：井壁、井栏、井架、井亭等。这说明，造井技术在汉代已相当成熟。《文物》1996年第4期报道，山西离石县一座东汉画像石墓，出土的随葬器物中，陶井（图5）与陶灶、陶灯、陶勺、陶盘、陶盆等同为生活用品类。

山西省大同市邮局工地也有这样一批文物出土。其中陶井，井身束腰筒状，井口却塑为方形，组成井湄的四构件，交叉呈"井"字状。井口上树立着高高的井架，架顶覆以四阿式起脊铺瓦状井亭，井亭下置汲水用滑轮，垂直于井口的中心。

图5　汉代陶井

这类陶井的屡屡出土，不仅提供了古代水井的形象材料，而且从一个侧面反映了水井在古代生活中的重要地位。

（六）从“床前明月光”说起

李白《静夜思》，一首朗朗上口、韵味绵长的诗：“床前明月光，疑是地上霜。举头望明月，低头思故乡。”四句二十字，明白如口语，似乎没有需要注解的字句。然而，并非如此。李白开篇头一字：“床”——你道是什么床？睡榻之床？许多人并不深究，就这样理解。对吗？欠妥。《静夜思》这题目，太容易让人想到眠床了。可是，李白写的却是户外夜景引发的思乡情恋。何以见得？全诗的关键就在第一字：床。

“床前明月光”，描写的是水井——床者，井床也。所吟所咏，井床前月光如霜的景致。

井床即井栏。《乐府诗集·淮南王篇》："后园凿井银作床，金瓶素绠汲寒浆。"从南朝人所撰《宋书·乐志四》中，也可以读到这句诗。先说凿井"银作床"，后说汲取井水，用瓶用绠，绠即井绳。井床入唐诗，也非李白一人。杜甫"露井冻银床"，李商隐"却惜银床在井头"，"井"与"床"连用，均是写水井的诗句。

"床前明月光"，假如作睡床思路，月光照进屋，举头望月亮，难免要靠敞门敞窗，诗境总嫌别扭。若入井床意境，则景、情顿出，不仅全诗脉络清楚，"举头望"之句更合理，而且立意更佳——见井而思乡，自古有"背井离乡"之语。乡井情即故乡情。

李白另一首诗也写到井床，《长干行》同样脍炙人口："郎骑竹马来，绕床弄青梅。"睡床摆在居室中央，儿童绕着跑着嬉戏……如果作此理解，房间能有多大？是否置睡床于屋子的中央？这些都是问题。作井床解，户外有井，井起台，井有栏，男童女童竹竿当马骑，围绕井床做游戏，正是一幅世俗生活的图景。李白诗以"床"写井，还可再举《赠别舍人弟台卿之江南》为例："梧桐落金井，一叶飞银床。"金井、银床，都是借井抒怀的吟咏。

在古代，作为家具的床，设有围板，形制近似于井台井栏。昆明的吴井，在近年拆平房盖高楼的建设中被保留下来。新修了井栏，造型因循"井床"的模样，栏板还雕了花，算是豪华型吧。

在云南西双版纳，人们可以看到塔龛形的井屋。井屋将水井封闭于内，只在一面开口，有助于水的卫生。井屋造型富于傣家特色，饰以花纹，涂色艳丽，反映了人们对于饮水之源的珍视爱惜。

关于井的称谓，"床"实在是个有趣的插曲。插曲之后，让我们再来看一看这幅画有井栏、井台、井口及砖砌井壁的水井图（图6）。载于清代《古今图书集成》的这幅图画，有助于表述下面一些内容。

图6 《古今图书集成》中的水井

《庄子·秋水》讲了一段井蛙与海鳖的寓言。井蛙心满意足地对海鳖说："吾乐与！出跳梁乎井幹之上，入休乎缺甃之崖……"蛙说，跳跃戏耍于井垣、井栏之上，休憩于井壁砖块的破损之处，我好自在、好快活呀！庄子笔下井蛙乐逍遥的家园，水井上下，井栏、井壁而已。幹，通韩，即井栏；甃，井壁。

幹，《说文解字》释："井垣也。"《汉书·枚乘传》："单极之统断幹。"说的是井绳在井栏上留下的磨痕，并导致绳锯木断。《汉书》的这句话，晋灼注："幹，井上四交之幹干。"颜师古赞同此注解，认为是"交木井上以为栏者"，即井栏。

甘肃酒泉西沟村魏晋墓出土的画像砖，有女子汲水图：井口设栏，高如木架，井绳通过木架垂入水井，汲水者双手拽井绳。这洋溢着世俗生活气息的图画，可移作《汉书》“单极之统断幹”的图示。

汉字表示井壁，至少有三个字。甃，指井壁，如上面所引《庄子·秋水》。进而又指代水井，如唐代李郢《晓井》诗：“桐阴覆井月斜明，百尺寒泉古甃清。”再进一步，由砌井壁进而指修井、浚井，如清代唐甄《潜书·全学》：“水以甃而得饮，土以陶而成器。”甓（dàng），砖砌井壁。《汉书·游侠传》“为甓所轠（léi）”，颜师古注：“甓，井以砖为甃者也。”甋（tóng），也指井壁。宋代李诫《营造法式》卷二讲到砖砌井壁，并为“甋”字释义。

井身，有些地方称为“井塘”。如浙江《丽水市名胜》记掘井传说：“连日连夜地挖呀挖，井塘挖了几丈深还是没有水冒出……挖呀挖，一天，他们从井底挖出一块磨盘大的石头，移开石头，井底哗的一声冒出碗口粗的泉水。”井塘即井身。

讲了名目繁多的这些，再请看贵州平顺天龙屯堡的一眼无井栏水井（图7），光秃秃地凹在那里，仿佛坚守另一种风格。这便是事物多样性。

图7　贵州平顺天龙屯堡的无井栏水井

（七）井口井壁

平地凿井，要使井口高于地面，这就有了井台。井台的用途在于带来了安全。第一，雨天防止地面水的漫入，风天减少地面土的吹入，有助于用水的清洁与安全。第二，夜行落井、酒醉落井、盲人落井、童稚落井，井之凹具有潜在的危险，井台可以降低这种危险。井台之上，围以井栏，覆以井亭，不妨说是在以另一种形式，加强井台保障安全的作用。

情同此理，水井井口通常要高出地面。浙江金华酒坊巷现存一眼老井，井口高出地面一尺有余，井口内里青苔斑驳、井口外表光洁圆润，都在表现着它的历世沧桑。

井口的形状，有方形、圆形、六角形、八角形等多种（图8）。江苏常熟翁同龢故居，水井井口倭瓜形状（图9）。一些古井的名称，即以井口形状相称。有时，这类井名又成为地名。

图8　南阳诸葛井，井口六角

图9　江苏常熟翁同龢故居古井，倭瓜形井口石

井口的材质，可以用木料镶口，或用木制井口护板，可以砖砌、石砌，也可以用整块石头雕凿成形。宋代建筑学名著《营造法式》载井口石："造井口石之制：每方二尺五寸，则厚一尺。心内开凿井口，径一尺；或素平面，或作素覆盆，或作起突莲华（花）瓣造。盖子径一尺二寸，上凿二窍，每窍径五分。"其中列举了素平面、素覆盆、起突莲花瓣三种样式。所谓"素平面"，是在井上盖一块开了井口的石板；覆盆，井口石之形，如翻扣的盆；有的井口石则雕饰莲花瓣图案。

石料为古代雕花雕形的常用材料。以石做井口，巧石匠雕錾留下许多精美的图案（图10）。北京故宫内的覆盆状井石，雕着龙纹。在山东曲阜，颜庙里著名的陋巷井，井口石贴地而偏，直径却大，宛若磨盘一般，有浮雕，圆心凿出一孔井眼。河北涿州张飞井，井口为汉白玉石，起地较高，井外周饰以飞人兽头云纹浮雕。天津老城东门内一眼清初古井，小井口而大井身，呈瓮状。其井湄，正方形汉白玉凿出圆井口，井口径不盈尺，井口四边雕以二十四枚复瓣莲花。

图10　刻有纹饰的苏州寒山寺石井口

一块井口石，不一定只开凿一孔。清代周城《宋东京考》载，当年汴梁安业坊三眼井，“井口一石而三眼，故名”。浙江金华市内莲花井，一泉三井口，莲花之名状其形。三井现已废汲，处闹市路口，井口石上“莲花井”字样依稀可见。四川青城山五代前蜀后蜀宫殿遗址，两井相连的“鸳鸯井”，井口一方一圆，相传是蜀王大小徐妃的遗迹。两个圆井或两个方井都难称“鸳鸯”，方、圆联袂则可这样称谓。古人讲阴阳，圆为阴，方为阳。凿一个方孔再凿一个圆孔，便有了鸳鸯的好名称。

河南内乡古代县衙监狱水井，井口小以防在押人犯投井（图11）。

井口又有铜铸。徐国枢《燕都续咏·铜井口》：“甘泉芳洌味清新，有诏传宣赐近臣。惕励此心同止水，三缄借鉴学金人。”此井在北京德胜门内积水潭西，井湄铜铸，铸件上镌“大元至顺赐雅克特穆尔自用”等字，下镌“平章大铜井”。铜井口，不寻常，所以作了吟

图11　河南内乡古代县衙监狱水井

咏地方风物竹枝词的选题。北京还有一眼铜井，清代计六奇《明季北略·天坛》记："内有铜井，以铜铸成圈，从底套上，水味清冽，饮之沁骨。"这是皇家建筑里的豪华型水井，从下到上，井壁井口都采用铜材。井壁铜铸，比起瓦制井筒、陶制井圈，比起垒砖砌石的井，自然要高贵得多。

名贵木料造水井。据1998年第2期《晚报文萃》载文，海安县在河道疏浚施工时，发现一口唐代水井，井中发掘出唐碗等器物。此井的井壁，挖空一棵不知树名的巨大香木树做井壁，其井深6米、直径1.3米，历千年水浸而不腐，至今散发香气。井木质地坚硬，刀砍锯割均不能轻易截取。在湖北兴山县宝坪村，昭君故里有眼昭君井。此井又名楠木井，井旁还立着楠木井碑。六角形石砌井口，嵌着紫红楠木。

水井加盖，在减少污染、保障安全两方面的作用，比井台、井亭有效得多。与此相区别，不加盖的井叫露井。《宋书·乐志三》载《鸡鸣高树颠》："桃生露井上，李树生桃傍。虫来啮桃根，李树代桃僵。"这是一口不加盖的井，井旁桃李树的故事，成为成语"李代桃僵"的来源。

（八）凿井技术

把地表捅个窟窿，直捅到含水地层，这便是井。

凿井的技术，一要看深度。河姆渡遗址发现的原始木构水井（图12），因为其浅，更像锅底状的蓄水坑，只能视为井的雏形。河北藁城台西村遗址的商代水井，井深已近6米，显示我国古代的凿井技术，在那时即已趋成熟。广东龙川县佗城镇越王井，据唐代《重修井碑记》，秦始皇三十三年，即公元前214年赵佗来此做县令，筑城凿井。至今犹存的这口砖井，井深40米。

图12　河姆渡遗址，距今约5600年木构水井遗迹

掘井能深，水源方广。宋代庄绰《鸡肋编》说：

越州在鉴湖之中，绕以秦望等山，而鱼薪艰得。故谚云：“有山无木，有水无鱼，有人无义。”里俗颇以为讳，言及“无鱼”，则怒而欲争矣。又井深者不过丈尺，浅者可以手汲。霖雨时，平地发之则泉出。然旱不旬日，则井已涸矣。皆谓泉乃横流故尔。盖灭裂不肯深浚，致源不广也。又谚云：“地无三尺土，人无十日恩。”此语通二浙皆云。

“井深者不过丈尺”，以此言井浅，自有一个参照系在，那便是宋代凿井技术的大背景。浅井的水源是浅层地下水，雨水沛然时水汪汪，天旱时说不定很快就干涸了。为何不挖深井，没有深层地下水资源吗？大概不是。受浅井之苦，只因“浅尝辄止”，不肯向纵深开掘。

掘井的技术，二要看井址的选择。这包含两层意思，首先是有丰富的地下水源，常汲常涌；再则，水质要好。宋代周密《癸辛杂识·凿井法》：

北方凿井动辄十余丈深，尚未及泉，为之者至难。或泉不佳，则费已重矣。后见一术者云：“凡开井必用数大盆，贮水置数处，俟夜气明朗，于盆内观所照者星光何处最大而明，则地中必有甘泉也。”

越州井浅，深者不过丈尺，我们称其浅是有参照物的。同是宋人著作，《癸辛杂识》“北方凿井动辄十余丈”，此之深，足可以作为越州井浅的反衬。

井很深，深是为了求得水源。向下挖了十余丈仍未见水，造井者算是遇到了难题。是否能够将井址确定在地下水较浅的地方，省些掘井的人力？这是一个重要的技术课题。再者，掘井的人在下面挖呀挖，挖出水来了，一尝，味苦，且又涩，甚至难以下咽，不能饮用，也让人心焦。挖不出水和水质欠佳，都是因为在选井址方面出了毛病——此处能不能打井？在古代，这可不是一个容易回答的问题，比隔皮看瓣难得多。于是，变得神秘。如何神秘？《癸辛杂识》煞有介事地录下所谓“术者云”，那就是。

其实，即便隔皮看瓤，隔着地层看水文，也还是有规律可循的。古人注意积累这方面的经验。旧题战国时齐国宰相管仲所撰《管子》一书，尽管近人研究认为是战国或秦汉时的假托之作，其史料价值仍是很高的。《管子·地员篇》就说到“隔皮看瓤”：

> 渎田息徒，五种无不宜……见是土也，命之曰五施，五七三十五尺而至于泉……其水仓，其民强。
>
> 赤垆，历强肥，五种无不宜……见是土也，命之曰四施，四七二十八尺而至于泉……其水白而甘，其民寿。
>
> 黄唐，无宜也，唯宜黍秫也……见是土也，命之曰三施，三七二十一尺而至于泉……其泉黄而糗，流徙。

斥埴，宜大菽与麦……见是土也，命之曰再施，二七一十四尺而至于泉……其泉咸，水流徙。

黑埴，宜稻麦……见是土也，命之曰一施，七尺而至于泉……其水黑而苦。

这是借助地表土的情况，推测地下水层深度。施，一种长度单位，7尺为一施，约合1.5米。

五种土，江、河、淮、济四渎间的大平原，地宜五谷，凿井8米可得水。井水呈青色，能使人体格强壮。再说赤垆——褐色土，宜种五谷，挖井6米而至泉，其水白而甜，常饮益寿。黄色土，只适于种小米和高粱，下掘5米及泉，水色发黄有味。斥埴，盐碱地，刨地3米出水，水味咸。黑土地，种稻种麦，“一施”之下见水，但水质差，不清亮，味道苦。

《管子·地员篇》还记录了丘陵山谷间凿井得泉的各种情况。

蜀地有着开发井盐的悠久历史。开凿盐井需要很大的人力、物力投入，选址自然更显重要。明代《蜀中名胜记》载，云阳县出井盐，汉代时当地有个能人，积终生经验，总结出“三牛对马岭，不出贵人出盐井”。马岭在县北30里，三牛在县北20里，这一地带地下蕴藏着井盐资源。一生所悟，他没有带走，临终留下这句话。这无疑帮助了此地盐业的发达。

明代时，西方的掘井技术被介绍到中国来，徐光启《农政全书》称之为“泰西水法”，其中涉及确定井址的方法。一叫气试法。旷野挖井之前，先挖坑，人入坑内，望地面有无水气。如有气如烟，腾腾上出，即是水气。水气所出之处，水脉在其下。二叫盘试法。城邑之中、居室之侧，望气之法不灵了，可用此方法。掘坑三尺，取一铜锡盘子，清油拭过，置于坑底一二寸高的木架上，盘上盖干草，草上盖土。一天后，如盘底有水欲滴，这坑的下面有泉，可掘井。三叫缶试法。用尚未涂釉的陶坯代替铜锡盘子做试验，有水气沁入者，其下有泉。四叫火试法，掘坑如前，在坑底燃火，“烟气上升，蜿蜒曲折者，是水气所滞，其下则泉也”。方法四种，着眼点为一，就是通过观察水气推测地下水的有无。总起来看，虽有些道理，却又不尽然。

生活的实践不断地丰富着经验，积累着知识。在干旱缺水的西北地区，清代时发生了这样一段掘井故事：

> 伊犁城中无井，皆出汲于河。一佐领曰：“戈壁皆积沙无水，故草木不生。今城中多老树，苟其下无水，树安得活？”乃拔木就根下凿井，果皆得泉，特汲须修绠耳。

此事见于《阅微草堂笔记·如是我闻》，作者纪昀曾生活于新疆。老树根下有水脉，道理朴素无华。其言一出，发前人所未发，结束了伊犁无水井的历史，尽管需要凿得很深，汲水井绳须很长。

在福建南安石井乡，关于民族英雄郑成功的遗迹，有一眼“玉带环沙国姓井”——南明皇帝赐姓朱，郑成功号“国姓爷”。这是郑成功挖掘的水井，距海不过两丈。水井以“玉带环沙”冠名，有一段民间传说：当年，郑成功来此演练义师，准备渡海收复台湾。时值天旱，水源吃紧。郑成功在海岸边走来走去，苦苦思索。走到一棵相思树下，郑成功发现沙地上蚂蚁成群，并有蚁窝一孔。他眼睛一亮，解下束腰玉带，把蚁窝围起来，圈为井址。有人迟疑，觉得离海太近，不会有淡水。郑成功便带头挖土，率众掘井，果然挖出了清甜的泉水。事后郑成功说，蚂蚁筑窝，不会选咸水咸地，挖下去，很可能是淡水泉源。“玉带环沙”的传说，对于凿井选址，也不失为经验之谈。

有些地方，由于没有地下水资源，或者说没有浅层地下水，地上虽有植物生长，掘井却难成功。这种情况往往也会受到关注。比如，浙江丽水地区就有那么一个村庄，村里村外，全无水井。为什么掘井无功？这是道难题，一辈辈人都没能破解。当地人放弃了打井找水的努力，还编出故事，解说打井无水的怪现象。故事说：相传，这里田间原本有过一口井，是挖地几丈深，又从井底挖出一块大石头，才挖通了泉眼。可是，井出水了，怪事来了。夜里，一头怪牛凌空而降，咕咚咕咚，只几口就把井水喝干，接着吃地里的庄稼，一扫而光一大片。过些天，井里水位恢复了，怪牛又来喝水糟蹋庄稼。这一天，村上人商量好，埋伏在水井附近，要除掉怪牛。埋伏到半夜，怪牛来了，脑袋伸到井里喝水。人们正要冲上去，忽然天上一道寒光，牛头被斩落，原来是天上神仙砍下了野牛精的脑袋。牛头落入井内，正堵住泉眼。牛身倒在井外，渐渐变大，成了一座石山。因为泉眼闭了，不仅那口井枯了水，方圆十里再也挖不出水井来。这地方叫石牛村，在瓯江中游，北岸。

将凿井无水编织为这样的传说故事，其实是在表达对于井泉的憧憬。首先，故事中说了，这十里无井的地方，原本曾是有井的，并且泉源还旺；其次，打井难是因野牛精的头堵住了泉眼，也就是讲泉源还在；再次，面对难采地下水的自然环境，人们把渴望寄托于浪漫的想象，想象出神奇的天仙——山石下有泉眼在，传说里有神仙在，也许会有泉眼开启、挖井涌泉的一天呢。

（九）明井暗渠

新疆的坎儿井，因地制宜，写就古代水利史别致的篇章。

关于坎儿井，《史记·河渠志》的材料是不应忽视的：汉武帝时的一项引洛工程，水渠要穿过商颜山。挑明沟开挖，塌方频频。于是，“乃凿井，深者四十余丈。往往为井，井下相通行水……井渠之生自此始”。利用竖井，开凿隧洞，可以避免塌方，同时若干竖井打下去，掘进工作面也是不少的。竖井深者达四十余丈，山高须井深，反映了汉代掘井技术的发达。更可贵的，是“井渠之生自此始”。汉代的这项水利工程，将纵井与横渠结合起来，开创了暗渠连通明井的先例。

这种竖井通渠之法，汉代时已在西域地区采用，并且一直沿用至今，它便是新疆的坎儿井。

据《汉书·西域传下》，汉宣帝时：“遣破羌将军辛武贤将兵万五千人到敦煌，遣使者案行表，穿卑鞮侯井以西，欲通渠转谷，积居庐仓以讨之。”三国时孟康注释“卑鞮侯井”：“大井六，通渠也，下泉流涌出。”凿竖井六个，六井底端相通为暗渠。

与此相印证，有居延汉简保留的史料："井水五十步、阔二丈五、五（立）泉二尺五，上可治田，度给戍卒。"说的是，地下水渠连着的坎儿井。当时，这些关系着生命的水源，有戍卒把守，居延汉简存有"当井陈弘""当井周捐"的记载。

井水待汲。坎儿井改变了水井的汲取方式，将井与流水水道连通起来，就形成了输水系统。这种情况，古时各地都有运用。辽宁阜新市清河门辽代肖氏墓园遗址，20世纪60年代初发现一眼水井，井壁与砖石砌筑的引水沟相通。井和沟的连接处，为一石雕螭首，石螭首口腔水孔朝向井内。

水井暗渠相连的形式被用于城市供水系统，著名的例子见于唐宋杭州。苏轼的《钱塘六井记》《乞子珪师号状》等文章几次写到有关内容。杭州"平陆，皆江之故地。其水苦恶，惟负山凿井，乃得甘泉，而所及不广"。唐代时，杭州刺史李泌鉴于城内地下水质差，井水味苦，凿相国井、金牛井、白龟井、小方井、西井、方井，"作六井，引西湖水以足民用"。井底埋设竹管，与西湖相通，成为城市供水的骨干工程。这就是著名的"钱塘六井"。后来，白居易到杭州做刺史，"治湖浚井"——因为井以西湖为水源，要保有良好的饮用水，就需湖、井兼治。北宋嘉祐年间，知州沈遘又增设大井。熙宁年间，知州陈襄"发沟易甃，完缉罅（xià）漏"，通管道浚水井。再后来，苏轼过问水井之事，以瓦筒取代竹管。

西安城里这样的供水工程，则见于明代《菽园杂记》：

陕西城中旧无水道，井亦不多，居民日汲水西门外。参政余公子俊知西安府时，以为关中险要之地，使城闭数日，民何以生？始凿渠城中，引灞、浐从东入，西出。环甃其下以通水，其上仍为平地。迤逦作井口，使民得以就汲。此永世之利也。

城墙里的人，若全靠城门外的水源，就有点缺少“战略眼光”。西安是战略要地，该有一套供水系统——当年这是砌以砖石的输水暗渠，修了一些井口，供居民就近汲水。

（十）盐井·火井

地表之下蕴藏着水资源，也储藏着盐资源。咸的水脉往往在地层深处，打盐井，取卤水，往往不是轻而易举的小工程。《汉书·货殖传》“盐井之利”，记载过于简略。四川汉画像砖（图 13）所展现的场景，则可以令人大开眼界：盐井上矗立两层高的木架子，架子高处装着滑轮，有人站在木架上，借助滑轮绳索，用吊桶汲取提升卤水。四川井盐开发始于战国。其开创者，相传是成功建成都江堰水利工程的蜀守李冰。据白广美《中国古代盐井考》，李冰开凿的广都盐井，是我国历史上第一口盐井。

早期蜀地盐井，为大口浅井。这种大口浅井一直延续到唐末五代。宋代时，发明了“冲击式顿钻凿井法”，井口缩小，井深增大。至明代，碗大的井口，井深却可入地几百米。如此深井的开凿，不仅是中国盐业史的重要篇章，也写下中国井文化的一页精彩。

图13　四川出土汉画像砖（局部）

明代宋应星《天工开物·作咸》专辟“井盐”一节，从打井到煎盐，乃至利用火井的天然气煮盐，都讲到了。其中说：

> 凡滇、蜀两省远离海滨，舟车艰通，形势高上，其咸脉即韫藏地中。凡蜀中石山去河不远者，多可造井取盐。盐井周围不过数寸，其上口一小盂覆之有余，深必十丈以外乃得卤信，故造井功费甚难。
>
> 其器冶铁锥，如碓嘴形，其尖使极刚利，向石山舂凿成孔……大抵深者半载，浅者月余，乃得一井成就。

盐井深深，凿井就成了蚂蚁啃骨头般的活计。东汉王充《论衡·别通篇》：“润下作咸，水之滋味也。东海水咸，流广大也；西州盐井，源泉深也。人或无井而食，或穿井不得泉，有盐井之利乎？”王充不是在叙述开凿盐井的情况，他只是借此讲博学明理之事。他认为，东海以其广大，所以水咸；盐井以其井深，可得卤水，这才符合五行之说的“润下作咸”。他将东海之广与盐井之深相提并论，也反映了凿井取盐的艰难。他问：打井而得不到咸水，怎能获得盐井之利呢？这是开凿盐井者的失败。盐井开在岩石地面，那一个“凿”字真是了得。以铁剔石凿眼，坚硬锋利的碓头，借助高架垂落的冲撞力，一下接一下，以持久的做功，敲出井孔。

清初刘献廷《广阳杂记》说，在四川凿井取盐，川北最难，川东的难度小一些。他写道：“川北盐水，民所开也，深数百丈。堪舆指示其处，捐数千金以从事，井径三尺许耳。若不得，则倾家矣。百丈而及泉，犹幸甚也。用辘轳牛转，其之亦甚难。”因为凿井难，所以投资于此者大有倾家荡产、孤注一掷的悲壮之感。其实，即使在四川南部的自贡——这里向称“西南盐都”，其盐井也是很深的。现存的燊（shēn）海古盐井，清道光年间历时六年凿成，井深达1001米，可以想见工程之艰巨。

清代《听雨楼随笔》写到凿井的艰难：

有架焉，横木其上，以篾绳系杵，随压随起，状如桔槔，低昂不息，日得石屑，以升合计。毋躁毋忘，毋中止，毋狐疑。迁徙其财，集腋而成，岁月既久，田宅而外，典及衣物，朝透咸水，夕称富翁。

这简直是一场意志的较量。每天里敲下的石屑，只能用升计量。心浮气躁不行，一曝十寒不行，靠的是信心，坚定不移地凿下去，甚至倾其所有，也要在所不惜。敲啊凿啊，只想着这是在集腋成裘，想着成功的时刻——“朝透咸水，夕称富翁”那利润丰厚的回报。

盐井的利润，宋代司马光《涑（sù）水记闻》说：“据其盐井，日获利可市马八匹。”围绕这一利益的冲突，甚至引起叛乱，人们说：“官夺我盐井及地，我无以为生。”《东坡志林》也记蜀地盐井开凿之深，一旦井成，利入至厚，并记下筒井技术的发明：

自庆历、皇祐以来，蜀始创筒井，用圆刃錾如碗大，深者数十丈，以巨竹去节，牝牡相衔为井，以隔横入淡水，则咸泉自上。

四川的盐井，先有大口井，井深相对较浅。宋代发明了筒井，井径缩小，是因为开凿很深，不可能再凿大口井。井的直径不大，正好以竹为井壁，即如清代《景船斋杂记》所讲：“象井阔狭，入地一尺，即下一筒，如今人之以砖甃井，且防淡水之出，杂于咸水也。”这种筒井以竹为井壁，可以避免淡水的渗入。

盐井出水，火井来煎，四川得此双双便利。据《博物志》记，临邛自古有火井，深二三丈。至蜀汉，诸葛丞相曾前去观看。后来井火更旺，人们以“盆盖井上”，用来煮卤得盐。这火井，显然是天然气井。明刊本《天工开物》蜀省盐井图（图14），表现凿井、汲卤、煮盐的全过程，其中绘录了管道从井中引天然气，燃火煮卤的情景。

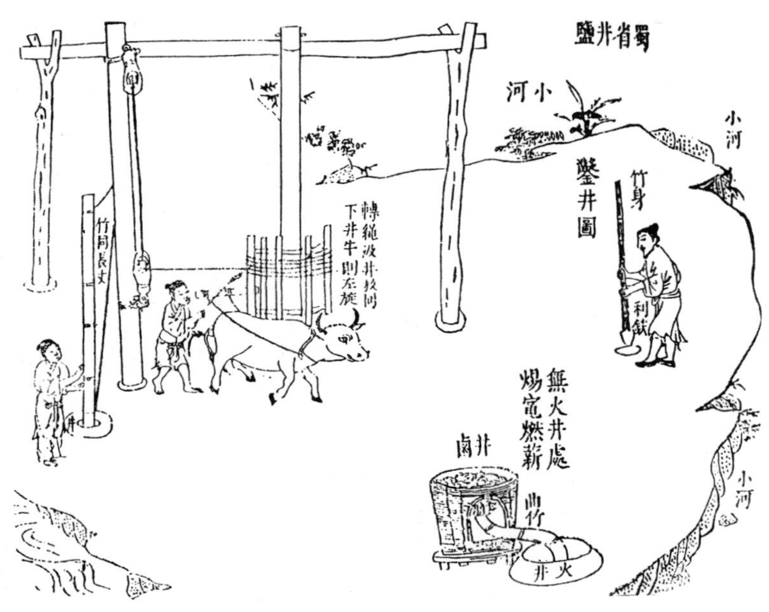

图14 《天工开物》蜀省盐井图

我国西北地区也产井盐。清代刘献廷《广阳杂记》载:“陕西固原之北,宁夏之南,有灰盐堡,井中出盐。筑地为池,方一二丈,筑而平之,四围筑土为小堤。挽井水灌池中,经夜放去碱水,池中盐皆成白牙,有盈尺者。味佳美,不待煎也。”卤水井旁筑水池,井水注池中,结晶为盐。

盐井,中国井文化史别有滋味的篇章。

二、汲井

(一)“具绠缶,备水器”

江南的民歌,有一种《小放牛》式的问答对唱。先唱者设问:“屋里双双是什么?院里双双是什么?”其中问水井:“井里双双是什么?”后唱者一一答复:“屋里双双老两口,院里双双鸡和狗……”唱到井:“井里双双绳和斗。”这说的是两种常用汲水器具:井绳和水斗。

要汲井中水,井绳是必备物。北京明清故宫后左门有井,井亭石阶旁,倚墙立着一块井口石,圆石圆口,井口内圆道道纵向凹痕,那是井绳摩擦井石的结果,与绳锯木断情同一理。手攥井绳汲水的人,不是垂直地捯绳提水,而是借井沿为支点。人省力,物受损,井绳与井沿两相磨耗。深深的绳痕,显示着一种耳鬓厮磨般漫长的做功,将漫漫时光刻在井石上(图 15)。有井沿上的凹痕在,井绳系着汲水器皿,上上下下的动态,便永恒地保留着。不妨说,井口石的凹痕,珍藏着提升过无数个太阳、月亮的井绳，那静中所寓的动态，就像一块透明的琥珀，包嵌着活灵活现的小虫。

图15 有绳痕的水井

汲井而饮的古代生活史，就像在井沿磨下绳痕一样，在语言方面留下有关井绳的熟语："一朝被蛇咬，十年怕井绳。"这句俗谚说遭过蛇伤的人，风声鹤唳，余悸难消。怕井绳的夸张，借用生活里常见之物，使得语言大俗大雅，富有表现力。

井绳，明代民间俗称为井索。再溯久远，名物多用单字词，井绳之谓也是单字，或称绠，或称统，或称繘，或称络。先秦哲人有言"短绠不可以汲深井之泉"，绠是系在汲水器上的绳子。《汉书·枚乘传》"单极之统"，统指井绳。明徐光启《农政全书·水利》释绠："俗谓井索，下系以钩。"《易·井卦》有"未繘井"句，繘为汲井之绳。汉代扬雄《方言》说："繘，自关而东，周、洛、韩、魏之间，谓之绠，或谓之络。”络也是井绳的名称。井绳的称谓，汉代人也用双字词，如《汉书·陈遵传》井瓶“牵于纆徽”，颜师古注：“纆徽，井索也。”

汲水的器皿，最初该是先用陶质，如缶。《左传·襄公九年》：“具绠缶，备水器。”缶是汲水容器。缶与绠成双，才便于实现井泉的汲取。明代《农政全书》将两者绘于一图。河北省藁城台西村遗址发现的商代水井中，遗存着当时汲水失落的陶罐。令人称奇的是，绳在井下也得以保存，有的陶罐颈部挽着绳，证明着殷商时代“具绠缶”——人们以井绳系着陶器，汲取井水的情况。

与瓦缶同属一类的汲水器皿，是陶瓶——其与缶的区别在于，开口要小，整体细长。

关于井瓶，汉代扬雄在名篇《酒箴》里，将它与盛酒的家什相对比，以发感慨。此文开篇写瓶，不是酒器而是井瓶：

> 子犹瓶矣。观瓶之居，居井之眉。处高临深，动常近危。酒醪不入口，臧水满怀。不得左右，牵于纆徽。一旦叀碍，为瓽所轠。身提黄泉，骨肉为泥。

井瓶的位置在井边，面对水井深深，它如临深渊。每每入井出井，冒着被打碎的危险。它没有满腹装酒的福气，不过白水灌肚皮而已。它要忍受井绳的牵引制约，失去了自由活动的空间。一旦发生意外，被井壁碰得个粉身碎骨，免不了命断黄泉，化为烂泥。

扬雄笔下，井瓶命苦。透过《酒箴》的抒情色彩，读者可以看到对于井瓶的多侧面的客观叙述。

扬雄之后800年，唐柳宗元写了一篇《瓶赋》，以对《酒箴》——就像他为了屈原的《天问》，曾作《天对》一样。《瓶赋》以酒囊开笔，后半部分落笔井瓶："不如为瓶，居井之眉。钩深挹洁，淡泊是师……利泽广大，孰能去之？绠绝身破，何足怨咨！功成事遂，复于土泥。"如此井瓶，自有作者的情感寄托在。

魏晋时代，汲井仍用井瓶。曹丕杀同胞的故事里，就说到了井瓶。曹操的儿子曹丕称帝后，全然不念手足之情。他与曹植为难，有《七步诗》传世。他还毒死了同胞兄弟曹彰。《世说新语·尤悔》记，曹丕趁着曹彰在太后屋里下棋的时机，诱曹彰吃下放了毒的枣子。"帝预敕左右毁瓶罐，太后徒跣趋井，无以汲，须臾遂卒。"曹丕谋害曹彰，事先有所安排。他指使亲信砸毁宫内井旁备有的陶瓶，然后诱骗曹彰吃下毒枣。皇太后发现曹彰中毒，鞋也顾不上穿，跑向水井，却没有可以用来汲水的器物，眼看着曹彰丧了命。

陶瓷的汲井之瓶，宋代仍在使用。《文物》杂志1983年第5期报道，江苏无锡1977年发掘宋代水井遗迹，井底出土青釉陶瓶多件。瓶细高，略似枣核形。如此造型的力学效果，提升最稳，有助于避免磕碰井壁。瓶肩有对称的双系或四系，用于穿系井绳。

陶制瓶罐易破损，古人发明了水斗。水斗用柳枝编成，或称为柳罐，也叫柳棬（quān）。北魏贾思勰《齐民要术·种葵》："穿井十口，井别作桔槔、辘轳、柳罐。"与瓦缶陶瓶相比，柳罐最大的优点是耐用，以柔克刚，不怕与井壁、井沿磕磕碰碰。

曾在唐代古井遗迹中出土的木桶，在无锡宋代水井中也有发现。

使用木桶汲井，比起陶器来，是较晚的事。至今汲井的地方，木桶井绳仍在使用着。

四川距海遥远，自古凿井取盐。宋代以来的盐井，通常开凿很深，往往要入地数十丈，方得咸泉。苏轼《东坡志林》记，为了防止井壁塌陷和淡水渗入，井壁以竹为井筒。汲水器也以竹筒制作，这是一种非常巧妙的装置，即取竹节为桶，“无底而窍其上，悬熟皮数寸，出入水中，气自呼吸而启闭之，一筒致水数斗”。清代《景船斋杂记》描绘：“以竹作吊桶，其底入水则开，水满辄合。以辘轳上之，置铁锅煎之，即成盐矣。”奥妙在于竹筒底部装有用熟皮制作的活塞。入水时，活塞受卤水浮力的作用，自动开启；卤水满，向上提升时形成压力，又将熟皮活塞压严，滴水不漏。

（二）桔槔：“后重前轻，挈水若抽”

饮用需井水，浇田需井水。地下水，取上来，是偷不得懒的活计。勤劳的古代人创造出聪明的工具，减轻汲水出井的劳动强度，把费力捯井绳变为省劲的巧干。

桔槔能免捯绳之苦。利用杠杆原理在井边立起竖杆，给横杆一个高的支点，横杆的一端绑上重石做坠物，另一端垂直于井口，系桶汲水。这工具，古人称其为桔槔。汉武梁祠画像石的桔槔图，形象生动，是迄今年代最久的桔槔图形资料。

桔槔汲水，送桶入井时，稍给些力，使横杆绑有坠石的一端抬起，另一端随之垂下；水桶灌满，再使横杆绑有坠物的一端下压，另一端的水桶也就被提升出井口了。明代宋应星《天工开物·水利》，列举筒车、牛车、踏车、拔车和桔槔等农田灌溉机械。论桔槔：“用桔槔、辘轳，功劳又甚细已。”（图 16）这是将桔槔与水车相比，认为还是水车功效大。

图 16 《天工开物》中的桔槔

关于这桔槔，战国时代的哲学家庄周阐发哲思，曾举其为例，于不经意间留下珍贵的史料。《庄子·天运》说："且子独不见夫桔槔者乎？引之则俯，舍之则仰。"这段话，对于研究中国水利史具有双层意义。其一，所言引与舍、俯与仰，描绘使用桔槔的动作及桔槔的升降姿态，甚是生动。其二，为桔槔的发明年代，提供了一个时间的下限——至于其上限，据元代《王祯农书》引《世本》："尧民凿井而饮，汤旱，伊尹教民田头凿井以溉田，今之桔槔是也。"商汤初年遇上旱灾，宰相伊尹教人们打井抗旱，汲井用上了桔槔。

在《庄子·天地》中，庄周又讲了一个拒绝桔槔的故事：

> 子贡南游于楚，反于晋，过汉阴，见一丈人方将为圃畦，凿隧而入井，抱瓮而出灌，搰（hú）搰然用力甚多而见功寡。子贡曰："有械于此，一日浸百畦，用力甚寡而见功多，夫子不欲乎？"
>
> 为圃者仰而曰："奈何？"曰："凿木为机，后重前轻，挈水若抽。数如泆汤，其名为槔。"为圃者忿然作色而笑曰："吾闻之吾师，有机械者必有机事，有机事者必有机心。机心存于胸中则纯白不备。纯白不备，则神生不定；神生不定者，道之所不载也。吾非不知，羞而不为也。"子贡瞒然惭，俯而不对。

庄子推崇返璞归真，他借这个故事表达一种真性持守的精神。孔子的学生子贡路经汉水南岸，见到一位长者在用陶罐汲井水浇园。他不用井绳，为了能够灌得到水，在井旁挖了一条斜坡的小道，以便接近井的水平面。就这样，走下去，灌一罐水，抱着沿坡道走上来，倾罐浇地，然后再沿坡道，下井汲水。这显然是一种笨法子，出力多而成效少。子贡见状，主动向老叟推广先进汲水技术——桔槔，描述桔槔“后重前轻，挈水若抽”的特点，并说使用桔槔可以“一日浸百畦”，效率高多了。出乎意料的是，老叟并不买子贡的账，他说：“你讲的桔槔，我不是不知道；可是，我要保持拙朴自然的心境，就不能使用机械以取巧，用机械必行机事、用机心，那是我所不取的呀！”

这段故事可以当作寓言来读。拒绝机巧，固守拙朴，宁肯事倍而功半，也要坚守精神的家园，故事其实是在极言一种价值取向和理想的追求。所言“一日浸百畦”，较于抱瓮而灌，桔槔自是高效率的。

在《说苑》中也可读到类似故事：

> 卫有五丈夫，俱负缶而入井灌韭，终日一区。邓析过，下车为教之曰：“为机，重其后，轻其前，命曰桥，终日灌百区，不倦。”

这类故事所涉及的若干事物，是有生活依据的。比如，对于桔槔的描述。再如，《庄子》的“凿隧而入井”，和《说苑》的“负缶而入井”——入井，并非是汲水的人垂直缒入井筒之内，而是由井边的斜坡道向下，接近水井水面。这种井应是不设井台的，并且属于浅井，水平面较高，井的直径也较大。具备这些条件，才使挖坡道进井汲水成为可能；同时，子贡所推荐的桔槔，也正适用于此类浅水广口之井。

借坡道降低高度，使汲水者接近井水平面，这样的实例陆续有报道。地处云南西北部的永胜县，为西南诸少数民族的世居之地。永胜县东南部聚居着被划归为彝族支系的他鲁人。他鲁人的婚姻状态应是处在由对偶婚向一夫一妻制的过渡阶段。《文物》杂志1996年第5期刊载宋豫秦《云南永胜县他鲁人城堡与坟林考察》一文，报道了明清之际他鲁人修筑的城堡，城内发现水井5眼。水井井壁用石块垒砌，“井口外侧各有一近似半地穴式房基门道的斜坡或台阶延入井壁内，供汲水时出入”。其中一井，井口直径两三米，入井通道规整，长1.8米，宽0.5米，砌有8级台阶。沿台阶而下，可以手持器皿，直接汲水。

（三）井口上方悬着个滑轮

井绳系汲瓶，对着井口提水，人们总希望找点窍门，省些力气。《汉书·枚乘传》有一句：“单极之绠断幹。”水井上立着可以借劲儿的井栏，汲井的人借此将向上捯井绳，变为向下拉绳索，省力不少。天长日久，井绳不知磨断了多少，井栏也被井绳磨断。这正应了那句话：绳锯木断。

甘肃酒泉西沟村魏晋墓出土的画像砖，很多富有生活气息的图画。其中一幅汲水女子图，以简约生动的画法，画出女子手拽井绳的形象。画面上，水井和井栏的比例被缩小，井绳由井栏的一根横梁上垂下，垂向井口。绳的末端，画一被强调得比例很大的弯钩，女子身边有一汲水器皿。这幅民间画师的美术小品，如果不是故意省略了滑轮的话，它所表现的，正是井绳锯木的情景。

井绳锯木，摩擦虽也耗力，但是借助那么一根横木，汲井总还是要省劲不少。

然而，人们并不满足。有没有更省力的办法呢？回答是：有的。滑轮——另一种简单机械，被古人悬挂于井口上方。井绳动，滑轮转，井绳的磨损小了好多，再不会绳锯木断了，同时更重要的是：由井里向上提水越发省劲了。

汉代的冥器，选题大都取材于市井生活，人住的屋、牲畜的圈，还有日用器物，往往一应俱全，其中忘不了有水井来配套。这些泥捏陶塑的水井模型向今人显示：当年人们汲水，是有滑轮可用的。井上立着井架，井架安装滑轮，借助滑轮的提升，自然是较为省力的提升；井绳的两端各系一只汲水器，此上彼下，又可以达到省力的效果。这种汲井方式，汉代陶井给出了形象的展示。

这类带有井架滑轮的水井模型，在汉代陶井中并不稀见。河南偃师出土的一个陶井有“灭火东井”字样，井架上罩着坡式房顶，如井亭状，井架装有滑轮。湖北随州西城一座东汉墓葬出土陶井一件，据发表在《文物》杂志1993年第7期的发掘报告，陶井上部有带滑轮装置的井架，下为方形井口。

河北省文物研究所、邢台地区文物管理所《河北省沙河兴固汉墓》报道，出土陶井一件，“井甃为束腰圆筒形，井沿上立弓形卷云纹井架，井架顶端中央设滑轮，两旁各立一鸟。井甃后缘以长方形板状遮挡，挡壁上镂刻条状方格和刻有由方格和圆圈组成的几何图案”。这件陶井塑得具有浪漫情调，它艺术地表现了井筒、井架及井架上的滑轮。

（四）辘轳："缠绠械""汲水木"

汲取井水的提升装置，除了用桔槔、滑轮，还有更为人们所熟悉的辘轳。在漫长的时光中，聚落里、民居前，水井与辘轳一起，组成最为常见的景观。

辘轳通过松放或缠绕井绳，使汲水井器下降或者升出。元代《王祯农书·农器图谱》图文并用地介绍辘轳上来井水用以浇灌田地（图 17）。

图 17 《王祯农书》中的辘轳浇田

辘轳，缠绠械也。《唐韵》云：圆转木也。《集韵》作椟辘，汲水木也。井上立架置轴，贯以长毂，其顶嵌以曲木，人乃用手掉转，缠绠于毂，引取汲器。或用双绠而逆顺交转所悬之器，虚者下，盈者上，更相上下，次第不辍，见功甚速。凡汲于井上，取其俯仰，则桔槔；取其圆转，则辘轳，皆挈水械也。然桔槔绠短而汲浅，独辘轳深浅俱适其宜也。

井口设辘轳，汲水者摇动辘轳的曲柄，随曲柄转动的辘轳头缠绕井绳，使汲水器皿升出井口。1953年洛阳出土的汉代陶井，带有辘轳水槽，现藏中国历史博物馆。

辘轳省力，利用的是轮轴原理。辘轳对于桔槔，应是“升级换代产品”。利用辘轳，在向井上提水和向井下放汲器两个环节上，都方便省力。科技史学家刘仙洲《我国古代慢炮、地雷和水雷自动发火装置的发明》一文，曾考证古时的军事装置上，运用了“放空辘轳”的原理，并绘出水井辘轳图（图18）。所谓放空辘轳，是指向井下舒放汲水器时，汲水人不必把握辘轳曲柄，利用汲水器和井绳的重力，使辘轳头自动倒转。

比“空放辘轳”更巧妙，是升降并举的聪明办法。明代科学家徐光启介绍这种双向升降的辘轳：两根井绳，方向相反地绕于辘轳轴上，摇动把柄，一根井绳向上提升，另一根则向下放绳。在两根井绳上分别系两只汲水器，一上一下，将井下汲器提升上来的同时，井上的汲器正好降入井中汲水。这样交替升降可省力，也能提高汲水效率。这方法与滑轮汲水时一根井绳两端各系一个水罐，是同一思路。

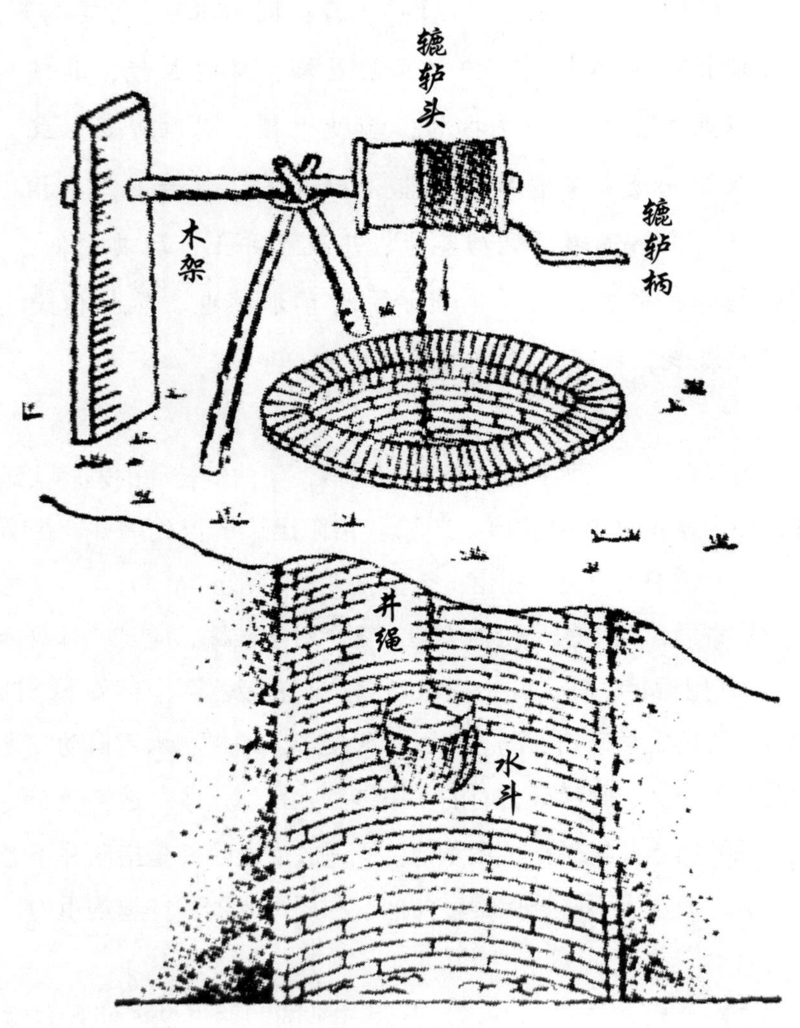

图18　水井辘轳图

关于辘轳的发明与使用，不应忽视“录”字。此字甲骨文金文，均为井上辘轳打水之形，为辘轳之“辘”的初文。其上端的一“—”，象缠绠的圆木；中间的竖线象井绳；井绳下端系着“⊙”，象汲水器皿；下沿的“⋯”或“⁝⁝⁝”，表示汲器出水时有水滴落的情形。如此说来，辘轳的历史已是相当久远。

云南建水民居水井，如今用的是整体以金属为材料的水井（图19）。

图19　云南建水民居水井

（五）立式水车

甲骨上刻的、钟鼎上铸的，古“录”字画下辘轳汲水的图景，而它的读音则是取自辘轳转动的声响。这样一个“录”，后来加上“车”旁，成了“辘”——辘轳，古人将立于井口的这一汲水装置，归入“车”类。

汉字的这一排类，是逻辑思维的产物。请看，水车——古代的提水灌溉机械，也命名以“车”，如脚踏水车、兽力水车、龙骨车等。

田间广泛使用的水车，通常呈斜坡状，脚踏提水，以灌田园。为了汲取井水，需要将水车改为竖式，这与通常的水车有着很大的区别。

这个想法实现了，古人发明了立式水车。《太平广记》卷二百五十引《启颜录》：

> 唐邓玄挺入寺行香，与诸生诣园，观植蔬。见水车以木桶相连，汲于井中，乃曰："法师等自踏此车，当大辛苦。"答曰："遣家人挽之。"

唐代这座寺院的菜园子，以井水浇苗，汲井用立式水车。水车上木桶相连，依次提水出井，其效率无疑是高于辘轳的。

元大都城内设十六处"施水堂"，以立式水车汲井。蔡蕃《北京古运河与城市供水研究》一书引《析津志》，立式水车"其制，随井浅深，以荦确水车相衔之状，附木为戽斗，联于车之机，直至井底。而上人推平轮之机与主轮相轧，戽斗则倾斜于石规中，透出于阑上石槽中。自朝暮不辍，而人马均济"。立式水车，戽斗相连接，状如传送带，在水井内上下环绕。汲水时，像推磨一样，围绕井口转圈给力，平轮带动主轮，主轮带动戽斗入井、灌水、提升、出井，将水倾在石槽中，再入井。这与唐代立式水车同属一类。使用这种水车，可实现无间歇汲水（图 20）。

无论是都市里集中供应人畜用水的井，还是农田灌溉用井，自古流传下来的桔槔辘轳都显得效率不高。所以，北京元代的公共水井安装了水车。

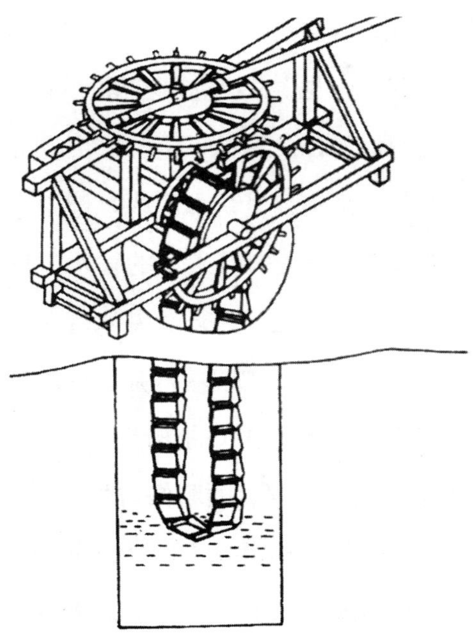

图20　元代立式水车复原示意图

三、甜水井　苦水井

（一）井水苦涩

坛好篓好，更要酒好。井掘得深，水脉旺，还要泉甘水甜，品一口，咂咂滋味叫声好。得这一声好，在许多地方不难，在一些地方却很难。井没少打，水可以汲，只是水质差，入口难下咽：苦、咸、涩！

苦，还苦在井井相连，泉源相通，一村一镇甚至一城，打井尽出苦水。《三国志·魏书·牵招传》记：雁门郡广武城内“井水咸苦，民皆担辇远汲流水，往返七里”。井泉饮不得，只好老远地去取河水。《新唐书·地理志二》载，太原“井苦不可饮”，贞观年间“架汾引晋水入东城，以甘民食”，解决城里饮水问题。地下水味苦，为了“甘民食”，只好放弃饮水井，修造引晋入城的输水工程。古代另一个重要的州府城市杭州，城里多为退海之地，井水咸苦。为解决这一制约城市发展的难题，唐代修了著名的钱塘六井，埋暗管引西湖水。宋代苏轼对这一城市供水系统倾注了很大的热情。

井水苦，是烦扰古人的话题。欧阳修曾知颍州（今安徽阜阳），他的《思颍诗后序》称那里“民淳讼简，土厚水甘”。水甘，那里的井水很甜吗？清代人计东读了欧阳修的文章，要前去体验一番。到了颍州，对那里的水不禁大失所望，他的《白蟹泉记》写道：“汲之井者，卤不可饮。”宋代诗人范成大写《固城》：“柳棬凉罐汲泉遥，味苦仍咸似海潮。”原诗注：固城镇“水味极恶，用柳作大棬汲井，谓之凉罐”。诗有“咸似海潮”之句，注以“水味极恶”之语，苦井的滋味，可想而知。

天津城南古镇葛沽，清代人命名葛沽八景，其一为“蛤岸遗踪”。那里为退海之地，蛤岸连绵，浅层地下水水味咸涩。可是这绵延三百公里的海岸滩地，就有那么一处地点，竟打出了一眼甜水井。因为井小，人们叫它“马蹄井”。众井皆苦它独甜，甜得到反衬愈显其甜。民间编出故事，说它是东汉光武帝刘秀的干将马武，更确切地说是马武的马，踏出了井泉来。讲“马蹄井”身世不凡，其实是在解释它在那一带独领风骚的甜。

当然，讲苦水井，也有众井皆甜它独苦的例子。清代纪晓岚《阅微草堂笔记·姑妄听之》，讲到一眼以“苦水井”为名称的井。“苦水”作为此井的称谓，一是因为这眼井的特点在味道欠佳，二是这一名称能够区别于其他水井。此井之外，还应有许多并不苦的井。

清代北京多水井，可是就总体而言，水质并不理想。光绪年间朱一新《京师坊巷志稿》讲到西便门大街，引《析津日记》：“昊天寺塔址已为居民所侵，寺门一井，泉特清冽，不减天坛夹道水也。”言及两处甜水井。看来偌大的北京城，水质称佳的井是屈指可数的。

清代北京，有能力的人家宁愿买城外的甜水。那水老远地用车载进城来，水味虽好，“价甚昂”。心疼银子的勤俭持家者，便兑入一些井水，用来煮粥沏茶。褚维垲《燕京杂咏》：“驴车转水自城南，买向街头价熟谙。还为持家参汲井，三分味苦七分甘。”单以井水饮用，味道实在欠佳，全用车载的甜水，水甜却心不甘。还要有节约铜板方面的算计，于是“三分味苦七分甘”，两种水兑着喝。这被采入竹枝词，可见已形成一种习惯。

说苦井，让人津津乐道的话题是苦水变甜。明代郎瑛《七修类稿》记，北京苏州胡同有眼苦井，经施法术，苦水井变为甜水井。郎瑛说：“至今土人言之，亦奇也。”这传说，到被郎瑛录下，已传了五六十年。守着一眼甜水井，讲着苦变甜的老话。清代《京师坊巷志稿》重提此井的苦变甜，说“居民至今资以汲饮”，还在饮用这眼井里的甜水；并录吟咏此井之诗：“枘凿流传事不侔，谁分泾渭定千秋。移将苦水成甜水，唤作苏州是蓟州。”

施法术，苦变甜，对于这样一个传说，明代学者郎瑛归结为“奇”，大概表示姑妄言之的态度吧。下面一段治井故事，比起苏州胡同里苦井变甜井的传说，要实在些。

汝州在河南。据清代刘献廷《广阳杂记》，汝州府的水井“皆以夹锡钱镇之，每井率数十千”。询问原因，是为了防瘿——大脖子病。有位老兵说：“此地多风沙，风把沙土吹进水井，饮之则成瘿。向井中投夹锡钱，为了治沙土。”据此，有人联想到无锡锡山，那里的惠泉水质清甜，成为天下名泉，莫非得益于地下有锡？

井泉能溶锡？溶锡妙不妙？就引出了水溶微量元素的话题。当代人饮水，讲洁净也讲营养，使得罐装水与灌装水大行其道。其中，有标以“纯净”的，也有标以矿泉、麦饭石水的。这后一类，用含微量元素作为广告招徕。当然，那是些滋补身体、有利保健的物质，含量也要适宜。饮用水中的一些化学元素含量过高，会对人体造成危害。

（二）井水甘冽

五岳之中，北为恒山。《恒山志》讲到苦甜井：“不三尺地，获双穴，甘苦殊。”说的是，两眼井，一苦一甜，比邻相处，仿佛故意安排的一对“相反相成”。这奇，派生出传说故事来，使得苦甜井作为游山景点，至今仍为人们所津津乐道。有趣的是，相关的故事，都说苦井先在那里立足。至于甜井的来历，一则故事讲，八仙之一张果老救了小黑龙一命，小黑龙为报恩，在苦井旁钻出一眼甜水井。另一则故事讲，道人为解决吃水困难，在山上挖井。挖出水来一尝，苦！不甘心，便在旁边再挖，见了水，更苦！于是，有人气馁，罢手退去。

有人不愿半途而废，继续向下凿，一镐一镐地开石头，挖呀挖，石缝间有清亮亮的水花冒出来。好一眼甜水井，就这样傍着苦井，扎下根来！同是传说，后一则故事有些道理在。它似乎在说，恒山的含水地层，较浅层水质差，穿过苦水层向下，水质变了，这便造成咫尺两眼井苦甜绝不同的奇观。当然，讲故事人的着眼点并不在此，这是发生在恒山上的关于恒心的故事，是对于毅力礼赞。

古时广州城内水泉很多，日常汲井挺方便。据清代檀萃《楚庭稗珠录》，水井以数十百计，可是水味大都不佳。不是没有甜水井，“惟九眼井为胜，则越王井也”，那是以帝王冠名的水井。人们推崇此井，有“玉石之津液”的美誉，并传说当年越王饮用此井之水，“年百余岁，视听不衰”。历史上有几世越王作了百岁寿星，倒也不必较真。这个传说反映了古人对于水质的判断，很重口感滋味；同时，水味佳与水保健，往往被联系在一起。

南国广州这种苦甜有别的情况，也存在于北疆。“齐齐哈尔井水浊而咸，惟东郭陶家侧一井独甘，号曰窑水。”清代方观承《卜魁竹枝词》“味浊兼咸诸井水，只余窑井一泉甘”，甜水井苦水井两相对比。

不见得非要滋味悬殊，人的口感往往能对细微的差别作出反应。天津蓟县古城，城内东北部有井名燕家上井，水味甘冽，清朝皇帝谒东陵经独乐寺行宫，专饮此井之水。此井有个响亮的美称：上醴泉。在城东门外护城河东岸井，水质比燕家上井稍有逊色，人称下醴泉井。醴泉，甜美的泉水、天降的甘露。城里、城外两眼井，因优良的水质而同享“醴泉”之誉；两者间又稍有差别，由是，相对于上醴泉之“上”，城外那一眼冠名以“下”。一“上”一“下”双“醴泉”，人们对于井水的品评精到入微，且赋予了诗样的意境。

蓟州古城里的老井，在文庙旧址对面尚存一组。水井居路边，20世纪六七十年代还在使用。居民在自家院门前搭建小屋存放杂物，水井就在屋内，用水泥板盖着。井身甃以大小不均的石块，一块石板凿出四眼井口，据说此组井水质挺好。

水文是评价人类生存环境的要素之一。在水井时代，在以地下水为重要饮用水源的地方，井水清甜实在是大自然的恩惠。广西梧州冰井，甘凉清冽。当地的特色小吃“冰泉豆腐”，赖此井而扬名。汲井水煮豆浆，滴水成珠，甘甜香滑。旧时北京城里甜井水挺珍贵。商家做点心，和面用甜水还是苦水，销售情况是不一样的。买点心的顾客有时要先尝上一口，细细地品味，苦水加糖抑或甜水加糖，可以品出味来吗？反正当年传下来的老话讲，用甜井水做出的点心售得好。

井泉水质，清浊甘苦，地下水文参与着地上人文的创造——这从一个侧面说明着本书的命题：井文化。

（三）多味多奇

此井彼井，虽比邻而凹，却水味有别，大地让人类开采它的心腹之水，同时狡黠地亮出了一道道难解之题，让人们猜谜。

报纸报道，广东省惠东县神泉港的一眼古井，井非深深，却取之不竭。此井之奇在于，四周水井水味均咸，不能饮用。咫尺天壤，你说原因何在？

在北岳恒山，山麓玄井亭相距一米的两口井，一井水甜爽口，一井水苦难饮。相传恒山下压着苦海，海里有一条巨龙和一条大蟒，龙吐出的水做了甜井的源泉，蟒吐出的水做了苦井的源泉。关于这两口井，另有故事讲：恒山上本无水井，山上道士吃水要从山下挑上山。那一年，有师兄、师弟二人，饱受挑水之苦，商量着要在山上挖一眼井。两人苦干七七四十九天，井成水却苦，不能喝。他俩不甘心，井旁再挖井，又是七七四十九天，出水了，苦。师兄扔下凿井工具，退却了。师弟又干了七七四十九天，终于苦尽甜来，见了清洌甘泉。这便是《恒山志》所记："不三尺地，获双穴，甘苦殊。"这后一段故事，讲的是北岳山名——恒：恒心。

河南太康县高贤，一个有两千多年历史的古镇。这里有奇异的"七步三眼井"。称奇，不在于一处三井，而在于呈三角形分布的三口井，甜、咸、苦，味道各不同。

河南嵩山少林寺，与达摩面壁一样著名，有断臂求法的掌故。神光和尚仰慕达摩，来少林求法。正值大雪纷飞，他立寺门外。站到转天天明，雪已没膝，仍未获准入室。达摩在考验他诚心。神光为表达求法之诚，一刀砍下自己的左臂，献到达摩面前。神光成功了，他被达摩接纳，赐名惠可，传予衣钵。寺中的二祖庵，相传惠可断臂后在此养伤，锡杖戳地四下，便有了四眼水井。四井比肩，水味却有不同——酸、甜、苦、辣，五味只少一味咸。这是一个将所有细节都浸泡在宗教神奇氛围中的故事。

这样的奇井，或许构成一道谜，或许构不成一道谜。

清代檀萃《楚庭稗珠录》："习安城东北隅双井，上有石栏，分左右汲，其实一井也。汲左以炊则色红，汲右以炊则色白。”一个井分为两个井口，汲上水来，一经加热，区别就显现出来，水色或呈红，或为白。唐代段成式《酉阳杂俎·物异》所记更奇：“石阳县有井，水半青半黄，黄者如灰汁，取作粥饮，悉作金色，气甚芬馥。”这口井的水，色兼青、黄，煮米做粥色呈金黄，还腾腾冒着香美气味。

井水因时而异，这情况着实让《四库全书》的总编纂官纪昀纳了一回闷儿。请看他的《阅微草堂笔记·如是我闻》：

> 虎坊桥西一宅，南皮张公子畏故居也，今刘云房副宪居之。中有一井，子午二时汲则甘，余时则否，其理莫明。或曰：“阴起午中，阳生子半，与地气应也。”然元气昆仑，充满大地，何他井不与地气应，此井独应乎？

《阅微草堂笔记》多记狐仙鬼怪故事，但每逢记述目睹的实况、耳闻的真事，作者往往用迥异于“小说家言”的笔法，是很认真的。纪晓岚居京多年，纪宅就在虎坊桥一带。井水为何因时而异？对于子午阴阳的解说，他并不满意。他反向思维，如果子午阴阳一说可以解释此井之异，那么子午阴阳为什么对其他水井又不起作用？这种求是的态度，在那个时代也是难能可贵的。

这眼子午井（图 21）现存胡广会馆院内，可惜井泉已涸，无从验证子午水甘了。井湄石离地很高，当非旧物。

图21　子午井

这种井，北京还有一例。近人徐国枢《燕都续咏·一井二水》：“迟疑汲引导修绠，玉槛银床浪得名。一脉尚教甘苦判，人间休要问公平。”注曰：“齐化门内延福宫有井一，水分甘苦二味，甘者味甚清洌，苦者涩苦难饮。”水味时甜时苦，大约并不局限于子夜、正午起变化。虎坊桥那眼井与子午阴阳无关，这眼井提供了佐证。看来，还得从地下水源方面找原因。比如讲，地下渗物的影响带来的变化等。

（四）茶文化中的井水

中国是茶树的原产地。饮茶历史悠久，形成一门文化。茶文化的重要内容之一是品水。

将择水与品茗并举，圣洁其事、神秘其事的人，当推陆羽。当然，还要再加上那些尊陆羽为“茶神”“茶圣”的古人。“陆羽传经”，天津一家老字号茶庄挂着这样的铭匾。陆羽，唐朝名僧，被奉为茶业祖师。陆羽所传，即我国茶文化经典的开山之作——《茶经》。

《茶经》讲煮茶用水，对于井水并不怎么看好。书中写道："其水，用山水上，江水中，井水下。其山水，拣乳泉石池漫流者上……其江水取去人远者，井水取汲多者。"上中下三等，山间流泉最获好评，其次是江水，再次才是井中水。此说出于茶圣陆羽，自然有很大的影响力，后世许多讲茶的著作都引用它。如明代顾元庆《茶谱》说，水泉不甘，会损害茶味，所以"古人择水，最为切要"。饮茶何水好？"山水上，江水次，井水下。"

但是，这一说法在唐代就已受到挑战。并且，挑战旧说者似乎正是陆羽本人。唐代张又新在《煎茶水记》一文中说，元和九年（814）时，偶然看到一篇《煮茶记》，从中得知唐代宗之时，湖州刺史李季卿在扬州遇到陆羽，向陆羽请教煎茶好水。陆羽评说天下二十水："庐山康王谷水帘水第一。无锡县惠山寺石泉第二。蕲州兰溪石下水第三……苏州虎丘寺石泉水第五……丹阳县观音寺水第十一。扬州大明寺水第十二……柳州圆泉水第十八。桐庐严陵滩水第十九。雪水第二十。"这二十处佳水，如今名气最著者是无锡惠山泉——称"天下第二泉"，成为无锡名胜，并随着《二泉映月》的优美曲调传名益远。

二十处中，列为第五的苏州虎丘寺石泉水，列在第十一位的丹阳县观音寺水，第十二位的扬州大明寺水，均是井中水。显而易见，如此排第次与《茶经》"山水上，江水中，井水下"的说法大相径庭。宋代欧阳修《大明水记》注意到这一差别："江水居山水上，井水居江水上，皆与《茶经》相反，疑（陆）羽不当二说以自异。"欧阳修觉得，陆羽总不会不顾《茶经》之说，背离山泉、江水、井水的次序，再选天下二十水，自相矛盾。

陆羽修正了“山水上，江水中，井水下”的观点吗?《煎茶水记》所记陆羽评水的名单可靠吗？对此，历来见仁见智。然而不管怎样说，《煎茶水记》仍不失为关于茶与水的重要史料。因为，天下二十水的排位，毕竟记录在这样一篇确定无疑的唐人文章中。它说明，“山水上，江水中，井水下”之说，在唐时已非定论。

不应忽略的是，《煎茶水记》还记录了当时的另一种论水意见，“较水之与茶宜者凡七等”：“扬子江南零水第一，无锡惠山寺石水第二，苏州虎丘石水第三，丹阳县观音寺水第四，扬州大明寺水第五，吴松江水第六，淮水最下第七。”七水之中，江水居首，第三、第四、第五为井泉，也与“山水上，江水中，井水下”之说不合；而且，山泉、江水、井水共七种，井水占三，入选的比例不小。这七水的品评者刘伯刍，是唐朝刑部侍郎，他比陆羽略早，也以品水为嗜好。

由此说来，陆羽虽然称茶圣，《茶经》尽管是经典，论煮茶煎茶，以“井水下”为持论，在他之前之后，都有不同意见。品水品出不同的感觉，是正常的。

到了宋，赵佶（jí）——很具文化修养的宋徽宗（图22)，写过《大观茶论》:“水以清轻甘洁为美，轻甘乃水之自然，独为难得。古人品水，虽曰中泠、惠山为上，然人相去之远近，似不常得。但当取山泉之清洁者。其次则井水之常汲者为可用。若江河之水，则鱼鳖之腥，泥泞之污，虽轻甘无取。”他品茶论水，主张山泉为上，井水为中，江河水甚至可以弃而不用。

图22　宋徽宗赵佶

陆羽评水，名列十一的丹阳观音寺井，宋代陆游去品尝，记在《入蜀记》说："发丹阳，汲玉乳井水，井在道旁观音寺，名列《水品》，色类牛乳，甘冷熨齿。"《水品》指上面讲到的那篇《煎茶水记》。陆游路经丹阳，尝玉乳井水，是慕名唐代茶文化留下的名人名井故事。他的品评，滋味奇特，用四个字表述：甘冷熨齿。

这一眼玉乳井，后来遭到污染。南宋人张世南《游宦纪闻》写到它：

玉乳泉在丹阳县练湖上，观音寺中。本一小井，旧传水洁如玉。思顺以淳熙十三年（1186），沿檄经由，专往访索。僧蹙頞而言，此泉变为昏黑，已数十年矣！初疑其绐，乃亲往验视，果如黑汁。嗟怆不足，因赋诗题壁曰："观音寺里泉经品，今日唯存玉乳名。定是年来无陆子，甘香收入柳枝瓶。"明年摄邑，六月出迎客，复至寺，再汲，泉又变白。置器中，若云行水影中。虽不极清，而味绝胜。诘其故，盖绍兴初，宗室攒祖母柩于井左，泉遂坏，改迁不旬日，泉如故，异哉！事物之废兴，虽莫不有时，亦由所遭于人如何耳。

陆游入蜀，行于乾道六年即公元1170年。他去看玉乳泉时，水质尚好。十几年以后水源受到污染，"玉乳"变"黑汁"，参观者惋惜之余，以"定是年来无陆子"题壁，陆子该是指陆羽而非陆游。井水变黑的原因，是井附近的墓葬败坏了水脉，改迁后不到十天，井水即见好转。《游宦纪闻》的作者感叹："事物之废兴，虽莫不有时，亦由所遭于人如何耳。"这实际上涉及人与环境的问题。人为地污染水源，水井又怎么能以甘泉待汲？

名茶名水，两美齐臻，为中国茶文化增添许多话题。欧阳修《送龙茶与许道人》写井水："我有龙团古苍璧，九龙泉深一百尺。凭君汲井试烹之，不是人间香味色。"茶好水也好，俱佳香、味、色——品茶之际，杯中鲜亮水色要鉴赏，暗香飘浮沁心田，呷一口水，茶味醇厚滋味长。

茶文化使喝水超越单纯解渴的生理需要，饮茶成为愉悦身心的精神活动。名茶与名井，其"名"凝结着余味绵长的文化馨香。苏州虎丘冷香阁旁一眼石井，井名观音泉，人称陆羽井。相传茶圣陆羽曾居虎丘，研究栽茶技艺，凿井品泉，打出这眼井。《煎茶水记》所品七种好水，此井名列第三。冷泉阁因井而名，成为茶室。在这里品茗，太湖“碧螺春”沏上陆羽井里水，所品不仅是茶香，还应是古人今人创造的文化。陆羽是湖北天门人。在茶圣的家乡有陆子泉古井，宋代文学王禹偁凭吊古迹，品茶水观井泉，思茶圣觅知音，感慨系之：“甃石封苔百尺深，试茶尝味少知音。唯余半夜泉中月，留得先生一片心。”如此品茗，无疑是一次文化怀古的心理历程。陆羽井旁多题咏，陆羽画像碑、“品茶真迹”刻石与王禹偁诗碑等，有声有色地讲述着唐代茶圣与《茶经》的故事。

在湖北省兴山县昭君故里，当地有种特产——白鹤茶，采自昭君村。茶与井珠联璧合，以昭君井水泡白鹤茶，清香可口，当地人称此为龙泉茶。龙泉之谓，是因传说昭君井中藏着黄龙。

“南城茶叶北城水”，旧时北京的这句老话，讲的也是茶文化中的井水。南城茶叶，当年北京有名的茶店多坐落在前三门之外；北城水指德胜门西的大铜井。那是一眼元代古井，铜制的井口，泉源也旺，水质绵甜。用大铜井的好水沏好茶，品一口，唇齿留香。大铜井的名字传遍全城，所在的那条里巷就叫大铜井胡同。

在昆明，老城区东南之隅，有条街道至今仍保留着“吴井路”地名。那里成片新建楼群之间，有一古色古香的茶馆，拥着一对古水井，仿佛在守卫着一个老古的传说。茶馆两层小楼，石阶几级，抱柱楹联两副，其一是：“两口幽深吴井蕴藏沧桑岁月，一杯清雅香茗包含浓淡人生。”不大的庭院，围栏中是尺高的井湄石——两眼井，茶馆的亮点。藤椅与木桌围成三组，布置在井旁。门前立着石碑：“山川灵毓，必兴人物，城邑悠久，必多典故。吴井存于昆明东南原吴寺内，始掘于明代。共两口，为长方石相拼凿成……此地原有白石桥一座，曰吴井桥。传说桥侧有一茶铺，店主姓吴。仙人张三丰怜其勤善，将井水变为美酒，生意兴隆，吴井声名远播。井水变酒，自难置信。然井水清澈甘醇，酿酒烹茶，堪称上品……”到此访茶，听吴井掌故，临井品茗，茶与井的珠联璧合，开启着思古之幽情，实在别有一番情趣。

至于道家张三丰变井水为酒水的故事，则是古代传说的一种题材类型，它不仅反映了民间文学抑恶扬善的价值取向，而且从一个侧面反映了古人对井泉水质的认识：好井水，酿好酒。

（五）泉甘好酿酒

宋代梅尧臣诗咏宫中水井：“宫井固非一，独传甘与清。酿成光禄酒，调作太宫羹。上舍鋃瓶贮，斋庐玉茗烹。相如方病渴，空听辘轳声。”好一眼甘泉，用来调羹，汤味好；用来沏茶，茶水佳；受消渴病之苦的司马相如，喝了它或许也会爽快一些呢。还有一项，好井妙用：“酿成光禄酒”——甘泉酿美酒。

井洌泉甘好酿酒。水井与琼浆美酒的酿造结下不解之缘，这或许是个例证——明代万历年间，挺有文化修养的程君房，编印《程氏墨苑》，收录墨谱五百余图，其中以水井入图者，仅仅一幅而已。而此图所画，恰恰是《酒中八仙》（图23）。不该将此视为偶然的巧合。此画反映了古人一种根深蒂固的潜意识，那就是：佳酿、美酒需好井。

图23　明代《程氏墨苑》酒中八仙图

成都城里确实有好井。一眼薛涛井水，让锦城人在宋代酿出了美酒“锦江春”。到清乾隆年间，薛涛井又酿名酒，并且径称薛涛酒——这家酒坊后来扩大生产规模，依傍着城内一眼明代古井，新建酿酒作坊，酿出至今名气不减的全兴酒。

四川名酒泸州老窖，以“老窖”标识酒名，有“三百年老窖，十一代酒香”的美誉。然而，有关这一名酒的故事，所讲还是井的传说：樵夫救蛇，蛇是龙王太子。龙王报答樵夫，赠以奇珍异宝。樵夫朴实，只收下一罐子酒。携酒回家，罐跌井中。再偿井里水，好醇！井水变酒浆。

江西吉安，古称庐陵。这里悠久的酿酒业得益于好水源。赞其酒好，自古有言“赣南庐陵多美酒”；夸其水好，传下“庐陵古城多小巷，条条小巷多井泉”的古谚。

湖南长沙的白沙古井，有长沙第一井之誉。其水清泉甘，进了民谚：“常德德山山有德，长沙沙水水无沙。”久跻名酒之林的“白沙液”，即取此井之水酿酒，酒以井名。

甘肃武威所产皇台酒，得海泉井水之益。此井水富含矿物质，煮饭不溢锅，不锈盛水的器皿，当地人称其为“神水”。

旧时民谣：“吸水烟，到兰州；喝烧酒，浑源州。”恒山脚下浑源县，“恒山老白干”能够成为传统特产，得益于县城里的一眼古井。此井清澈纯净，绵甜爽口，含钙甚少，是酿酒的好水。清代时，围绕这眼水井，竟有百余家酒坊。如今，此井仍在酒厂院内，井旁立有“北岳甘泉”石碑。

安徽的古井贡酒，酒以井名，那井是亳州城里一眼老井。南北朝时，南梁与北魏在这里（古谯城）有过一场恶战。相传，北魏一员大将战死阵前，倒地之时把金锏长戟投入一口水井。当地许多水井都苦涩难饮，只有这眼金锏长戟之井，甘洌清亮。用它酿的酒，连皇帝都说好。这眼老井后来成为省级重点文物保护单位。酒厂请地质研究所对井水进行化验，得出的数据是：pH值7.7，硬度12.16，总碱度15.14，氯根58，井水中含有锶、碘、锌等20多种矿物质，是优质天然矿泉水。

贵州的茅台镇美酒醇芳，香飘四海。酒好先要感谢水好。酒坊正月初一祭祀井神，便成了传统风俗。祭坛摆在井边，燃香叩头，祈求井神保佑新一年里井泉顺遂，多酿好酒。

有酒名称“扳倒井”。李白《玉真公主别馆苦雨赠卫尉张卿》：“秋霖剧倒井，昏雾横绝巘。”这两句诗描写秋天里的强降水，暴雨之大，像是把井搬到空中，一倾而下。民间传说的扳倒井故事，则讲刘秀率兵急行军，将士渴极，好不容易见到一口井，却又找不到汲水的家什，情急之下，将士们硬是把井倒，倾出水来，饮个痛快。“扳倒井”虽仅三字，却能造成一种冲击力，酣畅、豪爽。如今，它成为山东的名酒品牌。

就像相信“一方水土养一方人”的老话，人们自古相信水对于酿酒质量有至关重要的作用，酿特色酒要靠特色水，一个地方的好水造一个地方的佳酿。宋代周煇《清波杂志》论酒，讲色、香、味，醇厚还要清劲。说到一种名酒：“泰雪醅著名，惟旧盖用州治客次井蟹黄水，蟹黄不堪他用，止可供酿。”蟹黄水，江苏泰州当年州府前的一眼水井。用此井水造酒，冠名“雪醅”，为一方之佳酿。绍兴年间，有人采用“雪醅”的配方和工艺，在杭州取西湖水仿造“雪醅”，未能成功。究其原因，归为“蟹黄水重，西湖水轻”，人们还以秤称之，得出两种水比重不同的结论。

生活中这类水、酒关系，被民间传说故事的创作纳入选题视线，水、酒关系复加上人与人的关系，除了水味、酒味，更多了美丑爱憎。

“借问酒家何处有？牧童遥指杏花村。”这是唐代杜牧的名句。山西汾阳有杏花村，村中有眼古井（图24），人称仙井，甘馨清冽。此井之水造就了两个名牌：汾酒和竹叶青酒。杏花村井为何这样好？民间由它编故事：杏花村里开了个酒家，店主人心地很善。有一个破衣烂衫的道人，连续三次来喝酒，每次都是分文没有，店家照样以礼相待。道人说要报答，取了一碗井水，吹了口仙气，又倒回井中。再汲时，井水已变得芬芳郁冽了。

图24 山西汾阳杏花村古井

这杏花村，又非山西独有。嘉靖年间安徽《池州府志》记，杏花村“旧有黄公酒垆，后废，余井圈，在民田内，上刻‘黄公广润泉’字”。安徽杏花村里井，酿出的琼浆自然也该称为杏花村酒吧。

“衡水老白干”，是河北地区久享盛名的大众饮品。它有着与杏花村相似的传说。相传滏阳河边小村庄，一位老石匠为答谢长期赊酒之情，对酒家主人说：“酿造美酒，井泉最好。你没水井，我来开凿……”遂凿出了一眼清冽的井泉。数百年过去了，小村庄变成了衡水城，那眼井的水酿造的“老白干”，闻名遐迩。

这类故事，有一则讲到了喝酒的名人刘伶。刘伶，晋代人，著名的“竹林七贤”之一。他佯狂醉酒，一篇《酒德颂》流传至今。民间传说，刘伶在洛阳喝了杜康酒，感觉好极了。陕西的朋友听他一讲，也要尝尝。为此，刘伶从河南弄了两篓货真价实的杜康酒，牵毛驴驮着，往陕西走。刚入陕西境，进了嵇家庄，见到老朋友嵇康，俩人开了酒篓，喝了不少。刘伶走到村口，口渴想喝水，正好有口井，便汲水而饮。水喝了个十二分饱，一干哕（yuě），全吐到了井里。慌乱中，篓中酒也洒光了。于是，只好灌了井水，带着假酒上路。与陕西朋友会面，大家打开他的酒篓来喝，人人夸好酒。刘伶也来品，确实杜康无二。原来，他把酒吐到井里，井水变成了杜康。嵇家庄人水井变成了酒井，为了表示不忘刘伶，把村名改为刘伶铺。这样的酒井如今还有吗？民间故事自圆其说：那酒井被恶霸霸占了，开了个酒坊。一天，刘伶路过那里，让掌柜的从井里汲出一桶，他舀一碗泼到地上，摇摇头走了。从此，井里汲出的是水再不是酒了。人们讲，那刘伶一生气，把酒收回去了。

海南民间说苏轼，那是一段有关儋县苏东坡书院“酒井”的故事。相传很早以前有妇人带一个男孩住在井附近。家里穷，孩子大了却娶不上媳妇。妇人便祈祷上天：“老天爷呀，恩典恩典吧！”晚上，妇人梦见仙人对她说：“你家里穷，可以到井里打酒卖钱。”井水充酒卖钱，那怎么能行？转天一大早，妇人忙着往井边跑，要看那梦可灵验。汲一桶水上来，果真是美酒，就挑到市上卖。日子久了，卖酒积攒下一些钱，儿子娶了媳妇，一家人日子过得挺美满。妇人有卖不完的酒，这引起恶霸王歪嘴的注意。王歪嘴发现了酒井的秘密，就霸占了那口井。可是，井也有情，从此汲上来的再不是酒而只是淡淡的水。传说宋代文豪苏轼被贬雷州，寓居于此后，“酒井”重又出酒。东坡先生常邀当地人到这里喝酒，并在井西边盖了一间房子，称为“载酒堂”。这在当时就被人们传为美谈，说是“东坡载酒西边醉”。后人纪念苏轼，在这地方建起“苏东坡书院”，书院中自然少不了那间“载酒堂”。

井中直接出酒，实在是太让人心向神往的美事了。如果传说故事中有人得便宜卖乖，守着酒还不满足，那人物一准是被嘲笑讽刺的对象。

浙江桐庐一则传说讲，一户酿酒人家，依井而居，自酿自卖。酒家礼遇一名道士，道士来，舀酒即饮，饮过走人，酒家从不向他讨酒钱。时间久了，道士要报答酒家，就对老板娘说：“我向井里投些仙药，井水不酿即是美酒。”说着取出两粒黄色药丸丢进井里，告辞远去。转天，井泉沸腾，汲上水来品尝，比原来酿造的酒还要好。井水成酒，人称“神仙酒”。这户人家由此致富。30年后，那位道士重又出现，他问酒家女主人：“有了此井，收入还好吧？”老媪答：“井水变酒确是好事，只是不经酿造，没了喂猪的酒糟，也是一件憾事。”道士听后，将手探入井中，两粒药丸从水里跃出。道士带着药丸走了，酒井复旧如初，又变回了水井。

以上浙江故事，显然与元代《湖海新闻夷坚续志》“井化酒泉”条所记湖南传说，为同一类民间故事：

> 常德府城外十五里，地名河洑，有崔婆者，卖茶为活，遇有僧道过往，必施与之。一道人往来十余次，崔婆见之，必与茶。道人深感之，与之曰：“我欲使汝改业卖酒如何？”崔婆喜。道人以杖拄地，清水迸出，为崔婆言：“此可为酒。”崔婆取之以归，味如酒，浓而香，买者如市。若他人汲之归，则常品水也。崔婆大享其利。道人重来，崔婆再三谢之，但云：“只恨无糟养猪。”道人怒其贪心不足，再以杖拄泉，则复成水，无复酒味矣。其井至今尚存。

两则故事，水井变酒情节，均由道士所为。一是投下黄丸，把酒家门前的水井变成了酒井，一是说以杖杵地，即见奇效，连黄丸也未曾投放。两则故事的老板娘都有点贪心不足，享受着汲井出酒的好处，却抱怨“无糟养猪”，道士一气之下，把出酒的水井复原为水之井。

（六）井华水和井底泥

古人将井水视为一味药。这便是本草书上的井华水，或叫井花水。区别于一般井水，井华水是经一夜沉淀，清晨最先所汲。《证类本草》讲，井华水“味甘，平，无毒”，并列举它的功用，其中包括“令好颜色”。《本草纲目》说：“井水新汲，疗病利人。平旦第一汲，为井华水，其功极广。”井华水健身美容之说，还见于敦煌遗书伯2666，这是唐代抄写的单药方“人面欲得如花色，以井华水”，女服七日，男服四日。

道家看重井华水，请读苏轼《东坡志林·论雨井水》所录：

> 井泉甘冷者，皆良药也。《乾》以九二化，《坤》之六二为《坎》，故天一为水。吾闻之道士，人能服井花水，其热与石硫黄钟乳等，非其人而服之，亦能发背脑为疽，盖尝观之。又分、至日取井水，储之有方，后七日辄生物如云母状，道士谓“水中金”，可养炼为丹，此固常见之者。

以上一段话，将井华水神秘化了。对于《本草纲目》所记井华水功用，今天许多读者不免要半信半疑。以人们通常的生活经验来看，水井经一夜的沉淀，清晨所汲应是最为清亮、洁净的。仅此而已。至于其热与石硫黄、钟乳相等之类说法，今人恐怕是很难接受的。春分秋分、夏至冬至的井华水，存上七天，变出“水中金”云云，即便出自古代文豪之口，人们也大可不必信以为真。苏轼是个博闻强识的文学家，他的诗文对三教九流均有涉及。《东坡志林》中道家井华水的奇谈，反映了古人关于水井的玄思漫想——就像那时人们对于天地乾坤、宇宙时空的畅想。

然而，古人推崇井华水并不是全无道理的。井水清凉，经一夜沉淀的井水杂质少，清早喝碗这样的水，对于清理肠胃、降低血脂、调节身体机能是有益的。现如今不是也有一种空腹饮水的保健疗法吗？20世纪60年代，邓拓燕山写夜话，有一篇题为《白开水就好喝》，认为白开水最符合卫生要求，真是养生妙品。文中引用陆游诗："金丹九转太多事，服水自可追飞仙。"这当是长寿放翁关于养生的经验之谈。

古人的这种认识，在彭祖传说中早有反映。彭祖是上古神话里的长寿者，岁八百而成仙。徐州铜山县大彭集村西、旧彭祖庙前，有一眼古井，民间传说此井彭祖开，当初彭祖喝了这眼井的水，精神日爽，劲头日增，越活越年轻。徐州城里也曾有彭祖井，唐代诗人皇甫冉为此井写下"闻道延年如玉液"的诗句。夸彭祖井，这可是夸到了点子上。

井泉之水出于地表之下，在长期蕴藏之中，在地下流动之中，可能溶入一些对人体有益的矿物质。现今可以借助仪器测得所含微量元素，开发矿泉水。天津天妃宫内妈祖泉立有铭牌，讲的即是这方面的话题。古代没有这种技术条件，人们以经验的积累品泉说井，留下关于长寿井的评定与传说。南京清凉山，南唐时曾凿义井一口，传说老僧终生饮此井水，至老不生白发。

河北获鹿县龙泉寺里有眼龙泉井，当地民间传说井里是可以疗疾的“圣水”。相传，几百年以前有个自幼丧父的少年，母亲重病卧床，三年不愈。少年吃苦受累，想方设法为母亲医病。一天，他梦见母亲喝了龙泉井水，病体康复。他就去汲那井里的水给母亲喝。每天去一次，从不中断。三个月后，果然治好了他母亲的病。这传说，至今仍为民间所乐道。据曹广志《燕南赵北的民俗与旅游》一书介绍，经南开大学生物研究所化验，龙泉井水确实含有多种对人体有益的元素。有人分析认为，这一带山上野生药用植物的根系，影响了井水。

广西灌阳县新街镇上甫村有一对“鸳鸯井”。两井相距10米，一井水温四季38℃，一井长年水温18℃。这对“鸳鸯”，又被当地人称为“阴阳井”。以现代技术检测，井水含30多种矿物质，常饮有益健康。

《太平广记·神仙》讲，苏仙公得道升天，拜辞母亲。母亲问：“你去之后，我靠什么生活？”苏仙公说：“明年天下疾疫，庭院水井，檐边橘树可以代养。井水一升，橘叶一枝，可疗一人。”转年，果然有疾疫流行，远近都来求医。苏仙公的母亲一概用井水与橘叶治疗，都很有效。苏仙公本名苏耽，明代《列仙全传》为他画像，特意画井以应故事（图25）。

在古人眼中，井底泥也可做治病的药。

《易经·井卦》：“井泥不食，旧井无禽。”井底之泥，污不堪食，这样讲大概不会有人提出异议。然而，倘若说井泥是药，拿来医病，就难以令人接受了。

图25　明代《列仙全传》苏耽画像

汉代人相信井泥治病。长沙马王堆出土的一批汉代医书，其中保留了治疗蜥蜴或蛇咬伤的几种医方。一方是："取井中泥，以环封其伤，已。"用井泥做外敷用药。考释这批汉代医书的医药史专家马继兴，特写下按语：井泥是淤积在井底的灰黑色泥土，未经灭菌消毒，不应采用。

敦煌的唐代写卷药方也用井泥，敦煌遗书伯2666记："火烧疮，取井底青泥涂上，立差。"外敷治烫伤。

外用井泥，古医书多有言及。《千金要方》所承治蝎毒方，《太平圣惠方》所录治痈肿方，《政和本草》所录治烫伤方，均外敷泥井。

这种疗法一直在民间流传。例如，清末山东《宁津县志》记，蝎有雌雄。雄者螫人痛止在一处，用井泥敷之；雌者螫人痛牵诸处，用瓦沟下泥敷之。被雄蝎螫伤，外敷井底泥。

作为民间验方，井泥或许能治好一些伤痛。但对此还是要做具体分析。首先，此井彼井所沉淀的井泥成分不尽相同，作为药，何为有效成分？其次，就说治蝎螫伤痛，是靠了井泥的药理作用，还是井泥的物理作用——比如敷后的凉爽感觉，减弱了痛感？最后，井泥的作用，会不会只是一种心理慰藉，或者说心理暗示？就是说，有些肿痛本来是可以不治而愈的，施以井泥，注以心理期待，有助于肿痛的消除。至于井泥是否会造成感染，不再赘言。

（七）阿井阿胶

仍来说井水。成胎水，落胎泉，《西游记》第五十三回"禅主吞餐怀鬼孕，黄婆运水解邪胎”就水编故事：唐僧师徒来到西梁女儿国，唐僧和猪八戒饮了母子河之水，腹痛结胎。解阳山破儿洞有口井，名叫“落胎泉”，井中水可以破消胎气。孙悟空去求，偏偏破儿洞的道人是牛魔王的兄弟，与孙悟空结着怨，不肯给水，打斗起来。敌不过时，道人便退了，去护井。他伏在井栏上，孙悟空举棍打来，他跑。孙悟空寻出吊桶打水，他又使如意钩，钩孙悟空的脚，将吊桶井索跌到井下去。后来，孙悟空调虎离山，招架那道人，沙僧备了吊桶井索，汲得井中水。书中写，那井水好生厉害，“只消一口，就解了胎气”，倘若将一桶水喝下“连肠子肚子都化尽了”。

母子河、落胎泉，子虚乌有，吴承恩能将它们写得有来道去，自是文学家的好手段。河水可结胎，井泉能“破儿”，成龙配套，构思也巧。

由小说家言，再回到传统医药的话题，且来说阿井。

黄河在山东流经阳谷，那是梁山好汉武二郎打虎的地方。过去民间讲，山东有两宝，东阿驴胶、阳谷虎皮。特产驴皮胶的东阿，即今阳谷县东北阿城镇，那里因阿井煮胶而闻名遐迩。这阿井，北魏郦道元《水经注·河水五》有记载：

> 大城北门内西侧皋上，有大井，其巨若轮，深六七丈，岁尝煮胶以贡天府，《本草》所谓阿胶也，故世俗有阿井之名。

阿井很深，井口也大。汲阿井里的水熬煮驴皮，阿胶是名贵的滋补药材，被列入贡品。清代金埴《巾箱说》记：

阿井在故阿城，今东阿、阳谷二县界。昔有虎爪窟其地，水出，饮之久，得精锐之气，化而为人。后因为井。此乃济水之眼，色碧而重，搅浊即澄，汲出日久味不变。《禹贡》传曰：“东阿，济水所经。取其井水煮胶，谓之阿胶。”……盖此水性趋下，服之下膈、疏痰，以益寿回生。

东阿的阿胶、阳谷的虎皮，是那一带的两宝。阳谷夸耀虎皮，以《水浒传》武松打虎故事为资本。阿胶道地，其妙在于阿井之水。大约由于虎趵水出的传说，使得“阳谷虎”越“界”走进了阿井故事——民间口头文学创作中常见一种互渗交融现象，此即是。

阿井的奇妙处，一在清澈，“搅浊即澄，汲出日久，而味不变”；一在比重，宋代陈师道《后山谈丛·卷五》说，阿井之水“相传称之比他水重”。古人相信，阿井之水比重大，是其有着溶入奇特物质的外在表现。至于井水里含有什么神奇的溶解物，古时没有检测手段，看不到，弄不清，也就给想象力留出了空间，使得那一井好泉益发出奇地好了。

阿胶有真也有假，编写《本草纲目》的李时珍为此花了不少笔墨。第一，阿胶“以阿县城北井水作煮者为真。其井官禁，真胶极难得，货者多伪”。阿井水难得。阿胶之假，先出在用水上。第二，“其胶以乌驴皮得阿井水煎成乃佳”。这说的是熬胶用皮，真的阿井水，加上黑驴皮，才能煎得上等佳品。李时珍写道：“伪者皆杂以马皮、旧革、鞍、靴之类，其气浊臭，不堪入药。”水已不是阿井水，再把旧皮革、破马鞍、糟靴子，一股脑儿地扔进熬胶的大锅，如此假冒伪劣，也够可以的了！

李时珍修本草，殚精竭虑三十年。所做工作，不仅考察草药的叶形、花状，区别甲乙，阐述药理；还要辨别伪劣，提醒人们浊臭的“阿胶”是假水、假皮的生成物，切莫入药。纯粹药物学之外，他不得不做另一类事——用现今的话说：打假。

中药材讲究正宗产地，所谓道地。川芎、藏红花，产地嵌入药名，那招牌亮出的，是独特成分带来的地地道道的药性和疗效。川贝母滋润，浙贝母开泄，产地不同甚至药性有异。阿胶讲道地——山东东阿有口井，水质独特，取阿井之水熬胶，才能称阿胶。

某处的水井，因其独特的位置，使得井泉溶入特殊物质，用来制药便有了特色。古人的这种认识，应该说是不虚的。明代《七修类稿》：“青州人以范公井水浸半夏，成白丸子，人贵之，以其水异也。”那成药所以为人们所珍贵，在于范公井水的优异。大家都说范公井水制药好，要有个前提，即那药确实有疗效。

过去杭州民间有则传说，讲的也是井水制药：

> 朱养心膏药店，在大井巷内，所造膏药，颇著灵验，因之四远驰名，生意极盛。其屋后临山，有古井一口，相传刘海仙之蟾曾匿其中。汲井水调丹，药遂奇验。并谓刘仙临别，且以水墨龙一幅相赠，悬之可避回禄。其家至今视若拱璧，不与人见；即有见之者，皆假画耳。

这则传说录于胡朴安《中华全国风俗志》。朱养心膏药能够赢得好名声，离不开好的疗效。药效好，又离不开配方、调制。这中间，井水自然也可是一个因素。然而，在这段故事里，药店房后那眼井却被神化，从刘海戏金蟾的仙话故事借了灵光——那井，被说成金蟾曾栖过身游过水；还说刘海也曾来此，留下一幅墨龙图，悬此墨龙可以远离火灾。好水、好方，熬出好膏药，再加上这样的传说帮助促销，朱养心膏药店还愁生意不旺吗？

好水制好药，中国传统医药接受了井的赠予。至于附丽于这一现象的奇妙故事，让我们只将它们看作传说。

四、井的另用

（一）井与消防

《钦定大清会典事例》中有一段应该采入中国消防史的材料。这一史料记载，乾隆六年（1741）议准，北京城及通州粮仓增掘水井，以备消防之用：

京通各仓，各就廒房之多寡，地基之广狭，酌增井以备缓急。太平、裕丰二仓，取水近便，毋庸掘井。禄米仓增井五。南新、富新、北新三仓，各增井八。旧太、兴平二仓增井七。海运仓增井九。储济、本裕二仓各增井二。万安西仓，开建东水门五道。万安东仓，掘井四。通州西仓增井六，中仓增科房十间、井四，南仓增井三。

粮仓的配套设施，原本就有水井，所以，乾隆年间制定的是“增井”规划。广积粮为长治久安之大事。清代北京，东城粮路，城内城外粮库很多，规模也大，相应地设置消防水井，以备缓急，确是明智之举。

自古消防是大事，防备火患往往包括对于水井的筹划。隋唐都长安，三条引水渠使宫苑用水有了保障。可是，考古发现宫苑之中仍多井，如唐代兴庆宫勤政务本楼，五井环绕回廊。对此，发表于《考古》1959年第10期的《安阳隋张盛墓发掘记》认为，这些水井可能是作为消防设施的。

北京的明清故宫多井，除了日常汲用，用途还在防备火患。故宫中遍处可见的“门海”——大水缸，中轴线北端的供奉水神的天一殿，都反映着对于火患的防范意识。大殿前的木缸，缸底不着地。垫起来，以便在滴水成冰的季节烘炭火，防止储水结冰。紫禁城的消防如此到位，得由多次火灾的惨痛教训，与三百多只“门海”相映衬的，就是散布于各处的水井。

关于故宫水井消防的设计，位于横街的水井比较有典型性。保和殿后、乾清宫前的横街，为外朝与内廷的分界。乾清门前一排大水缸，它们的对面，保和殿后挖两眼井，一在后左门，一在后右门。横街不是生活区，也不是办公区。水井设于此地，如果只用于日常汲取，这不是最佳地点。因此可以说，其用途应与横街对过那一排水缸相同，主要出于防火的考虑。

在民间，凿井以应日常所需，同时着眼于防火，这样的例子也不鲜见。当年吉林民居多以桦树皮作屋瓦，门垣、窗牖也是木制，再加上庭院积薪如山，火灾是大隐患。光绪十六年（1890）大火，延烧一千几百户。宣统三年（1911）又遭丙丁灾，火烧全城。民初沈兆禔《吉林岁时记》"欲解郁攸多凿井，消防且与卫生论"，呼吁多挖井，备水源，以利消防。

扬州城内街巷间多设水仓，即在一院落中贮水，置汲桶并压水龙头，以防火患。水仓大门曾悬楹联："井用汲以受福，门虽设而常关。"井用汲以受福——消防有备，但无火警，备而不用最好，所谓"门虽设而常关"。这一记载见于清代梁章钜《浪迹丛谈》。

《老昆明》一书言及，过去城里的龙井街、水井巷、汲泉巷都是凿有水井的。备井的人家，大门上钉一个"井"字，遇上火警，要敞开大门，让人们汲水扑火（图26）。

图26　大理农家院水井

（二）泼水运物

北京的明清故宫，那气势磅礴的建筑群是怎样营造起来的？明代李诩《戒庵老人漫笔》有这样一段记述：“乾清宫阶沿石，取西山白玉石为之，每间一块，长五丈，阔一丈二尺，厚二丈五尺，凿为五级，以万人拽之，日凿一井，以饮拽夫，名曰万人石。”巨大的石料，万人围着它转，拽着它一寸寸地前挪。“日凿一井，以饮拽夫”，可以说是世上少有的特需之井了。

这里所说的汉白玉巨石，准确地讲，应是保和殿后、面对着乾清门的阶沿石雕。它是故宫里最大的一块石雕，长达16.57米，合市尺五丈，上面雕着海水江牙、九龙祥云。它位于故宫中轴线的中部，既是三大殿的收尾，又呈现在内宫第一门的迎面。在充满象征性构思的故宫建筑群中，它的意义绝非仅在于建筑秩列上的“承前启后”。这块巨石重200多吨，当年从房山运来，一路上凿井泼水，冰道旱船，这真是井的妙用了。

一路挖井，又并非全是为了饮用。明代冯梦龙《智囊补》也说修宫殿：“嘉靖中，修三殿。中道阶石长三丈，阔一丈，厚五尺。派顺天等八府，民夫二万，造旱船拽运。派府县佐二官督之。每里掘一井，以浇旱舡、资渴饮。计二十八日到京，官代之费，总计银十一万两有奇。”这也是每前移一里地，开挖一口井。寒冬腊月，曹操曾泼水筑城，硬是用捏不成团的散沙，冻结出坚固的城墙。严寒使水有了硬度。在当年，如此利用冰的光滑度，即使一里路要凿一口井，也不失为聪明的主意。

泼水运石，还有如下故事。北京颐和园乐寿堂院内，有一块名叫青芝岫的巨石，造型绝佳。此石长8米、宽2米、高4米，也是超重量级的大石块，原在京郊房山，被明朝太仆米万钟发现，从山中运出。相传，米万钟沿途挖井，淘水泼冰，滑冰运石。然而，米氏毕竟比不了家天下的皇帝，青芝岫还没运到家，他已财竭家败，只好将巨石弃于道旁。后来，清朝乾隆皇帝看到这块巨石，把它运到颐和园。

（三）张飞井中藏鲜肉

河北涿州，距现代化的公路不远，村落间的小道边，铁栏杆围护的高台上有一眼古井（图27）。全无车马喧，村中几个孩子在高台上玩耍。标志牌立着，这是涿州市的市级文物。井颇深，井里仍汪着水。汉白玉的井湄石，浮雕精美。一座碑，碑文记述着这眼井——张飞井的故事。

图27　河北涿州张飞井

刘备、关羽、张飞涿州三结义，相传关羽、张飞先谋面，地点在井边。清代《坚瓠集》记，关羽因杀了歹官而被通缉，只身逃到涿州：

> 张翼德在州贸肉。其买卖止于上午，至日午，即将所存下悬肆旁井中，举五百斤大石掩其上，任有势力者不能动。且示人曰："谁能举此石者，与之肉。"（关）公至时，适已薄暮，往买肉而翼德不在。肆人指井，谓之曰："肉有，全悬此井中。汝能举石，乃可得也。"公举石轻如弹丸，人共骇叹。公携肉而行，人莫敢御。张归，闻而异之。追及，与之角力，力相敌，莫能解。而刘玄德卖草鞋适至，见二人斗，从而制止。三人共谈，意气相投，遂结桃园之盟。

桃园三结义，魏蜀吴鼎立，说三分的故事当从这眼水井开始。这井的出名，并不因为水清泉甘，而在于他用。井内阴凉，悬肉其中，有助于保质，水井成了保鲜柜。张飞力大，搬起大石做井盖，平常人挪不开，水井仿佛是上了锁的保藏箱。

古时不晓氟利昂，没有冷藏箱，可是人们懂得体察物理，巧加利用——比如水井，汲取之外，又有其他用途的开发。用来藏物保鲜，大约并不是始自卖肉张飞的发明。这一用法自古沿袭下来，民间广泛使用。北魏贾思勰《齐民要术》介绍一种"苞肉法"厨艺，蒸熟的夹肉食品要"悬井中，去水一尺"。这其实是用以保鲜的。

夏日用此办法，清代周斌《柳溪竹枝词》：“郎解渴时需井水，侬家藏得德恭泉。”自注：“德恭泉井，其泉清冽香美，暑月置食物经宿而味不变，俱详《弘治府志》。”天气热，隔夜的食物易馊。将食物悬于井中，转天味道不变，这是短期的保鲜。

秋季用来贮藏果品，保鲜期更长。清代高士奇《金鳌退食笔记》：“枣有弱枝、密云、璎珞诸种，甚甘脆，食则浆流于齿，每岁八月初，收枣入锡瓶，封口悬井中，寒冬取出用，如初从树摘者。”仲秋采摘，藏于井中，至寒冬新鲜如初，保鲜期长达三四个月。所有这些，都得益于水井的清凉。

牵牛花的花期较短，早上开放，开不了一天便凋谢了。古人用牵牛花插瓶，为了控制花朵绽放的时间，就在傍晚时，将转天早上开放的花蕾剪下，倒挂在水井中。井里的温度较低，有助于延缓花蕾的开放，存放两三天不成问题。想插瓶了，可以随时由井中取出，插进花瓶，很快便花蕾绽放，“小喇叭”横吹，并且花朵颜色分外鲜艳。这种巧用水井控制花期的办法，见于《群芳谱》一书。

古代炮制药材，也借助于水井。长沙马王堆汉墓出土的帛书《五十二病方》，所录一处方是，将狗肉装在密封的器皿里，沉入井底，使其在密闭和适宜的温度条件下发酵，然后由井中取出，干燥后制成药末。

水井深深，大地做了它的保温层。地面上寒来暑往，气温变化，自然也会影响水井的温度。可是，水井温度的变化却是迟缓的、滞后的，变化幅度也小，似乎在以恒温之稳重，应四季之冷热。这便有了人们对于井水的褒奖之词：井冽寒泉，冬暖夏凉。

滴水成冰之时，新汲井水并不冰冷，温温的，仿佛带着大地的体温。燥热的夏日，喝一碗清冽的井水，凉丝丝，会有暑热顿消之感。

“黄尘行客汗如浆，少住侬家漱井香。借与门前磐石坐，柳阴亭午正风凉。”这是宋代诗人范成大的《夏日田园杂兴》。诗如画境：在炎热的夏日午间，好客的乡民接待过路人，请人家坐在门前柳阴大石头上歇脚，又汲来清凉、甘甜的井水，为客人解渴、消暑。汗如浆，描写行路人的热与渴。有此铺垫，才有“漱井香”——此三字，很传神。夸井水，不用“甘甜”而选了个“香”字，若寻典籍依据，出处可见《礼记·月令》：仲冬之月“水泉必香，陶器必良”。那是酿酒的一段文字。欧阳修《醉翁亭记》“泉香而酒洌”，泉之香与酒之洌并举。范成大“少住侬家漱井香”，完全讲的是井水，与酒没有任何瓜葛。“漱井香”，此香应是超越单纯口感的舒适感觉，不仅水质好，井水清凉带来沁人肺腑的畅快，井水清凉，一通畅饮，行路人的热与渴全消。对走得汗流浃背的过路人，井水清凉胜琼浆。

井泉甘洌可清心。柳宗元《晨诣超师院读禅经》：“汲井漱寒齿，清心拂尘服。闲持贝叶书，步出东斋读。”贬谪永州的柳宗元，与僧侣一起读经谈禅，求得心灵的寄托。诗的首句写清晨汲取寺井中水，漱口清凉，心境顿觉清爽。柳宗元巧妙地捕捉井水漱口的清新，来反映自己心绪清净、心态超脱的感觉。

寒泉水凉，以至于冠名以“冰”，广西就有这样一眼井。宋代周去非《岭外代答》：“梧州城东有方井二，冰泉清洌，非南方水泉比也，谓之冰井。”此井何时冷起？唐代时，元结到梧州，观井品水，撰写井铭，刻石立于井旁："火山无火，冰井无冰。冰井冰井，甘寒可凝。铸金磨石，篆刻此铭。置之泉上，彰厥后生。"此铭载于《舆地纪胜》。

井水清凉，另有一用——不是喝而是湃。湃，读作"bá"。北方方言中讲"湃一湃"，是指将瓜果、饮料等浸到井水中降一降温。《红楼梦》第六十四回故事，时当溽暑，写到井水之湃：

> 芳官早托了一杯凉水内新湃的茶来。因宝玉素昔秉赋柔脆，虽暑月不敢用冰，只以新汲井水将茶连壶浸在盆内，不时更换，取其凉意而已。

贾宝玉的体质弱，夏天也不便直接饮用冰水。可是，盛夏时节毕竟凉水喝起来痛快，这就有了间接的、凉热对比和缓的办法，冰水不入口，也不用冰镇，而是湃——沏了茶，置于新汲井水中降温。井中水凉，刚汲上来时比室温低不少，放一段时间后就等同于室温了。所以，用来"湃"——做降温介质的井水，须是新汲的，且要不时更换。《红楼梦》不愧是百科全书式的作品，书中写夏令习俗中的湃，用字不多，但这一习俗的方方面面却都写到了。

至少在京津地区，"湃"曾广泛使用于口语中。过去天津少井，暑日御河（南运河）水湃西瓜，是老天津卫津津乐道的风俗。河水毕竟比不了井水的清凉，傍井而居的人家自然还是用井。20世纪90年代天津搞旧城改造，成片成片地拆掉老房子。这期间，在老城厢东门内"发现"一眼古井。井深超过7米，井壁用清代"料半"青砖砌成。1995年2月28日《今晚报》报道此事。报道引用一位世居院内的72岁老人的话："井系活水井，井水甘甜清冽，夏日清凉，冬不结冰。天热时，住户常用绳索吊下西瓜、啤酒等食物'冰镇'。"借井降温，"冰镇"而无冰，所以加了引号。其实，这段话中的关键词就是那个"湃"字，昔时语言中经常要用的。现在的年轻人对于"湃"往往不知所云了。"湃"的隐退，是电冰箱普及的结果。

如果说，"湃"是将水井用为"冰箱"，那么，古人还曾把水井充当降温的"空调"。后唐冯贽《云仙散录》的材料说：

> 霍仙鸣别墅在龙门，一室之中开七井，皆以雕镂木盘覆之，夏月坐其上，七井生凉，不知暑气。

溽暑更显井气凉。一座房间里挖了七眼井，为了借井降温。井是加盖的。井盖木制，镂空图案，大约已是雕刻工艺品，这是为了美观，更为了能够透出井下的凉气。炎热的日子里，别墅的主人在这里消夏，就坐在镂空的井盖上。可以想象，效果会很不错，《云仙散录》所记"七井生凉，不知暑气"，应是可信的。

（四）地层深处的探听

凹于地表之下的井，可是窥测地层深处的一扇窗？

当代人视其为窗。从维熙《走向混沌》写到"文化大革命"后期，他在山西一个劳改农场接受"改造"。1976年唐山发生大地震，省里发下通知，"每个单位都要有专人负责关注震情"。他被指派担当此项任务，“中队院外，有一圆口形的水井，要我每天早上和晚上，都要去丈量一次井水的升降情况”。将水井水位有无异常，纳入地震预报的视线。这之前十年，河北邢台地震后，总结地震监测经验，就曾涉及水井的观测。

听动静，探敌情，《墨子》谈到井的另一妙用。

在先秦诸子的论著中，用大量篇幅讲守城，是《墨子》的一个特色。书中“备穴”篇讲到井的特殊用途——防备敌人在城外挖隧道，由地下突破城防。禽滑厘向墨子请教：攻城一方把隧道挖到城墙下，毁坏城墙，守城的人该怎样对付？墨子答：城内建了望楼哨，观察城外敌情。如发现敌人在挖隧道，为了进一步判断隧道的方位走向，可以在城内靠近城墙根基的地方挖井，五步一井。井下置罂——陶制肚大口小的巨型坛子，坛子口蒙上薄薄的皮革，绷紧，派听觉灵敏的人伏在坛子口上听动静，借以判断敌方隧道的方位，并挖隧道迎击。

这实在是一种聪明的战术。你在地下挖隧，我在井下监听——大坛小口蒙上薄皮子，如同声波放大器，凭借地下的声响，判断敌人隧道的位置，可以说是对于井的妙用。

这种侦察监听战术，一直受到古代军事著作的注意。唐代李筌《神机制敌太白阴经》名之曰“地听”，宋代许洞《虎钤经》则称其为“地探”。《神机制敌太白阴经》写道：“于城中八方穿井，各深二丈，令人头覆戴新瓮于井中坐听，则城外五百步之内有掘城道者，并闻于瓮中，辨方向远近。”守城一方，在城内四隅挖八眼深井，以防备攻城一方的地道战。

如此妙用水井，北京故宫尚有类似的例子。清乾隆帝在位期间，主持修建了紫禁城中最大的戏台——畅音阁。这是一座三层楼阁，第一层为大舞台，舞台下面建有地下室。为了扩大共鸣，在地下室挖了一口水井，用来增强音响效果。

第二章 历史之凹

被“小人”尾随，被“无赖”纠缠着缀后，汉语言包容了这一约定俗成，实在是“市井”一词的不幸。“市井人”，俗人；“市井气”，俗气。最先这样组词，编排“市井”、贬损“市井”的古人，一定自视清高——人间烟火自然要食的，但冷眼看时，所瞥却是白眼。就能够逃避市井吗？地球上大约找不到不“市井”的地方——皇城大内或许不“市井”，但那里，进进出出的，着实有“市井人”，带着“市井气”。对于那个首创“市井小人”的人，真该用万户的火箭把他打到寂寞广寒宫去，尝一尝“嫦娥应悔偷灵药”的滋味。

人生活在“市井”之中。市井是城市，是城邑，是城镇，也不妨说它是城乡。市井作为文明发展的产物，成为社会空间的结构方式，它是大街小巷、闾头里尾，是往来的道路、买卖的市场。属于布衣黔首的生态，只能是市井式的。即便以朝野画线，分化出另一类人，对于他们来讲，在野为“市井之臣”，在朝就能脱离市井吗？

市井的话题，一个“井”字占了半壁江山，这其中确也包含着说不尽的关于水井的故事。就让我们走入“市井”，去端详岁月镌刻于大地的井之凹，解读历史的印记。

一、市井之井

（一）井：聚落的中心

教科书上讲，黄河、长江是中华民族的摇篮。原始人的生息繁衍离不开江河湖汊的滋养。远古先民是傍水而居的。西安半坡人定居在浐河之畔，饮水有源，还可以引水浇田，结网捕鱼。

这就产生了对于地表水的依赖。依赖总是对自主活动的剥夺与制约。从根本上讲，正是为了减少这种依赖，争得自主发展的空间，先民们发明了凿井。水井提供了另一种亲近水源的形式。沿水而居的聚落，不仅可以顺着濒河的方向呈线形发展，也可以横向扯动，脱离江岸河滨，向纵深发展。村落、乡镇、城市，规模大了，必然会有一些居住地离地表水较远，那好，掘井汲泉就是了。《史记·五帝本纪》说，虞舜耕历山，渔雷泽，陶河滨，所居之地民风向善，天下慕名，以至于“一年而所居成聚，二年成邑，三年成都”。聚落规模的增大，使得有些人家不再是濒河而居，需要掘井——虞舜神话恰恰就包括浚井故事。“成邑”了，“成都”了，聚居于舜旗号下的人们，一些没能结庐于河沿岸边的人家，凿井汲泉。井水比起河水来，清凌凌，更可口。

井的发明，甚至可以使远离河流的地方有了聚落。一眼旺水井，引来诸多民居，沿河而居在那里变成了依井而居。这成为聚落历史沿革的形式之一。

在山西河东地区，古老村落的布局，以井为中心起点。王森泉、屈殿奎《黄土地民俗风情录》说，几乎每个村庄都有几眼老井，而且处在村中各聚居点的中心。有些村的井上还建有小房子，防止井水被污染。在井的附近，大部分村庄都建有神庙，或供奉财神，或供奉土地，或供奉当地历史名人，成为村落中的主要建筑。以井和庙的位置为中心起点，向东南西北四方延伸，形成村内的干道，村民住房向外扩展。山东蓬莱村庄的水井，村民在井旁建起亭子（图 28）。

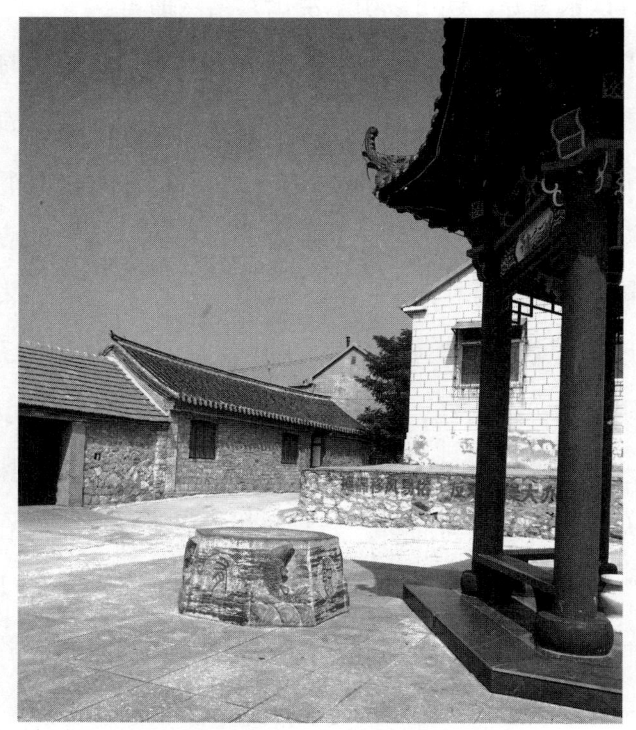

图 28　山东蓬莱村庄的水井

传统村落的一种格局，以公用水井为中心。这在南方北方均为常见。《中国民居与传统文化》一书提供的材料讲，在云南大理白族村落的中心，往往是由戏台、井台和寺庙等构成的公共活动广场，由此形成影响村落形态的结构核心。贵州花溪区的石头寨，学者前去调查时，有布依族居民130多户，石头寨村中散布着四个由井台构成的结点空间，村落民居以此四点为中心展开布局，村民在此结点空间中汲水、交往、聚会。一位台湾学者在《民居与社会、文化》书中描述自己的老家——广东开平松朗乡村落格局：人工池塘旁留有广场，西侧“有一井，该是女人打水常聚的地方”。公用水井的位置，堪称乡村中繁华地带。

在云南红河地区，哈尼族村寨也有这种情况。云南省设计院《云南民居》一书，归纳哈尼族村寨的特点，第一条即是“有水量丰富水质良好的水井，使用规章严格，设置讲究，建房保护水质。水井一般位于村落的中心地带，房屋围绕这一中心，顺山坡自由布置。有的村落虽有沟渠溪水穿流各住户之中，全村仍有统一的取水井”。水井处于村落的中心位置，便于全寨取水，同时这还是出于保护水质方面的考虑——为井立规章、为井搭房子，都为的是保证饮用水源的安全。农业靠天吃饭，居民靠井喝水。干渴的威胁是可能发生的。因此，人们知道该怎样珍视水井，保护水源。井址处于村落中心位置，正具有这方面的实际意义。

（二）市井之井

帝王将相生活在皇城王府中，那是贵族达官的生活圈子。皇城王府之外是市井，平民百姓的生活天地。“市井”往往不被置身市井之外的人看好，竟成了轻蔑用语：“市井小人！”可是，皇亲国戚、达官显贵的生活圈子，真的能脱离市井吗？其实不能。

市井本指街市，扩而展之，指民间生活。市井之井，应是取诸水井。《史记·平准书》“山川园池市井租税之入”，唐代张守节《正义》：“古人未有市，若朝聚井汲水，便将货物于井边货卖，故言市井也。”水井吸引人们晨汲，商贩到井边卖货。乡间的集市、城中的肆市，商贩得以聚合，市场从而形成，有水井的功劳。

唐代另一位学问家颜师古，对于“市井”持别样见解。他注《汉书·货殖传》“商相与语财利于市井”之句：“凡言市井者，市交易之处，井共汲之所，故总而言之也。说者云因井而为市，其义非也。”按照颜师古的解释，有市有井，商贩们在市场上谈论生财盈利的话题，在公用水井旁汲水时也谈论市场交易的话题。他明言，“因井而为市”的说法不可取。

唐代的两位学者，张守节、颜师古各唱一调。同是唐代人，孔颖达注解《诗经·东门之枌序》，引用东汉《风俗通义》：“俗说：市井，谓至市者当于井上洗濯其物香洁，及自严饰，乃到市也。”《风俗通义》的材料应该说是比较古老的。所谓先到井边洗濯，再入市交易，认为井与市在两个地方。然而即便如此，先就井再就市，井与市的距离能会有多远？

市井市井，市与井密切相关是一个社会存在。三位唐代学者，注《史记》的张守节、注《汉书》的颜师古和注《诗经》的孔颖达，尽管持论不一致，可都难以漠视“市井”这个词。孔氏的观点，市虽未守在井旁，但“市井”之井，是特指为市服务——商人入市前要去洗濯一番的水井。颜氏的解说，将交易之所与共汲之所并列，交易者去市场，汲水者到井边，各事各码，从而避开了井与市的关联。可是，颜氏注解的《货殖传》中那句原文却如纽带一般，把市和井联结在一起——“商相与语财利于市井”。这句话如果按照他对于“市井”的解释，应该是：商人们在市场谈论财利，商人们也在井边谈论财利。商人们聚集于市，有必然性，做生意去那里，不约而同。商人们聚于井，有这种必然性吗？如果说有，那么颜氏讲的“共汲之所”——井，在相对位置方面或在服务对象方面，就应该与市相关。

说过井与市的一般性关联之后，再来说因井为市：市的初期形态。

交易买卖的市场，乡村之市与城里之市有所不同。前者更接近于市的原始形态，即自然形成的、互通有无的集市。而后者，在高高城墙围起的城邑里，人为地，往往依靠行政手段圈出一块地方，招商纳贾，成为市场，则是城市发展的产物，与“古人未有市”相对照，已不是同一个时间范畴。

上面列举的否定“因井而为市”的看法，以发展到成熟期的市，来评论市的萌芽形态，由此，对于描述着历史真实的那一页投了否定票。

古代乡村，若干庄稼院的聚落，平日里各家各户分头忙着生计，缺少交流，公用水井就成为村民的公共场所，充当了人们交际的场所。据晋代《高士传》记，“宁所居屯落，会井汲者，或男女杂错，或争井斗阋（xì）”，反映了乡村生活的场景。

有东西要交易，总要找个来往人多的地方，井旁应是一种适宜的选择。今天有一人来此做卖主，明日又有一人携物而来，汲水的人今天买回一点东西，明日汲水又捎回一点东西，第三天或许就会特意前去，不是汲水而是做购物者，或者做售物者。于是渐渐地，买者、卖者都会想到那井边的一块场地，在时间方面也相互有约似的，一个集市便形成了。

（三）城里以“井”相称的胡同

北京、天津城里的地名，“胡同”很多。有一种意见认为，在“胡同”一词里，有着古代缘井而居的信息沉淀。“胡同”所表示的意思，古代原本有“里”“坊”“街”“巷”等字，“胡同”的资历要晚些。“胡同”大约是由《离骚》中读音如弄的“衖”，及《说文解字》中注解过的“衕”演变而来。但也有一种见解，认为北京是元代建的“大都”，城市形制制度从那时开始，“胡同”是蒙古语的记音，在都城语汇中落了脚，其原为“井”的意思。有水井处方有人聚居，所以称居民比邻之处为“胡同”。缘井而聚居，至少这古代生活图景不是向壁虚构的。

清光绪年间朱一新《京师坊巷志稿》中载有不少“井”字地名，其中有取于井数的，如二眼井、三眼井、四眼井、七井胡同等；有以水井方位相称的，如南井儿胡同、后井儿胡同、红井胡同、后红井；有用姓氏名井而作地名的，如罗家井、赵家井等；有能反映井水水质的，如小甜水井、大甜水井、甘井胡同、苦水井等；有的地名唤着水井的构筑特点，如琉璃井、八角琉璃井、五石井胡同、大铜井等；此外还有大井胡同、井儿胡同、榆树井、柳树井、炕沿井、龙头井、高井、金井胡同等。

《京师坊巷志》记坊巷胡同名称的同时，以“井一”“井二”“各井一”等形式，附记水井。据笔者粗略统计，全书所计水井多至近千眼。

京西蓟县，明朝的蓟州城，城内饮水取于井，土井、砖井、石井并用。嘉靖年间的井名，有秀女井、石碑井、燕家上井等。

渤海之滨的天津，古时城内水井不多。谈迁《北游录·纪程》：天津卫“城中不见井，俱外汲于河”。这印象是符合实际情况的。

金称直沽寨，元设海津镇，至明代建卫的天津，地处五河下梢，靠水运兴城。这一带滨河多沽，地表水系完备，但城厢之中地下水源却并不理想。清乾隆年间主修《天津县志》的汪沆，在修志的同时，写了百首风物诗，其中有言：“渟泓七井何年湫，担水人怜赪两肩。”七井，即《天津县志》所记七眼废井，它们是异泉井、甜水井、文井、两山井、双眼井、总镇署井、普济庵井。城里少井，市民生活自然不便。清嘉庆年进士蒋诗《沽河杂咏》也言及两山井、双眼井：“城里源泉到处枯，两山、双眼亦荒芜。家家多饮北门水，忙煞城里挑水夫。”挑河水卖钱的挑水夫，主顾很多，以至流传着一句歇后语：“挑水的看大河——都是钱。”

又是五河下梢，又是地下水咸，古代天津人还是打了不少水井。这说明古人有一种意识，不管受到怎样的压抑，总是在顽强地谋求有所表现，那意识是：地下有泉，凿井取水。

隋唐长安的城市供水系统，河渠、水井并重。那里地下水质不错，水井也就多。隋代建长安城之初，规划开挖三条引水渠。四通八达的渠道，首先保证了宫苑用水。尽管如此，考古发现说明，当年宫廷御苑中还是挖了许多水井，而城里百姓的生活用水，主要是汲之于井。《考古与文物》1994年第6期赵强《略述隋唐长安城发现的井》一文认为：一方面引水渠道纵横，呈网状分布；另一方面水井星罗棋布，构成了长安城完整的供水体系。

古代杭州的城市用水，唐朝时修了六井，铺管道引西湖水源，苏轼《钱塘六井记》记其开凿及修浚的历史。苏轼在杭为官时，还曾以《杭州乞度牒开西湖状》上奏朝廷，提出西湖不可废，理由有五。其中第二条是："杭之为州，本江海故地，水泉咸苦，居民零落，自唐李泌始引湖水作六井，然后民足于水，井邑日富，百万生聚，待此而后食。今湖狭水浅，六井渐坏，若二十年之后，尽为葑田，则举城之人，复饮咸苦，其势必自耗散。"有六井，有西湖水源，则"百万生聚"，六井无水，杭城居民"势必自耗散"——如《钱塘六井记》所说，"水者，人之所甚急"。古代城市水井，因起着至关重要的作用，而成为影响城市发展的重要因素之一。

温州地方好，众好之中，井水清甜是一好。清乾隆年间，山东济宁的孙适斋南下温州小住，仿白居易《江南好》，作词十首，吟歌"温州好"。其中写道："温州好，水土甲东南。游遍千山无瘴疠，汲来千井尽清甘。久住使人贪。"一方水土养一方人。温州的水，"汲来千井尽清甘"，不仅使本地人安居乐业，客居于此的外乡人也"久住使人贪"，乐不思返了。

温州城有瓯江流过，生活用水源源而来，然而井水却并未因此而黯然失色。“汲来千井尽清甘”，古人津津乐道夸井水，除了水井打在家门口取用方便的因素外，重要的原因在于井泉水质好。这种情况具有普遍意义。长沙守着湘江，那里一代代人夸耀着家乡的白沙古井，用来酿酒沏茶，均是难得的好水。张科《说泉》一书介绍，白沙井一带地表屋分布着孔隙细小的红土，其下为1—5米厚的名叫“白沙井组”的卵砾石层，底部为不透水的页岩。大气降水和地表河水下渗，红土层像厚密的过滤纸，将固体颗粒、胶体和各种悬浮物质阻截下来，使洁净的水渗入卵砾石层，存于隔水的页岩之上。卵砾石层大部分由干净、圆滑的石英岩构成，对在其中流动的水进一步澄清过滤，使得白沙井汲出的水，味道纯正甘洌，至今仍被市民视为“保健水”。

湘江水比不过白沙井，湘江水却补充着白沙井。湘江做水源，大地做过滤层，湘江水渗为地下水，其实是一个净化的过程。地层的过滤净化，再加上矿物质、微量元素的溶入，江河水变成了清亮可口的井泉。这便是水井的妙用。

生存问题是第一重要的。在没有水源的地方，人们凿井汲泉，对抗干渴的威胁。但是，人类不会仅仅满足于克服了生存危机，生存质量是必然的追求——为此，古人还来打井。即便枕河而居，仍要挖井吃水。这样的例子很多。隋唐长安开挖多条水渠，引水入城，可是即使在邻近古渠的地方，仍发现了许多水井遗迹。在扬州，考古发现唐代河道，并在靠近河道的地方发现了不少水井遗迹。枕着河水喝井水，只因井水清冽滋味好。

河床渠道，导水而来，本可以直接取水的人们，以穿地凿井的方式，让地表水变为地下水，再行汲取。在尚未无自来水设施的时代，实现水的过滤，这是一种聪明的方式。当然，需要有适宜的地质条件为前提，否则井里汲出的可能是苦涩的水。

枕着河流吃井水的情况，城里乡间均曾广泛存在，并非仅见于都市。清代宝坻人李光庭《乡言解颐》记，宝坻林亭口水路通天津，形成小码头，两岸垂柳，三座桥，一眼井，有人吟诗："此处好风景，三桥夹一井。河干垂钓几多人，钓竿截断垂杨影。"三桥夹一井，如同画境。桥为交通，井供汲取，桥与井首先有它们的实用价值。守着桥，傍着河，如此近水的地方为何还要挖井？书中讲："河水味甘，井水尤清洌。夏日河涨水浑，乃有饮井水者。"河水涨时井水旺，井水虽由河水补充，但经过地层的过滤，浑水已变为清泉了。

井、桥、河，一幅画，《四库全书》录有这样的图画。这是一幅专门讲井文字所附的插图，两个汲井人，井旁有树，井临河，河有桥。守着河水汲井水，其中妙处，正在于古人注释"井"字的经典之言：井者，清也。

（四）八家同井：井田制遗风悠长

八家同井，邻里和睦，体现着淳朴的古风，一直影响至今。旧时所修浙江《海宁州志稿》记："立夏日，以诸果品杂置茗碗，亲邻彼此馈送，名曰'七家茶'，亦古八家同井之义。"民风重人际融洽，生娃得"百家衣"、立夏馈"七家茶"之类，你送我还，礼物的价值主要在一个"情"字上，不是金钱所能衡量的。入夏试茶，以至啜茗品果、竞侈斗富，是浙江本有的风俗。平民大众斗哪门子富？于是，亲戚邻里之间，互送"七家茶"，礼不在大小，有此一番往来，亲戚更亲，邻里更近，其乐融融。

值得注意的是“七家茶”的文化内涵——“古八家同井之义”。在《孟子·滕文公上》中，滕文公派人向孟子“问井地”，孟子讲了“乡田同井，出入相友，守望相助，疾病相扶持，则百姓亲睦”的话。不仅同井，还求和睦互助，这才是令人向往的社会理想。

八家同井，源自古人对上古时代井田制的理解。《孟子》说：“方里而井，井九百亩，其中为公田。八家皆私百亩，同养公田。”何谓“方里而井”？公有田地居中，并且设有水井，这是一种理解。比如，唐代杜牧《塞废井文》：“古者井田，九顷八家，环而居之，一夫食一顷，中一顷树蔬凿井，而八家共汲之。”方形地面，纵画两道，横画两道，如一井字形，为井田制的一个单位。将一分隔成九，八家各居其一，中间的一块为八家共有，用来打井和种菜。用杜牧的话，这叫作：“古者八家共一井。”对井田，唐代人作如是观，还见杜佑《通典》：

昔黄帝始经土设井，以塞争端。立步制亩，以防不足。使八家为井，井开四道，而分八宅，凿井于中。

井田之井，有学者认为不是指水井。吴慧在《井田制考索》中说：“我体会，在当时土地划分成方块后，把九块田横竖连在一起，远望过去，自然像一‘井’字，二横二竖就是田块的疆界，所以井字可能就是指许多方块田……”然而，即便是如此“井田”，那“井”还是关联着水井。金文井字作丼，“井”中加上一个点，正是杜牧所说的“古者井田，九顷八家，环而居之，一夫食一顷，中一顷树蔬凿井”。

井田制是古代的社会理想，还是曾经实行的一种社会制度，这里不作探讨。井田制，先秦圣贤曾鼓吹它，后世也没有忘记它。宋代罗大经《鹤林玉露》载，绍兴年间进士林勋曾各朝廷进《本政书》，提出“渐复三代井田之法”，并做了设计：“五尺为步，步百为亩。亩百为顷，顷九为井。井方一里，井十为通，通十为成。成方十里，成十为终，终十为同。同方百里，一同之地，提封万井，实为九万亩。”当时虽有人赞赏他的有志复古，但也有人指出：幻想以此实现“均田”，行不通。

作为一种制度，后人谈井田，只能是美丽的理想。为着邻居和睦、乡里亲和的淳朴民风，亮出“八家同井”的好名目，则是人们可言说也可实践的。

井，联结邻里的纽带。乡井——同乡同井；井闾——共用的水井，加上进出里巷的坊门，可以指代一方大地。“床前明月光，疑是地上霜。举头望明月，低头思故乡。”引起李白思乡之情的是什么？是月光，是井床——睹他乡之井，想家乡之井，思念此时明月照着异乡的井，也照着家乡的井。太白这四句诗，丝丝缕缕牵连着的，其实就是那四个字：背井离乡。

井，代表一种地域概念。这井，怎么能说不是滋养了生命、饱含着乡情的水井？唐代贺知章的乡情之作，在《回乡偶书》的题目下写了两首。脍炙人口的是第一首：“少小离家老大回，乡音无改鬓毛衰。儿童相见不相识，笑问客从何处来。”近人丰子恺画诗意，画面上归者、儿童，并且特意绘上一眼水井（图 29）。这井——直观的乡井之井，显然出自对原诗的理解，而这理解可以说是代众立言，代传统文化立言，绝不只是丰子恺个人的心得。其实，《回乡偶书》的第二首：“惟有门前镜湖水，春风不改旧时波。”贺知章写到家乡水，却并不是井水。丰子恺的诗意画，抛开“门前镜湖水”，不画镜湖画水井，正可见“乡井”影响力之大。

图 29　“少小离家老大回”诗意，丰子恺画作

（五）“凿井而饮，耕田而食”的社会理想

帝尧之世，是古人想象中的太平盛世，天下祥和，百姓无饥寒之忧，有消闲之趣。那想象是形象思维的，请看：三五个老年人，把一块木片侧放在地上，然后后退三四十步，用手中的木片去掷它，你掷、我掷、他掷，有人击中了，也就获胜了。这游戏，叫击壤（图30）。汉代的《论衡》和晋人的《帝王世纪》都曾描述此事。那场面还另有情节：

图30　明代《三才图会》载《击壤图》

几个老年人玩得正起劲，被采风观俗的官员看到了，不免讲出酸溜溜的话："能有击壤之乐，帝尧真是伟大呀！"几位老者似乎并不领这个情，他们一边继续自己的游戏，一边唱道："吾日出而作，日入而息，凿井而饮，耕田而食，尧何等力！""击壤"成为歌颂太平盛世的典故，这支《击壤歌》更是传遍古今。

"日出而作，日入而息，凿井而饮，耕田而食"，无君无臣，没有军队，没在战争，自家过自家富裕殷实的小日子，这集中体现了小农经济时代的社会理想。《击壤歌》前两句讲作息，有劳有逸。后两句说饮食，一瓢饮、一粒粟，均为劳动所得，我耕种我收获，我凿井我汲水。这四句话，语句简约但概括力极强。日常生活离不开的事物，五花八门，许许多多，都被筛掉了。择要而言，取舍之间，舍不掉"凿井而饮"，因为它是生活的一个极其重要的方面。生命离不开水，而聚落——即便依河滨湖而居，也是离不开井的。守着一眼井，耕作几亩田，心向往之，竟是如此简单！简单吗？其实很不简单。

这种理想社会，晋代葛洪《抱朴子·外篇·诘鲍》再次谈及："无君无臣，穿井而饮，耕田而食，日出而作，日入而息。"葛洪是历史上著名的道教理论家，他也乐于谈论《击壤歌》所歌唱的社会理想。

词语含义的宽窄，要看生活赋予的多寡。"凿井耕田"若从字面上看，它是两种劳动，最多不过是维持生存的两要素，而实际上，由于那支《击壤歌》，它的词义空间被远远地扩大了。

宋朝大臣欧阳修，年届六旬，请求还车故里。他上《乞致仕表》，憧憬平民般的老年生活："披裘散发，逍遥垂尽之年；凿井耕田，歌咏太平之乐。"他笔下的"凿井耕田"，不能仅从字面上理解。他的这份“退休申请书”嵌入“凿井耕田”四字，表达自己淡泊怡然度晚年的希望。这同时也是说给皇帝的恭维话——“凿井耕田”，用的是《击壤歌》典故，再加上句“歌咏太平之乐”，稍微绕了个小弯子，唱的仍是天下太平的喜歌。

湖北荆门是产生了“老莱娱亲”故事的地方。这个传讲孝道的故事说，70岁的老莱子，为让年迈的双亲开心，穿彩衣，戴花帽，手里摇着拨浪鼓，在父母面前嬉耍逗乐。这被传为二十四孝之一，编入旧时坊间广为印行的大众读本。老莱子挑水，有一次故意在双亲面前摔倒，桶歪水倾，他学做小孩子的模样哭着要娇，逗两位老人笑。荆门有“孝田”和“顺井”，连着老莱子的传说：孝田由他种，顺井供他汲。

田与井，在这里很有意蕴地结为一对。说起来，作为挑水娱双亲的故事，只附会出一眼“顺井”，已经够了。然而不行，人们还是愿意指地为孝，再命名一块“孝田”。意蕴正出于此。本属于那眼“顺井”的故事，平添出一块“孝田”来，分享传说，这会不会削弱“顺井”呢？不会的。“顺井”没有因此而损失分量，恰恰相反，倒是增重许多。因为，一眼井只是一眼井，加上一块田，却并不等于一眼井与一块田的简单相加；在这样的场合联袂而至，井和田的意义超出了具体事物，它们可以代表生活的基本物质需要——饮与食，进而泛指人们的物质需求。井与田，相得益彰。

孝田顺井，反映了古人的理想境界——“孝”和“顺”是内容，是思想，田与井是形式，是载体。以冰山作比喻，不妨将“孝田”“顺井”视为浮出水面的部分，它不是凭空浮现；而潜在水下的，有它巨大的根基，这就是古代中国人的理想："凿井而饮，耕田而食。"换言之，在"凿井而饮，耕田而食"的理想王国中，"孝田""顺井"立起了家庭伦理方面的标牌。

"凿井而饮，耕田而食"的理想王国，如一面镜子，折射出现实生活，折射出现实生活里的井。

（六）居家过日子

"开门七件事，柴米油盐酱醋茶。"没有列举水，是因为居家过日子太离不开它了，就像阳光与空气的不可缺少一样。且说那"七件事"，米不可少，"巧妇难为无米之炊"，巧妇能为无水之炊吗？不能。还有那个"茶"字，该是含着"水"吧？若不然，那茶如何煮，如何烹，如何沏，如何泡？烧茶煮饭缺不得水，洗洗涮涮缺少不了水，开门诸件事，需要办好水之事。

古时候家常用水，井是主要来源，汲井也就成了家务劳动的一项重要内容。就此，秦代《吕氏春秋·察传》记录下一则著名的笑话：

> 宋之丁氏，家无井而出溉汲，常一人居外。及其家穿井，告人曰："吾穿井得一人。"有闻而传之者，曰："丁氏穿井得一人。"国人道之，闻之于宋君。宋君令人问之于丁氏，丁氏对曰："得一人之使，非得一人于井中也。"

丁氏当是大户人家。大户人家通常在庭院凿井，方便汲用。丁家宅院里原本无井，只好到外面担水，这要占用一个劳动力。后来，丁氏挖了井，再不用专人担水了，很高兴，对外人讲：“我家穿井得一人。”这话被误解为挖井时从地下挖出一个人。一传十，十传百，宋国国君听说后，派人去问丁氏，丁氏解释说：“得一人所做的工作量，而不是得一个人于井中。”《吕氏春秋》通过这个故事告诉人们，对于传闻要做分析，不可轻信。这个故事也反映了水井的重要作用，以及居家凿井方便日用的情况。

这就是古时家居生活中的井。

汉代名将韩信的传说，有一则讲到哥俩争井。亲兄弟，明算账，哥俩分家之时，说到院子里的那眼水井。哥哥想独占下来汲水，弟弟要分到名下建厕。争争吵吵没个结果，年仅7岁的韩信看着可气，插了进来。他把一根高粱秸横在井口：“老大用这一半打水喝，老二用那一半盖厕所。”气得哥俩同声骂他添乱。小韩信自有道理：“有本事你自己打井自己用，何必为争爹娘留下的这眼井，伤了兄弟和气！”哥俩被7岁娃娃一顿训斥，好不自在。为了争这口气，真的各自挖了一眼井，把原有的水井捐给村里做了公用井。这传说广泛流传于河北一带。

列为家产，这是家居生活中的井。

汉代汝南人蔡顺，是有名的孝子。《后汉书》注引《汝南先贤传》：“蔡顺事母至孝。井桔槔朽，在母生年上，而顺忧，不敢理之。俄而有扶老藤生，绕之，遂坚固焉。”桔槔为立在井口的木制汲器。那眼井因是自家的水井，所以桔槔朽了才有修还是不修的问题。

宋代梅尧臣《南邻萧寺丞夜访别》，为和睦的近邻而作，“壁里射灯光，篱根分井口”，南院的灯光穿墙而过，两家的水井只一篱而隔。这是城市街巷间院落的写照—— 一院一户，各置水井。

这也是古时家居生活中的井。

成都出土的汉画像砖（图 31），表现住宅院落情形。院门为栅栏门，开在院子的一侧。院墙之内，回廊将空间分隔为四块。院门一侧分为前后院，前院有斗鸡，后院有舞鹤。另一侧也分为前后院，后院有了望塔楼，有人在扫地。这一侧的前院，有厨房，墙角有一眼水井。

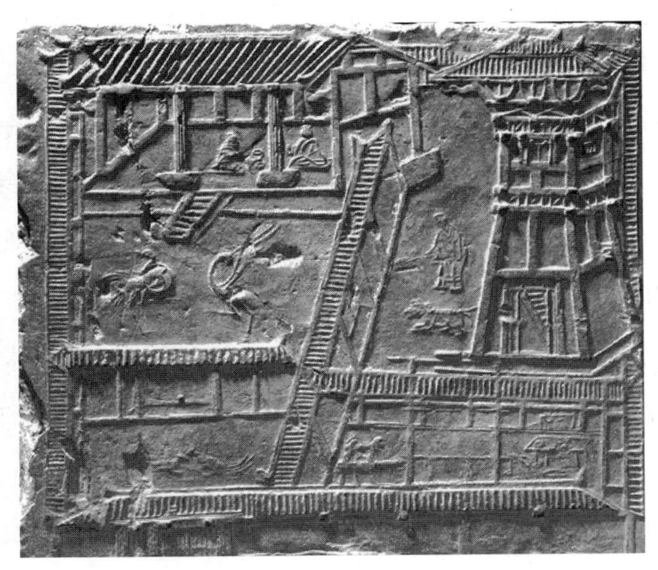

图31　成都出土的汉代画像砖

20世纪70年代初，在内蒙古自治区和林格尔县小板申村发现一座东汉壁画墓，墓中画有大小厨房五个，表现厨炊场面。各厨房均画有灶与井，众多奴婢在汲水、涤器、酿酒、加薪、炙燔、烹饪。

那一时期发现的嘉峪关东汉画像砖墓，有一幅《井饮图》。画中央，井台上立着井架，井架安装有滑轮，汲水人手拽井绳，绳末端系挂汲器的钩子。水井左右均画水槽，两头牛在井左饮水，两匹马在井右饮水，画面上还有三只鸡。画上写着“井饮”两个红字。殷实人家，六畜兴旺。饲养既多，为牛栏马厩打一口专用水井，也是必要的。井水作为饮用水源，不仅要供人饮用，这幅画直观地反映了水井供应家畜的情况。

这还是古代家居生活中的水井。

日常生活中离不开井，家务劳动离不开井，这种情况被语言所吸纳，约定俗成于词语中。旧观念讲“男主外，女主内”。妇女操持家务，围着锅台转，同时不免也要围着井台转。唐代《酉阳杂俎》，有户人家相中一女子，问她愿做我家新媳妇吗？女子答：“身既无托，愿执井灶。”井前汲水，灶前烧饭，家庭中妇人的活计。愿执井灶，以很艺术的方式应允嫁过去。

与“井灶”同义，还有“井臼”。臼，表示加工谷米的活计。《南史·庾域传》记其为官正派，“罢任还家，妻子犹事井臼”。明代传奇小说《剪灯新话·爱卿传》所讲的故事是名妓从良，其自言谨守妇道：“幸蒙君子求为室家，即便弃其旧染之污，革其前事之失，操持井臼……”井关乎水，臼关乎粮，都是居家日常事。

与“井臼”同义，明代南戏《刘知远白兔记》女主角唱的是磨坊磨麦、井边汲水。这一出《刘知远白兔记》，元末明初四大传奇“荆、刘、拜、杀”之一，又名《井台会》。穷困潦倒的刘知远，巧遇李员外，被收留，并以女儿李三娘相许。成婚后，刘知远从军，一去不回无音信。李员外故去，李三娘分娩无人照顾，咬断脐带，为孩子取名咬脐郎，并请人抱去寻父。李三娘哥嫂逼她改嫁不成，虐待她。李三娘“挨磨挑水，日不得闲，夜不安枕，且往井边挑几肩水”。刘知远立战功，受封九州安抚使，并且早娶了岳氏为咬脐郎的继母。16岁的咬脐郎外出打猎，追白兔追到井边，得见李三娘，接下来便是刘知远夫妻井台会……旧时民间年画表现这一题材，井台一幕很感人。

“井灶”“井臼”，指代操办饮食之事，其中“井”还包括洗洗涮涮。旧时竹枝词，反映洗衣妇生活：“每日替人洗衣裤，得钱好把饥寒度。又需担水又提浆，贫妇自叹苦难诉……”孙兰荪曾配图，画洗衣妇坐在木盆前刷洗衣物，左右分别放着汲水木桶、去污用品，高高支起的竹竿上晾着衣服，不远处是一眼水井。洗衣妇以此谋生，不同于一般家务意义的浆洗晾晒。“井灶”“井臼”表示家务，自然含着洗衣。

“井灶”“井臼”，在这两个概括日常家务的双音节词中，“井”的入选，体现了古代生活中井之为用，不可或缺。

（七）井匠：三百六十行中占一行

四川涪陵的传说故事讲，黄草山上打井难，取水难困扰着山里人。山上住着个漂亮的姑娘，她父亲去崖上挑水摔死了。姑娘发愿，哪个小伙能在山上打出井来，自己就嫁给他。两位石匠前来打井。姑娘讲，各打一眼，谁先成功就嫁给谁。两位石匠都有好手艺，同时打出两眼井。姑娘又出了一道人品考题，最后嫁给了手艺好、心地也好的那位石匠。这个故事不仅告诉人们打井为什么叫“凿”——敲石造井，还讲在一些地方，凿井及泉是石匠的手艺。

在井文化发达的古代，打井成为一门技术，也就形成了一个行当。

三百六十行，井匠或称井工、井夫，作为日用水源的开发者，成为社会生活不可或缺的一行。打井形成一个行业，并拥有以此为营生的手艺人。为了生计，这些人需要“干嘛吆喝嘛”，对于凿井的活计又见得多，干得多，论经验积累、技术传承，自然优越于那些并非专吃打井饭的人。这一行业的出现，有助于全社会凿井技术的提高。

井匠承揽的活计，通常包括开挖新井，也包括淘浚旧井。对于水井，他们兼具修筑者和保养者的双重身份。

井匠是默默无闻的劳动者。官员可以有政绩而青史留名，将帅可以有战功而彪炳史册，文人骚客可以传下名篇，井匠的作品是他们凿的井、甃的泉。那井泉或许镌了井名，却很少会铭下井匠的名字。他们对于社会文明的贡献，就像那嵌入大地的古井，不显山也不露水。

这是一个很少留下个人名姓的群体。可是他们毕竟以自己的技能，参与了、影响了社会生活，也就在岁月的底片上印下了影像。从唐宋以来的史料中，可以找到井匠的零星材料。

唐代《酉阳杂俎》载，开成末年，城中永兴坊居民王乙掘井，比通常的水井深挖了一丈有余，仍不见水。忽然听到下面有人语和鸡声，喧闹嘈杂，近如隔壁。“井匠惧，不敢扰”，挖井的工匠视为奇异，停止了挖掘。后来，井坑被填塞。井匠不愿冒险，主家只好半途而废。

井匠之所以“惧”，并且因惧废工，主要不在于胆量小，而是因为入地很深，确实存在危险。宋代洪迈《夷坚志》有故事说，南丰普明寺开凿新井，寺僧选址在大殿前庭中，井匠“能相地脉”，对僧人说：“当于东偏，东则水盛，西则水少。”寺僧不听，坚持开井在大殿前庭。才下挖一丈来深，井匠惊慌呼喊，叫井上人把他拉上去。井匠被提升出井，吓得战战兢兢，过了好久才缓过劲来，说：“掘土的垂直下方，如同有数百面鼓响。不敢再向下挖了。”僧人不甘心，许诺增加工钱，动员井匠继续下井开挖。井匠说：“多年打井，从未遇到这种情况，怕要出事。如果还要向下挖，就用长绳系在我腰部，派四名壮汉在井上拽住绳子，一有情况，马上把我拽上来。”僧人照井匠说的办了。井匠下去再掘，突然水柱猛涌。多亏有应急措施，井匠得以逃生。不一会儿，水就平了井口。井中水动静无常，时而略显下降，时而漩涡湍急，寺人争逃，登山避水。唯有一位僧人镇定不惧，取水尝一尝，味道与通常的井水并无不同。僧人又将三根竹竿接在一起，测井的深度，仍触不到井底。靠东边好像是大空洞，西边仿佛能触到井壁。转天，僧众见屋宇如故，才敢返回。

《夷坚志》虽是志怪小说集，但其中也有不少纪实性的篇章。对于这篇《普明寺新井》，不妨如此视之。这篇故事从侧面反映了井匠这一行的行业情况，至少有两点值得注意：其一，井匠的行业技能，要会垂直挖掘，会砌井砖砌井筒，此外，哪里打井容易出水，也应该有些经验，所谓“相地脉”——那位井匠开挖之前所言“东则水盛，西则水少”，尽管对水量估计不足，但方位判断还是不离谱的。其二，井匠这一行不容易，有时还带有一定的危险性。

上述故事中那个井匠，为防不测，提出要系上安全绳，以便随时可以被拉出井坑。后来发生的事情证明，这是一个聪明的办法。这类安全措施，其实不该仅做应急，应该常用常备。事实上，打井时立起架子，架上拴滑轮，以便工匠的缒下和升上，并提升挖出的土石，这是专业井匠惯常的操作方式。何元俊的世俗风情画，表现掘井的画面上，就画了井上的架子、滑轮长绳以及拽绳的工匠和绳系腰间、随绳升出井口的工匠（图32）。

图32　何元俊的世俗风情画

再说井匠浚井。宋代徐铉《稽神录》讲："戊子岁大旱，濠州酒肆前有大井，堙塞积久，至是酒家召井工淘浚之。有工人父子应募者，其子先入，倚锸而死，其父继下，亦卒。观者如堵，无敢复入。引绳出尸，竟不复凿。"父子俩都做井匠。他们为一户酒家浚井付出了生命。

水井用得久了，需要淘清。无水的枯井，经通浚也许能重得源头活水。元末明初陶宗仪《南村辍耕录》记：“邻家浚井，遂与井夫钱一缗，俾其取猫。夫父子诺。子既入井，久不出。父继入视之，亦不出。”这又是父子同操井业。他们为人家浚井，又收了另一家的钱，下枯井去找猫。儿子先下井，好长时间没动静。父亲下去救儿子，下去又是了无声息。后将二人提升出井，“遍身无它恙，止紫黑耳”。以今人的知识观之，应为窒息而亡。当时，人们议论纷纷，以为夺人性命者是“蛟蜃之属”，赶忙填平了枯井。陶宗仪想到致命的原因可能是井中毒气，他写道：“山岚蛮瘴，尚能杀人，何况久年干涸，阴毒凝结，纳其气而死。”他还引述唐代《酉阳杂俎》的话，凡冢井间气，秋夏多杀人。要下井时，当先以鸡毛投于井中，若鸡毛直接落下，井内无毒；若鸡毛左右飘舞落下，人不可下井。

（八）水夫

宋代画家张择端的长卷《清明上河图》，描绘北宋都城汴梁，如同缓缓摇动的长镜头，全景式地展示着从郊野，经河桥，到繁华街市的景象。在画卷接近末端部分，画有临街井屋。井屋为迎街开放式，屋顶挂瓦。那是大井，一井四井口，均为方形。井四周铺砖，看上去整洁卫生。井旁三人，在用木桶汲水。从画面提供的内容看，这不是一家一户自汲自用的水井。

城镇里的民用水井，水量大的井，往往供一条里巷或多条里巷居民汲用。供水的范围越大，担水的距离也就越远。于是，有了以此为业的挑水夫。宋代《夷坚乙志》记：“洪州崇真坊北有大井，民杜三汲水卖之。”他们出卖的，与其说是水，不如说是劳动力。汲上来，送上门，是省不得力气的活计。

这种情形，自元代起在北京更普遍。据《析津志》记载，元代大都城各处依井设立“施水堂”，供应人口马匹用水。北京多胡同。有人考证，“胡同”就来自蒙古语的“井”。到后来，胡同里的水井旁搭建起窝铺小房，形成“井窝子”或“水屋子”，即水铺，居民用井水要向水铺买。周汝昌考证北京恭王府与《红楼梦》大观园的关系，言及一个传说：曹雪芹贫时曾在恭王府后身大翔胡同的“水屋子”住过。一个“井窝子”拥有一眼或几眼井，有的雇挑水夫为人家送水上门。

关于卖水、买水，清代人所写《燕台口号一百首》记下了细节：“买水终须辨苦甜，辘轳汲井石槽添。投钱饮马还余半，抛得槟榔取亦廉。”自注：“当街设水槽，马过饮之，投一钱，辄给槟榔少许，盖取半文直也。”以辘轳汲水注入水槽里，供饮马。单位水价为一文。若是仅用去了一半，买水者付一文，卖水者以槟榔找零，只收半文。

清代北京竹枝词《草珠一串》，写到水夫：“草帽新鲜袖口宽，布衫上又著摩肩。山东人若无生意，除是京师井尽干。”当年北京操卖水之业者，山东人居多，所以有“山东人若无生意，除是京师井尽干”两句。井水不会干枯，挑水夫这一行也不会没活干。挑水人穿半袖上衣，称为“摩肩”。

在北京，卖水、挑水成了山东籍人传辈的职业。原因何在？清代夏仁虎《旧京琐记》说：“其人数尤众者为老米碓房、水井、淘厕之流，均为鲁籍。盖北京土著多所凭藉，又懒惰不肯执贱业，鲁人勤苦耐劳，取而代之，久遂益树势力矣。”他认为，北京当地人的择业观念不好，挑肥拣瘦，以“井窝子”为下贱行业。北京人不屑为之，吃苦耐劳的山东人也就得以世代经营。

七十二行中的此一行，形成由山东人世代“承包”的局面，自然有择业观念方面的原因，然而还有一个重要的原因，那就是“井窝子”具有官井的性质。清兵入关，对水井的安全问题很重视，他们信任从关外带进京城的山东人，由这些人看水井收水费。这些人世代以此为业，且又开发了挑水上门的业务，于是形成“水窝子”行业。

（九）从“王府井”地名说起

北京名气最大的“井”，是王府井——距紫禁城不远的一条繁华商业街。

王府井地名，取于一眼井。1998年这条大街整修时，发现了那眼湮没了70余年老井的遗迹。人们珍视这一遗迹，在原处设置了铜铸圆形井盖式铭牌标志，其上铸有龙纹边饰，铭文说：王府井大街始建于元代至元四年，历有“十王府街”“王府大街”之称。据考证，得名“王府井”，渊于明中叶以来街上的一口水井。《乾隆京城全图》和民国二年（1913）《实测北京内外城地图》均绘该街只有一井，并明示位于此处。

王府街上的井，可曾是王府里的井？至少，千人呼万人唤，地名把它叫成了“王府”井。北京作为明清都城，皇城了得，王府也多——那王府井大街原本就叫十王府街。哪座王府里边能没有一眼井？

封建社会是等级社会。皇帝能穿明黄、绣五爪龙，臣子不行。建筑也有讲究，《明会典》规定，诸王宫室并依已定格式起盖，不许犯分。前门几间，门房几间，廊房几间，均有规格，不得违制。弘治八年（1495）所定王府府制，规定王府水井的最高限额：“井一十六口。”这数额多还是少？一座王府，仅水井就凿了十六眼，可以想见那是何等浩大的建筑群，是多么奢华的府第。为什么要规定限额呢？倘若没有限制，王府修得很大，府内挖它二十六、三十六眼井，并不是不可能的。

王府井多，说到皇城，还得加个“更”字。

据明万历年间太监刘若愚《明宫史》载：“紫禁城内之河，则自玄武门之西，从地沟入，至廊下家，由怀公门以南，过长庚桥、里马房桥，由仁智殿西、御酒房东、武英殿前、思善门外、归极门北、皇极门前、会极门北、文华殿西，而北而东，自慈庆宫前之徽音门外，蜿蜒而南，过东华门里古今通集库南，从紫禁城墙下地沟，亦自巽方出，归护城河。或显或隐，总一脉也。”这蜿蜒于皇宫内的流水，实际功用有三：一消防，“恐有意外火灾，此水赖焉”；二营造，“凡泥灰等项，皆用此水”；三池水，为“宫后苑鱼池”的补充水源。至于宫内生活饮用，不取此水。《明宫史》写到不少水井。如慈庆宫后门外，万历末年开一井，味极洌；再如，徽音门南，“有井一，甘洌可用”；又记，“慈宁宫、慈庆宫皆有花园，有井，有库藏。而乾清宫两旁之宫，各有井，无花园”。有的井甘洌可饮，有的则用来浇花。

谈迁《北游录·纪闻上》引《京师水记》：“自郊畿论之，玉泉第一；自京师论之，文华殿东大庖厨井第一。”北京城里数第一的水井，是紫禁城里的井。皇城中也有水质差的井。如英华殿附近有眼八角井，《明宫史》记：“水不堪汲，天启六年（1626）亦曾修浚，而味不改，真废井矣。”水质欠佳，经过淘浚仍不见起色，好在宫中井多，一废了事。

故宫水井，往往建亭。井亭三面围栏，一面敞开。井亭外四周，铺石凿流水沟。故宫里这些井亭，造型及体量大致相同，结构质朴，高矮适中，与周围的主体建筑相和谐，绝不喧宾夺主。时下对游人开放的景区，可见许多这样的井亭。可惜的是，故宫博物院对于游人的引导，除了珍妃井等特例，似乎并不太在意井文化的展示。大多数的水井没有标志牌，却在原来的井口之上加井盖石，使得诸多游人视井不见井。御花园中两口井，盖着形同桌面的大块圆石板，再加上高度的因素，很容易使人产生石栏木亭摆石桌的误会。其实，这两口井位于天一门两侧，天一殿又与宫廷防火的老大难问题相关联，是颇具文化含义的。关于这方面的情况，本书将在“以井厌火的想象”一节中讨论。

皇城帝王家，不但饮用水要选最好的，洗洗涮涮也要讲究水质。《太平广记》引《国史补》：“善和坊旧御井，故老云：非可饮之井。地卑水柔，宜用濯。开元中，以骆驼数十，驮入大内，以给六宫。”水质柔和，适宜洗濯，那眼井便成为唐朝的御用水井。开元年间，皇宫常以数十只骆驼运水，以供六宫洗涮之需。

皇宫王府里，井的结构与饰件也豪华。以井口为例，宋代《营造法式》录有井口石样式：“或素平面，或作素覆盆，或作起突莲华瓣造。”北京故宫存有这样的实物。石井台上，井口石呈覆盆状造型，浮雕花纹，富有装饰性。井口上沿素平，照顾到水井的实用特点，不做雕饰，便于保持井口的卫生。

皇帝起居的地方称“宫禁”。大内禁地的水井，怎能设想对外开放？皇宫里挖的，外人不能动，宫墙以外若凿出了甘泉，说不定皇家也要来汲。隋开皇年间，长安承明坊“掘得甘泉浪井七所，饮者疾愈”，因井改坊名为“醴泉”，可见井水之好。接下来，“隋文帝于此置醴泉监，取甘泉水供御厨”，御膳房要用这里的井水。至唐代，武则天的女儿太平公主住进醴泉坊，《新唐书·五行志三》“长安初，醴泉坊太平公主第井水溢流”，特别说到井在公主府第内。太平公主是可以影响朝政的皇帝女儿。她进进出出，“十步一区，持兵呵卫，僭肖宫省”。醴泉坊的一眼好井——或许正是当年隋文帝“取甘泉水供御厨”的井，在唐朝就成了“太平公主第井”。

与唐长安一样，汉长安也留下井的史话。对汉长安城桂宫遗址的发掘，发现了宫殿水井。桂宫是汉武帝时所建的嫔妃宫殿建筑。主殿西院房内，有估计是作澡塘用的浅坑。殿西北有一口水井，深约5米、径约0.7米，井壁用子母砖和井圈垒起。

广州市有条清泉街，街名得于越王井，所以又叫越井冈。井挺大，井口直径两米，相传开凿于南越王赵佗时代。南汉王室打出这口井，水质甘洌，宫廷独享。宋代时百姓可以来汲水了，用一块巨石做井盖，石上凿了九个眼，人称九眼井。清初，平南王尚可喜统治广州。此人视九眼井为神水，相信饮用这井里的水能益寿延年。为此，他把王府置于井侧，越王井又成了平南王的专用井。汉时古井今犹存，它见证历史，它本身即是历史的一个侧面。

《汉书·陈遵传》，陈遵因功封嘉威侯，名重一时。他住在长安，有权有势的达官贵人纷纷前去拜望。这陈遵嗜酒，“每大饮，宾客满堂，辄关门，取客车辖投井中，虽有急，终不得去”。赶上陈遵犯了酒瘾，前去拜见者都得陪着醉——大门关闭，车辖被扔到井里，看你如何走得？这是封侯者府第里的水井。

明代《西湖游览志》载，杭城长庆坊“三执政府，乃宰相私第也，内有四眼井”。一位宋代重臣，自家院里就有四眼井。

侯门深似海，套院几重地方大，所以井多。井多又各有专用。大门二门、外院内宅，都不是可以随意出入的。《礼记·内则》讲男女有别，内外有别，主张“男不言内，女不言外”，具体条文列了几项，其中包括：“外内不共井，不共湢（bì）浴。”实现不共井，前提是外院和内宅均凿水井。井多吗？多有多的用处。明代陆容《菽园杂记》谈及不共井：

礼不下庶人，非谓庶人不当行，势有所不可也。且如娶妇三月，然后庙见及见舅姑。此礼必是诸侯大夫家才可行。若民庶之家，大率为养而娶。况室庐不广，家人父子朝暮近在目眼，安能三月哉！又如内外不共井、不共湢浴。不共湢浴，犹为可行，若凿井一事，在北方最为不易。今山东北畿大家亦不能家自凿井，民家甚至令妇女沿河担水。山西少河渠，有力之家，小车载井绠，出数里汲井。无力者，以器积雨雪水为食耳，亦何常得赢余水以浴？此类推之，意者，古人大抵言其礼当如此，未必一一能行之也。

"不共井"，在诸侯大夫家可能做得到，少井缺水的百姓之家要实行，就难。陆容的一通议论是颇有些道理的。平民与显贵，贫民与富人，封建社会的不平等，在此也表现出来。清代人有首《新溪棹歌》："笔耕毕竟无荒岁，田一共同井十三。"并注："里中蔡氏，明季巨富，尝凿十三井以便汲。"巨富处处摆阔气，一家打井十三眼，可见他的宅子几套院。这多少具有一点典型意义，成为乡人议论的话题，因而被写入竹枝词。

同是汲水的井，有的修砌得阔气，有的因陋就简，有姓富、有姓穷，不在一个档次。1983年第5期《文物》杂志刊载无锡市博物馆的考古报告，介绍当地古井的发掘清理情况。文章写道，南禅寺西部发现的晚唐五代至南宋水井中，出土器物大多是民间日用的粗瓷器和制作粗糙的陶器，反映出这是一般平民的聚居地。在南禅寺南部一带晚唐水井中出土的瓷器则精细得多，是越窑系和岳州窑系的产品，说明汲用这些古井的是官僚富人家。考古报告特别提及，这些"水井结构上部用双层井砖砌筑"——井的建造，平民井砌一层砖，效果挺好；富宅却要加倍，自然更好。

井的装饰，更有追求奢华的例子。唐代玄宗朝重臣王鉷（hóng），聚敛财富营造了庞大的宅第，《新唐书》记其奢侈，说他府中水井"宝钿为井幹"，井栏上镶嵌着金银珠玉。宋代《新编醉翁谈录》则记，同昌公主"罄内库宝货以实其宅"，以至"金银为井栏"。《元氏掖庭记》记元宫景物："龙泉井，玛瑙石为井床，雨花台石为井湫，香檀为盖，离朱锦为索，云母石为汲瓶。"这样一眼龙泉井，遍处宝石，井绳、井瓶也不同凡响，可谓极尽奢华之能事。这样的井，与其说为了汲水，不如说为了张扬一些什么。

最后，该来说说那眼特殊的皇家水井——北京故宫的珍妃井。

封建王朝的大幕落幕之前，八国联军兵犯北京之际，在那里上演了残酷的一幕：挟光绪逃离北京前，慈禧发淫威，令太监将光绪的爱妃珍妃推堕井中。清宫有秘史，至今存谜团，真实地描绘珍妃井的故事，就不容易。故宫水井很多，哪一口是珍妃井，各种记录，说法不一。范丽珠、侯伟新《碧血痕——珍妃落井之谜》一书列举诸说，宁寿宫前井、贞顺门内井、顺贞门内井、景运门内井、乐寿堂前井、乐寿堂后井、东华门内井、慈宁宫中井，给出八眼井的大名单。据载，当事太监崔玉贵后来曾对人说起那一幕：七月二十日中午，在颐和轩，慈禧召见关在冷宫的珍妃。慈禧说，外头乱糟糟的，谁也保不定怎么样，万一受到了污辱，那就丢尽了皇家的脸，也对不起列祖列宗，你应当明白。珍妃说，我明白，不曾给祖宗丢人。慈禧说，你年轻，容易惹事。我们要避一避，带你走不方便。珍妃说，您可以避一避，留皇上坐镇京师，维持大局。慈禧大声呵斥，你死到临头，还敢胡说！珍妃说，我没有应该死的罪！慈禧说，不管你有罪没罪，也得死！珍妃说，我要见皇上一面，皇上没让我死！慈禧说，皇上也救不了你。来人哪，把她扔到井里头去！就这样，珍妃被推入井。翌日凌晨，慈禧挟光绪皇帝匆匆西逃。转年，慈禧由西安返京，假惺惺地发了道懿旨："上年京师之变，仓促之中，珍妃扈从不及，即于宫内殉难，洵属节烈可嘉，加恩著追赠贵妃位号，以示褒恤。"对于宫廷斗争，这是残酷之外的另一个侧面：狡诈与权术。

如今，在故宫的东北角，贞顺门内形若穿堂过道的小院里，参观者可看到一眼井（图33），和珍妃井标牌。在需要另购参观券的东部景区，珍妃井与珍宝馆一起，成为吸引游客的“卖点”。的确，珍妃的故事至今仍是很大众化的话题。

图33　北京故宫珍妃井

（十）军事之井

街亭，关于军事与水源的故事。街亭的知名度，得于一个被戏曲唱得妇孺皆知的大错误——马谡请缨守街亭，却不听诸葛亮选靠山近水处安营的叮嘱，放弃水源，山顶扎寨，结果铸成大错，蜀军败北。这便有了舞台上脍炙人口的三出戏：失、空、斩。

宋代诗人梅尧臣，或许是受了三国故事的影响，在《重过瓜步山》诗中吟：“魏武败忘归，孤军处山顶。虽邻江上浦，凿岩山巅井。岂是欲劳兵，防患在萌颖。”当代注家朱东润指出，魏军临江不是曹魏是北魏，此事当为北魏太武帝拓跋之事。梅尧臣诗中说魏武，有误。

然而，“虽邻江上浦，凿岩山巅井。岂是欲劳兵，防患在萌颖”，吟咏的却一种明智，它从另一个侧面道出了与《失街亭》一样的常识，安营扎寨不能不考虑水源的因素。你看，尽管山在江边，屯兵山上，也要凿井备用，把水源掌握在自己手中。

这反映了军旅征战、攻守谋略之中，水井是一个不可忽略的重要因素。

有这样一段关于水井的风物传说，它让人想到一个成语：秣马厉兵。近人徐国枢《燕都续咏·敬德遗迹》录下传说：“石槽饮马留双井，蹄迹鞭痕尚宛然。鄂国战功真盖世，我曾瞻拜瓣香虔。”注文讲：“东直门内双井之石马槽内，有马足迹一，其旁有鞭首迹一，相传为尉迟敬德北征时饮马处。”尉迟恭为唐太宗所器重的骁将，诸如挂甲呀，修造呀，大江南北有关他的传说很多。他还与秦叔宝并肩，成为大门上的守护神。大约自元代开始，北京城大街上一些水井备有石槽，用来饮马。东直门内的双井置有这样的石槽，槽上有马蹄印、鞭痕迹之类——其实，马蹄鞭痕怎能入石？不过是人们的想象，编织了传说。尉迟敬德是家喻户晓的人物，传说通常乐于讲名人，井旁饮战马的故事便挂在了这位唐朝将军的名下。

关于水井的文化史，确实写着秣马饮马、厉兵磨刀，写着战争的烽烟、战略的眼光、战术的安排。

古代军中设有专司水井的职务。《周礼·夏官》说：“挈壶氏，掌挈壶以令军井。”挈壶氏司掌军井。军队行军到了宿营地，他负责在井边悬挂水壶，作为标志物，为军中将士指示水井所在。营地的水井关系重大，汲井要有秩序，护井保证安全，都应是挈壶氏的职责。

《淮南子·兵略训》讲带兵之道，提倡身先士卒，不仅要共安危，还要同饥渴："军食孰（熟）然后敢食，军井通然后敢饮。"疆场点兵，野战宿营，将帅们要想着掘井的事，军井掘好了，士兵们有水喝了，才是自己可以喝水的时候。诸葛亮也持此主张，他在《将苑》中说："军井未汲，将不言渴；军食未熟，将不言饥；军火未燃，将不言寒。"

进入交战状态，讲究"鸡鸣而驾，塞井夷灶"。语见《左传·襄公十四年》。塞井夷灶，为便于布阵，也是激励士气之举。《左传·襄公二十六年》记，晋国军队对付楚师，"塞井夷灶，成陈以当之"。这讲的也是布阵。

交战中的守方，以城濠为险要，怎样做到守得住？主张兼爱的墨子对于守城予以格外的重视，有一番设计，其中包括对于井的规划。《墨子》书中"备城门"一篇讲："百步一井，井十瓮，以木为系连，水器容四斗到六斗者百。"这是说，守城一方要每百步挖一眼水井，每眼井准备十个汲水器，井上树立着汲水的桔槔，还要安排贮水器皿，注满了水。该书"旗帜"篇列举守城的物质准备，包括"粟米有积，井灶有处"，又提到了水井。"备水"篇讲防备敌方以水攻城，方法之一是挖深井泄水。"备穴"篇提出，为防备敌人偷挖隧道从地下突破城防，守方要挖井，在井内监听地下动静。

"泄井怀边将，寻源重汉臣。"唐代骆宾王的诗句，引用征战将军凿井祷泉的故事。《后汉书·耿恭传》载：

（耿）恭以疏勒城傍有涧水可固，五月，乃引兵据之。七月，匈奴复来攻恭，恭募先登数千人直驰之，胡骑散走。匈奴遂于城下拥绝涧水。恭于城中穿井十五丈不得水，吏士渴乏，笮马粪汁而饮之。恭仰叹曰："闻昔贰师将军拔佩刀刺山，飞泉涌出；今汉德神明，岂有穷哉！"乃整衣向井再拜，为吏士祷。有顷，水泉奔出，众皆称万岁。乃令吏士扬水以示虏。虏出不意，以为神明，遂引去。

戍边汉将耿恭，在与匈奴的拉锯战中有所进取，进驻了疏勒城。选中此城，是因为城边有流水。踞城两个月，匈奴兵来攻城。耿恭一战而驱敌。敌军并不服输，他们还有不战而胜的一手，要断绝守城者的水源。这一招立即见效。城里的汉军只得挖井救急。井挖了十五丈，仍不见水。时值夏七月，人们又累又渴，以至于把马粪压榨出水来，用以解渴。耿恭感慨万千，向井而拜。井出水了，欢庆之余，耿恭让士兵在城头向围城者泼水，匈奴见状，退兵而去。

水源对于边城守卫具有至关重要的意义，这是不言而喻的。对此，古人懂得投以战略眼光。宋代魏泰《东轩笔录》：

麟州据河外，扼西夏之冲，但城中无井，惟有一沙泉，在城外，其地善崩，俗谓之抽沙，每欲包展入壁，而土陷不可城。庆历中，有戎人白元昊云："麟州无井，若围之，半月即兵民渴死矣。”元昊即以兵围之，数日不解，城中大窘，有军士献策曰：“彼围不解，必以无水穷我。今愿取沟泥，使人乘高以泥草积，使贼见之，亦伐谋之一端也。”州将从之。元昊望见，遽诘献策戎人曰：“尔言无井，今乃有泥以护草积何也？”即斩戎人而去。

麟州城中没有水井，城墙之外有一处沙泉，就想将筑一段城墙，把沙泉圈到城墙里边。但是由于地基不行，城墙垒不起来。城中依旧无井、无泉。于是，攻城的一方以城内无井而设围城之计，围城多日不撤，只待城中干渴自乱。守城一方猜出敌人的心思，设法制造城内并不乏水源的假象，骗敌退兵。攻城的元昊望见城里用稀泥巴泥草垛，诘问当初献计的人：何以说城里无井缺水？斩了献计者，收兵撤退。

麟州无井，毕竟是城防大患。诸葛亮的空城计不能总唱，麟州城的泥巴草垛也只能骗敌一回。到了熙宁年间，想出了沙地筑城垣的办法，将沙泉圈进城墙之内，守城再无大患。

上面那则记载，从一个侧面体现了水源对于边城防守的重要性。《宋史·郑文宝传》也讲到边镇的水源问题——“竖石盘亙，不可浚池”，并且，“城中旧乏井脉”——又打不出水井来。郑文宝认为，这不是驻兵的好地方。

宋代司马光《涑水记闻》言及另一件边城凿井的史事，可见当年西北地区守边先打井，以掌握水源生命线的情况：

初，赵元昊既陷安远、塞门寨，朝廷以延州堡寨多，徒分兵力，其远不足守者悉弃之，而虏益内侵为边患。大理寺丞、签署保大军节度判官事种世衡建言："州东北二百里有故宽州城，修之，东可通河东运路，北可扼虏要冲。"诏从之，命世衡帅兵董其役，且城之。城中无井，凿地百五十尺始遇石，而不及泉，工人告不可凿，众以为城无井则不可守，世衡曰："安有地中无水者邪？"即命工凿石而出之，得石屑一器酬百钱，凡过石数重，水乃大发，既清且甘，城中牛马皆足。自是边城之无井者效之，皆得水。诏名其城曰青涧，以世衡为内殿承制、知城事。

北方边患，一直是令宋王朝头疼的事。大臣种世衡建议，将宽州故城利用起来，作为抗敌的边城。朝廷把建城守城的任务交给种世衡。种世衡前去，发现首要难题是城中无井，没有水源。挖地五十尺仍不见水，却遇到了硬石层。凿井的工匠要半途而废，守城的兵将认为"城无井则不可守"，也打起退堂鼓。种世衡坚信，地下一定会有水源。他让工匠凿碎石头，将石屑运上来，以碎石兑换酬金，每筐一百钱。这样，锲而不舍，穿过几重石层，终于挖到地下水层，不仅水量大，水质也很好。边城得井，这无疑是件大事，朝廷下诏，更其城名为"青涧"，以示纪念。青涧城开了成功的先河，具有样板示范意义，"边城之无井者效之，皆得水"。对宋王朝的边防来说，这是具有战略意义的一件事。

清咸丰年间，僧格林沁守卫天津大沽口，先打胜仗，后吃败仗，成为近代史著名的人物。对于天津城的城防，僧格林沁认为“防守甚难”，主要原因是“城内民无宿粮，地无井泉，每日水米均恃城外接济”。可以设想，在这种情况下守城，屯粮比较容易；“地无井泉”，要解决水源问题，就比较困难。“地无井泉”，确实是战争中守城一方的不利因素。

铭记于汗青的战争风云，刻写在典籍的军事兵史，那些真知灼见、硬道理，那些战例，在民间风物传说中演变得色彩纷呈——请读其中水井的故事：

四川忠县，三国古战场，一眼姜维井讲述着兵戎相见抢水源的故事。相传当年邓艾率数万魏军来犯，气势汹汹。蜀将姜维据翠屏山御敌，兵寡将少，不仅被魏军包围，还被夺了水源。干渴使得人心浮动，军心不稳。姜维梦见诸葛亮送他三支神箭，教他箭射泉眼。姜维梦醒，月下连施三箭，真的射出泉水来。一通畅饮，士气大振，将士们燃起火把，冲下山杀出重围。古战场留下这眼井，井旁镌着李白所书大字“姜维泉”，留下巨石凿成的石屋，传说那是姜维拴马的地方。

一眼井，一匹马，似乎在以民间传说的方式，诠释昔日的那场战争：马是征战，是冲锋，是厮杀；井也如同一个符号，代表着饮食粮草，后勤给养——常言道：秣马厉兵。翠屏山一井一马的组合，“井”之所系，正在于那个“秣”字。

一眼井，一匹马，在海南凝为地名——白马井镇。儋（dān）州市洋浦海湾边这一古镇，为何冠名“白马井”，镇上规模可观的伏波庙可作注脚。东汉初年，任命马援为伏波将军，平定交趾。马援兵至海南，曾驻军于此。当地缺水，将士干渴马焦躁，马援掘井出泉，不仅解决了当时的饮水问题，还惠及后世。后人立碑于井边，碑上刻“汉马伏波之井”。郭沫若前来参观，赋诗赞井：“水泉清冽异江河，古井犹传马伏波。想见当年师驻日，三军朝汲定如梭。”一眼古井，一段传说，让史学家生发出诗人的浪漫遐思——“三军朝汲定如梭”，多么生动形象的画面。

二、价值观：仁义德

（一）修桥补路之外：掘井

行善积德，修桥、补路、掘井，都是有助公益的善举。南宋杭州名妓柳翠，这三事中做了两件。明代田汝成《西湖游览志》“南山分脉城内胜迹”说：“柳翠色艺绝伦，遂隶乐籍，然好佛法，喜施与，造桥万松岭下，名柳翠桥；凿井抱剑营中，名柳翠井。”这女子修桥造井的善行，为人们所乐道，元杂剧有一出《度柳翠》，明代《古今小说》也记载了她的故事。

清代《宋东京考》，开封东水门内金梁桥南有义井，“相传元时，邑民刘道源因往来人众，造亭于上，设汲水之具，遇盛暑则汲以济人，故名”。开封这口井，地处桥梁路旁。冠名以“义”，是因一个当地居民为了便利过往行人，在井上建亭——遮荫可坐，并备汲水器皿——口渴请汲，盛夏之时他还汲了清冽的井水，以飨南来北往的过路者。

走南闯北，四海周游，渴了、热了，遇井可汲泉，是一种福分。清凉之际，倘若再有歌声悦耳，那便仿佛神仙境界一般。宋代有句著名的话："凡有井水饮处，即能歌柳词。"对于宋词发展作出贡献的柳永，他的作品音律谐和，语言清新。当时人称赞他的词流传广泛，有此一语。

仍说义井。北魏洛阳城，有里巷以义井相称。《洛阳伽蓝记·景乐寺》载："义井里北门外有丛树数株，枝条繁茂。下有甘井一所，石槽铁罐，供给行人，饮水庇荫，多有憩者。"里门当街之处，大树成丛，树荫下一眼甜水井，石的水槽、铁的汲器，行路者在树下坐一坐解乏，喝口水解渴。义井一眼，水中漾着淳朴的民风，附近的里巷也跟着沾光，分享了"义"的赞誉。

记录安徽寿县风土民情的《寿阳记》，载有明义井。据《太平御览》引该书内容："明义井，三伏之日，炎暑赫曦，男女行来，其气短急。望见义井，则喜不可言。未至而忧，即至而乐，号为欢乐井。"此井的功用在于款待行人，三伏天里更是沁润心田，被誉为欢乐井。

清代孙圃《魏塘竹枝词》："得钱亭小利无涯，万盎涛声泛雪花。汲得真珠泉酿酒，劝郎只少碧山槎。"讲到两口井，一是得钱井，一是每逢风雨天气，井中有波涛声的万盎井。得钱井也沾那个"义"字。明代时，顾文旻垦地得钱，又见有一口湮井，就用那笔钱淘浚废井，方便人们汲用，还在井上建了井亭，供过往行人饮水小憩。

浚井修井也是善举。清代梁章钜《浪迹续谈》记，温州东山书院谢祠阶前一眼井，井栏内面石刻："开元寺僧利卿，谨舍净贿壹拾叁贯文有余，重修义井一口，并置井栏甃砌等，所期福利上答四恩，下资三有者。时至和元年甲午岁十一月二十七日题记耳。”上答四恩，下资三有，语出《目连救母出离地狱升天宝卷》。四恩指父母恩、师长恩、国王恩、三宝恩，三有指三界。僧人利卿出资重修一眼水井，砖石甃井壁，井栏护井口。这位出家人很高兴有此善举，在井栏石上刻字记下。

对于一般人家说来，凿井是项不小的工程，人力物力的投入，并非轻而易举之事。由此，互助掘井，曾是充满热乎乎邻里乡情的事。河北《高邑县志》记，修房掘井，凡兴作之家，多半邀请乡邻帮忙，仅备饮食，不出工资，共同劳动，彼此互助。这样的习惯延续了千百年，到修志的20世纪40年代时已日渐式微。包工的形式出现了，主家再无招待不周之嫌，劳工也可以得些工钱。修志者认为，较之互助掘井、造屋，包工“实属两利，亦社会生活程度之趋势使然”。的确，自给自足的农业经济，商品经济不发达，使得换工互助成为聚集零散劳力、做大事情的形式；随着旧体制的解体的过程，新的包工的形式出现了，付人情变成了付钱币，“热乎乎”变成“冷冰冰”了吗？可是，人们却觉得“实属两利”，这中间除了经济账，主要是人的观念发生了变化。

（二）凿井德政

历史上，有一个帝王把自己要实施的善政归结为四条，其中“穿井立营”占了一项。此人是元太宗窝阔台。

从成吉思汗建蒙古汗国，到忽必烈灭宋，为了元王朝的建立，七八十年里，几位蒙古帝王征战不息。这其中，元太宗窝阔台的作为、建树，能够大书于史册的，是灭亡金朝。窝阔台为成吉思汗第三子。据清代魏源《圣武记》，他曾有言："我即位后，惟四善政：一、平定金国；二、设立驿站；三、无水草处穿井立营；四、各处城池，设官镇守。"在蒙古汗国与南宋之间，隔着金国。灭金，是通向元王朝建立统一国家的重要一步。这样的一件军国大事，其重要意义不言而喻。可以与其并列的大事是什么？在那位蒙古帝王看来，有设驿站、穿井立营、设官守城三件事。

这段涉井史料，有两个方面值得重视。其一，"穿井立营"被列入治国方略四条之中；其二，元太宗将它纳入"善政"。

确实，造福民众，施惠百姓，不可忽视凿井利民的事。在这方面，我们大可不必采取"虚无主义"的态度。在古代，有责任感的政治家，例如上面讲到的帝王，乃至朝廷命官，或者地方小吏，挖井救渴，留下许多佳话。

唐朝的柳宗元为今人所熟悉，他就曾有此惠政。当年，柳州城里本无井，人们以瓶壶做家什，远汲江水以供日用，很不方便。因参与王叔文政治改革，失败后被贬出京城的柳宗元，先为永州司马，元和十年（815）改任柳州刺史。到柳州转年三月初，柳宗元"命为井城北隍上"——他要在这个历来无井的城市打出水井来（图34）。于是，他亲自主持此事。不到一个月时间，井成，深达66尺，砌井砖用了1700块。井水清凉，水量也大，这位号称"柳柳州"的官府大人，为一方百姓办成了一件实事。看那井之深，不难理解柳州无井的历史为什么延续了那么久，柳宗元的善举不仅在于挖出了一眼井，还在于革除了此地凿井无功的旧观念，一眼井会引出许多井。

图34　为民打井　广西柳州柳公祠壁画（局部）

杭州城市发展史记录着钱塘六井，这是跨越了唐、宋两代的德政美谈。杭州城里，井水咸苦。唐大历年间，本在朝中伴君的李泌，再次出京，到杭州做刺史。到任后，他成功地组织了这项重大的市政工程，解决了城市饮水水源问题。钱塘六井的建设，引西湖之水，形成城市供水系统。他的功劳世代传诵，明代《西湖游览志》记此事文字虽不多，但很有分量："有惠政，凿六井，引西湖水入城市，以便民取汲。"凿井惠政，这分明是由唐传至明的民众的评价。并且，"杭人感其惠，立祠于此，翼以僧舍，俗称西井寺"——李泌死后，当地人纪念他，立祠建庙。至明代，仍保留"祠寺并建"的规模，"祠前有井，径丈许，底与湖通，邺侯所凿也"。在李泌当年开挖的水井旁，人们建了邺侯祠。

李泌开凿六井之后大约40年，长庆初年（821）"刺史白公乐天治湖浚井，刻石湖上"。白居易到杭州来做地方官，又做了清浚钱塘六井的善事。白居易在杭城留下的，不只西子湖上那道堤。

钱塘六井的故事，还包括宋朝官员的政绩。六井以管道连接西湖，到了宋代已出现堙塞，需要疏浚。一位太守因办此事而名留青史。他名叫陈遘，熙宁五年（1072）秋到杭州上任。下车伊始，陈遘向百姓询问困扰生活的问题。人们都说："六井不治，民不给于水。南井沟庳而井高，水行地中，率常不应。"陈太守说："这是很要紧的事。我来此做地方官，怎能眼看着人民求水而不得！"陈遘请僧人仲文、子珪操办此事。据苏轼《钱塘六井记》，转年春天，六井毕修。正值大旱之年，江淮至浙右旱情严重，水井都旱得干了底，以至于人们用罐子贮得一点水，相互赠送，就像美酒一样珍贵。杭州人得益于六井修浚，并无井枯不汲之虞。苏东坡写道："方是时，汲者皆诵佛以祝公。"钱塘民众汲水不忘浚井人，感谢太守造福一方百姓。

受太守陈遘委派，操办其事的几位僧人，也在杭城史上留下了名字。那次清浚工程之后十八年，钱塘六井又需清浚。苏轼"寻访求，熙宁中修井四僧，而三人已亡，独子珪在，年已七十"。老僧鉴于上次修浚的经验，提出"以竹为管，易致废坏"，建议采用瓦筒代替竹管。修井同时，又在"去井最远难得水处"，新置二井。僧子珪，堪称古代的城市供水工程师。苏轼说，这一次工程的完成，全赖这位老僧的"心力才干"。朝廷得知此事，给予了封建时代很高的一种奖励——赐紫。之后，苏轼上《乞子珪师号状》：

右臣体问得灵石多福院僧子珪，委有戒行，自熙宁中及今，两次选差修井，营干劳苦，不避风雨，显

> 有成效。如蒙圣恩赐一师号，即乞以惠迁为号，取《易》所谓“井居其所而迁”之义。

这位古稀僧人，再次主持修井工程，以自己的心力才干造福市民。苏轼上奏朝廷，建议授其“惠迁”封号。赐紫、封号，两度为地方修井出了力的老僧，得到巨大的荣誉。据明代《西湖游览志》，杭州有一口水井，“以子珪之号，号其井曰惠迁井”。这是凝于井名的纪念。

修井的佳话，不该遗漏妇孺皆知的包大人。被老百姓视为清官化身的“包青天”——包拯，也曾谋划凿井惠民。那是在端州。端州城内城外七眼井，是包拯做太守时开凿的。清代屈大均《广东新语》盛赞包公凿井德政，书中写道：

> 孝肃此举，端之人至今受福。大矣哉，君子为政。能养斯民于千载，用之不穷，不过一井之为，井亦何所惮而不为乎?《易》曰“君子以劳民劝相”，言凿井之不可缓也。

端州是个好地方。那里出产的砚台，与宣纸、歙墨、湖笔，同为文房四宝的顶尖佳品。包拯不愧清官，在端州做太守，“岁满不持一砚归”。《宋史》为包拯立传，记入端砚事例，却未列举凿井的德政。当地人记着“包青天”的好处。经元、明而至清，几百年里井水未枯，美谈在传，这才有《广东新语》的记述。“井养而不穷”，一朝凿井，千年受用。包拯的善举真是功在当时、泽及后世了。

福建南安，英雄的土地。民族英雄郑成功是南安石井人，南明隆武帝赐姓朱，因此号“国姓爷”，历封漳国公、延平郡王。为了收复台湾，郑成功在此演练义师，率志士入海起义。相传，郑成功来时正赶上大旱时节。他率兵士相地掘井，在距海不过两丈的地方，打出了淡水井。后人饮水不忘掘井人，称这眼井为“国姓井”。

（三）驿井

驿站，古代中国交通网络上的结点。传邮万里，宦游天涯，驿站以短暂的停顿，间隔了这一程与那一程。它容人安歇，容马入厩，让旅人释下疲劳，教邮差补充体力，然后送他们上路。

为驿站簪一片诗情的，是梅花。“折花逢驿使，寄与陇头人。江南无所有，聊赠一枝春。”驿使捎去一枝梅。此诗之后，又过了许多的朝代，诗人陆游对“草必称王孙，梅必称驿使”之类，典故用滥，表示不以为然。可是，他本人《咏梅》也忍不住要写：“驿外断桥边，寂寞开无主……”

与驿之梅一样入诗、入文的，是驿之井。邮传万里的驿站，通达八方的驿舍，通常是备有水井的。

唐代李肇《国史补》讲，开元末，西域进贡狮子，路过长安附近驿站，停下来休息时，被置于驿井旁的狮子焦躁不安，大声吼叫。过了一会儿，风雷大作，有龙出井腾空而去。

南宋洪迈《夷坚志》说，“大观戊子年七月五日，建昌军驿前大井水连日腥不可饮”，浚井时捞上一尾大鱼，鱼眼赤纹如金，头有两角，细而坚硬。放生于江，当天晚上大风急雨，人们都说那鱼即是龙。

欧阳修外放，途经湖北云梦驿馆，诗有“井桐叶落池荷尽”之句，录下驿舍秋景。

（四）“千里井，不反唾”

驿之井，一道富有实用价值的风景。有人却不免要做出煞风景的事情。由此，产生了一句劝人自律的谚语：“千里井，不反唾。”

这句谚语，颇受一些文人注意。唐代《资暇录》说：

> 谚云：“千里井，不反唾。”南朝宋之计吏，泻剉（cuò）残草于公馆井中，且自言：“相去千里，岂当重来。”及其复至，热渴汲水遽饮，不忆前所弃草，草结于喉而毙。俗因相戒曰“千里井，不反剉”，复讹为“唾”尔。

这段文字可以读出多层内容。第一，“千里井”谚语在唐朝有两个版本流传。第二，夏日里，一路“热渴”，驿井水清凉，是何等的惬意之饮。第三，“千里井”谚语两种版本，谁是“原版”？作者给出自己的判断。

这以后，唐代苏鹗所撰《苏氏演义》也考证了这一谚语：

> 江南计吏止于传舍间，及时就路，以马残草泻于

> 井中，而谓已无再过之期。不久，复由此饮，遂为昔时莝（cuò）刺喉死。后人戒之曰：“千里井，不泻莝。”杜诗：“畏人千里井。”注：“谚云：‘千里井，不反唾。’”疑唾字无义，当为莝，谓为莝所哽也。按：《玉台新咏》载曹植《代刘勋妻王氏见出而为》之诗曰：“人言去妇薄，去妇情更重。千里不泻井，况乃昔所奉。远望未为迟，踟蹰不得共。”观此意，乃是尝饮此井，虽舍而去之，亦不忍唾也。此足见古人忠厚，其理甚明。

依此，“千里不泻井”应是流传于先的。泻井，向井里倾倒脏东西。曹植诗：“千里不泻井，况乃昔所奉。”意思是，被休的妇人虽要远去不复归，却也不忍污染门前那口井——常饮此井，井水有情。这是形象思维的表达方式，借水井表示妇人此时一腔怨恨，却又不免念旧的复杂情怀。

到唐代，“千里井”的典故，杜甫诗用过，李白诗《平虏将军妻》也用过：“古人不唾井，莫忘昔缠绵。”而此时，“千里井，不反唾”已传为俗谚，注释杜诗“畏人千里井”，所用引文即是“谚云”。

“不泻井”分化出“不反唾”和“不反莝（剉）”，出于曹魏时代的这句诗，在传为俗谚的过程中，平添义项，又包容了新的内容。正如宋代姚宽《西溪丛语》所概括的，“千里井，不反唾”，“唾”或说“剉”——“言昔人经驿舍，反马余剉于井，后经此井，汲水，为剉所哽”。井变了，由居家水井，转换为驿站水井；人变了，由即将离去的妇人，转换为在驿站歇脚后远走的行路人。

在这里，引用驿井作为一种象征，强调了非私用的、公用的意义——不是自家的井，而是他人的井，或公家的井，属于公共的井。由此，“千里井，不反唾”，除了原本的念旧不忘之喻，还反映着一种社会共识：请遵守社会公德——比如这眼井，你不再用别人还要用，不要因为一别千里远，就污染它，糟蹋它。

应该说明的是，正由于这种有关公德意识的含义，使得“千里井”之谚出现了“不反唾”和“不反莝”（或“不泻剉”）两种版本。从语音形式上看，谐音相近，口口相传，容易造成变易。“唾”与“莝”都是人为败坏，均属恶劣。但是，两者却有着重要的区别，“不反莝”——莝是铡成小段喂马的草料，在维护社会公德方面更具锋芒。

“千里井，不反莝”的流传，有那个莝草刺喉夺命的故事相伴。驿站、驿井，偶然来此，以为自己一走千里，再不会喝这眼井的水了，于是临走时把喂马草料倾于井中。命运偏偏与他为难，当他再过此驿、再汲此井、再饮此水的时候，被一根草茎刺在嗓子眼，要了他的命。这是一种警告。如果说，“千里井”之谚的意义是劝人向善，是教人善待环境和公用物品的话，那么“千里井，不反莝”于劝善之外，拿起了另一种武器——报复，或曰报应。糟蹋水井的人不得好死，水井报复了他。在古代，正面的宣传说教与报应之说的儆戒，一软一硬，往往是劝人向善的左右手。“千里井，不反莝”，两手兼备。

无神论不应讲报应。即便如此，“千里井，不反莝”，在今天仍不失为哲言睿语。不仅是一眼水井，对人类的生存环境来说，不正是应该如此吗？不环保，破坏生态平衡，人类因此而遭受大自然的报复，这样的教训还嫌不够深刻吗？

（五）爱井公德

“千里井，不反唾”的俗谚以及由此派生的“反唾”遭报应的故事，如同寓言，反映了一种环保意识，同时也涉及社会公德问题。自家一口井，懂得保洁爱护，那是良好的卫生习惯。几家合用一井，大家共用一井，知道保洁爱护，不仅在卫生习惯方面得高分，在集体观念方面也得高分。离家出行，还能爱护遇到的水井，那就更见人品修养。自然，除保持卫生，大家共用一井，还需要互助，需要礼让，需要体现对他人的尊重，等等。有些虽只是细碎杂事，但人品高下，往往从小事上见。

杨柳青传统年画有一幅《一心情愿》（图35），美术史家王树村收藏。这幅木版年画反映有关公用水井的公德问题。读画，可兼读图上一段文字，图中文字大致为：

图35　杨柳青木版年画《一心情愿》

一个小乡村，水极少。一村的人，全喝这井里的水。有一人把饭碗掉在井里，他跑回家去，拿了根竹竿，往井里乱捞。捞了半天也捞不着，村人说："捞不着就算了罢，把水捞浑了，还怎么喝呢？"那人说："我的碗要紧，你们喝不喝水，与我甚么相干？"众位想想，像这样只知有己、不知有人的，怎么与人相处呢？

画中一眼水井，由苇薄墙围护着，以保清洁。因为小村缺水，饮水全靠这眼井，村上人知道爱护它。井旁有木桶井绳。一个人用竹竿在井里搅着，捞他的碗。尽管有人在劝阻，他却一副旁若无人的样子。那神情像是在说："我的碗要紧，你们喝不喝水，与我甚么相干？"这幅画批评自私自利，用了典型化手法。

以乡约的形式保护公共水井清洁卫生，如今在广西三江侗族村寨可见实例。井亭井台两眼井，白墙上大字写着"井台内三不准"："不准在井台内吐痰"，"不准在井台内洗澡、洗头、洗衣服"等乡约（图36）。

井亭梁上还有写于木板上的《重修东井小序》，撰写时间是1988年5月。

对于公共水井的态度，的确能反映人品的高下。

《风俗通义·愆礼》记："太原郝子廉，饥不得食，寒不得衣，一介不取诸人……每行饮水，常投一钱井中。"贫寒之士郝子廉，贫穷而清高。大约不仅仅出于"人穷志不短"的心态，甚至连外出路上汲井解渴也不愿白喝人家井中水，要向井中扔一枚铜钱，表示买水而饮，是付了钱的。投币于井，大可不必。但与千里井的反唾与泻莝相比，一个是喝了井水要报偿，一个是用了人家的水还要败坏人家的井，心地人格是大不一样的。

图36　广西三江侗族村寨公共水井的乡约

《晋书》为阮瞻立传，称许他的恬澹，记了一个细节——井边汲饮：“瞻尝群行，冒热渴甚，逆旅有井，众人竞趋之。瞻独逡巡在后，须饮者毕乃进，其夷退无竞如此。”炎炎盛夏，众人结伴远行，汗流浃背口很渴。路上看到一眼水井，生理的需要使人们急不可待，一窝蜂似的围上去，争相享用井水的清凉。只有一个例外，阮瞻远远地溜达着，并不靠前。直到大家都喝够了，他才来到井边，汲用清凌凌的井水。在这样的事情上不为人先，体现了一种可贵的礼让精神。

《左传·襄公十七年》的一条记载告诉我们，为了方便汲取，水井处常备汲瓶。孙蒯外出打猎，路过重丘，汲井水饮马。用了人家的井，还毁人家的瓶，随手把那汲水的家什摔碎了。孙蒯的行径受到谴责。但当地人不敢当面指责他，就关起门来，对他一通臭骂。

还要注意管好自家的狗，否则狗污了井，也是招恨惹骂的事。《战国策·楚一》有段故事说：

> 人有以其狗为有执而爱之。其狗尝溺井，其邻人见狗之溺井也，欲入言之。狗恶之，当门而噬之。邻人惮之，遂不得入言。

狗向水井里撒尿，这狗又是能讨主人喜欢的看门狗。邻里想要去告状，无奈恶狗当门汪汪叫，不得入。于是，邻居们愤愤然，狗惹的祸，怨恨记在了狗主人的账上。

向井汲提本是人与物的关系。邻里之间，共用一井，便增出人与人的关系。晋代皇甫谧《高士传》记管宁的为人，着墨于此：

> （管）宁所居屯落，会井汲者，或男女杂错，或争井斗阋。宁患之，乃多买器，分置井傍，汲以待之，又不使知。来者得而怪之，问知宁所为，乃各相责，不复斗讼。

村民共用一口水井，男男女女都去汲水，缺少礼让精神的人遇到一块儿，不免生出是非，甚至大出打手。管宁觉得这实在是不该发生的事。为了避免争汲引起事端，他买了许多汲水的家什，备在井旁，有时还汲了水等在那里。管宁做这些事，并不声张，他只希望井前相会的乡亲们能够和气、友好。前去打水的人，发现水井添置了汲器，不知是谁办的好事。后来，人们得知此事谁为，也领会了管宁的良苦用心，从此村风为之一变，再没有争井相斗的事情了。

爱井公德还应包括珍惜水源、节约用水。在水源短缺的地方，这尤其显得重要。“凿井德政”小标题下，本书讲到元太宗窝阔台的“四善政”，其中一条为“无水草处穿井立营”。如此看重打井，反映了生活水源之缺。尽管元朝在草原上打了许多水井，然而，有些地方水源欠充裕，居民面对的仍是缺水的生活。杨允孚《滦京杂咏》：“汲井佳人意若何，辘轳浑似挽天河。我来濯足分余滴，不及新丰酒较多。”诗人客游草原，想在井边汲水濯足。汲水的姑娘表现得很吝啬，分给他很少一点的水。在姑娘看来，水是应该珍惜的。守着水井知节水，这也体现了爱井之德。

三、儒家·释家·道家

（一）从陋巷井说起

中华传统文化将一组影响深远的符号置于曲阜，组成闪烁古今的星座。“三孔”庙、府、林，以及孔仲尼降生的尼山、孔圣人故宅的阙里、孔夫子出入的鲁城，游览者徜徉其间，释读符号，遥想孔丘，古城简直成了立体的《孔子圣迹图》。在如此氛围里，走进颜回庙，观赏陋巷井，仿佛在读一枚独特的标志号。

孔子有教无类，得弟子三千，能称优秀者也达七十二人。同学众多，唯颜有庙，绝非一时土木之功，而是体现了传统文化披沙拣金的选择。就像孔庙不能没有讲学的杏坛、孔府不能没有藏书的鲁壁，颜庙不可或缺的是“陋巷井”。因为，关于颜回，孔子有名言：“一箪食，一瓢饮，在陋巷，人不堪其忧，回也不改其乐。贤哉，回也！”颜回的知名度，离不开这段很是经典的“子曰”。想象陋巷里箪食瓢饮的清贫，颜庙这口井，一下子为人们拓开思维的空间。

这陋这乐，程度如何？孔夫子用了对比，先以别人的“不堪其忧”做铺垫，再给颜回下评语——“不改其乐”。两相映衬，颜回的乐也就非同一般；又言不改，说明他压根就是乐天派。乐，不是涂在脸上的化妆品而是性格本色。

颜回之乐，乐得本分，似乎有点安贫乐贱的味道。记得当年批林之时也批孔，搂草打兔子，打到颜回身上的一棍子，就是销蚀斗志，教人傻乐，云云。那实在是曲解。依陋巷井而居的颜回，倘若只知道怀抱竹浅子抓食、手攥葫芦瓢灌饱，怎么可能让至圣先师夸一声“贤哉”？进颜庙，过陋巷井往前走，克己门、复礼门、归仁门，三门并立，在展示《论语》的一幕：“颜渊问仁，子曰：‘克己复礼为仁。一日克己复礼，天下归仁焉。’”克己复礼在孔子思想中举足轻重。这样重要的言论缘何而发？答颜回问。颜回的请教，问题的确是到位，非好学生而不能。此外，这组建筑中的见进门、退思堂，均取自孔子对颜回的赞语，前者称许他的天天向上，后者表扬他的自我完善。可见喝着陋巷井里水的那个乐呵呵的颜回，家贫好学，且学有所成。

颜回庙由小到大已历两千年。陋巷井成为“保留节目”，一直凹在那里，供人俯身瞻仰。宋代建起井亭，取名“乐亭”（图37）。一井一亭，画龙点双睛，提示着颜庙的特色，也传达着古人所爱、所慕、所敬。金代元好问，一位诗品、人品都不流俗的诗人。他到曲阜，吟咏陋巷井“陋巷陋复陋，老屋在人境”，笔墨起由全景。接着，今昔切换，“饘粥聊自供，取足唯一井”，遥想当年颜回，喝粥度日，食不饱，井水凑，不禁发出“此井阅千岁，清节传箕颍。尚想瓢饮初，至味久益永”的感叹。“泓然观古甃，一勺试甘冷”，诗人观古井，品井水，情感随之升华，“共学谁我容，从之抱修绠”。希望学颜回的样子，提着长长井绳去汲水，体味先贤清贫乐观的情怀。

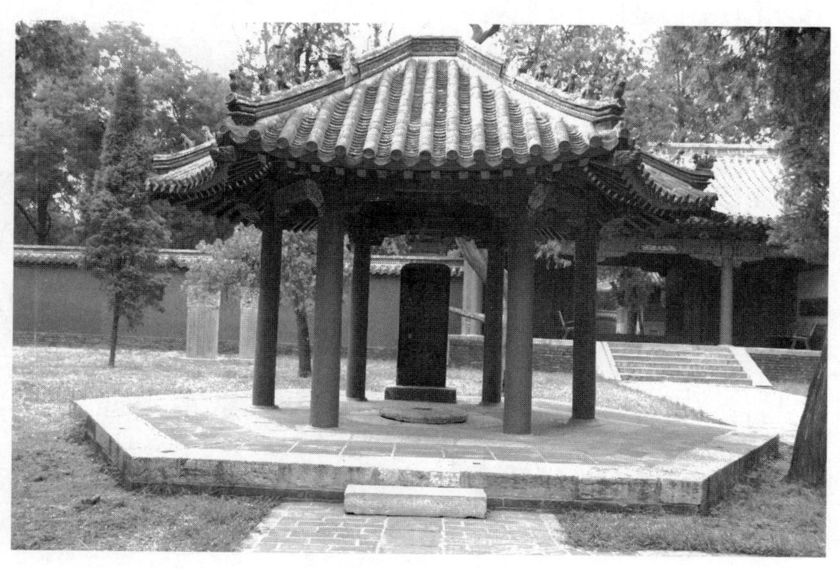

图37 山东曲阜颜回庙陋巷井及乐亭

借陋巷井凸显出来的颜回之乐，体现着豁达的生活态度。对于愁苦的失望者，它请你换一换心情；对于人生的短视者，它给你放眼远望的镜；身处不如意的环境，它为你开一爿精神家园；自烦自恼何苦呢，它请你看潇洒；自卑自怯腰杆弱，它就来补钙治软骨；面对物欲的诱惑，它教你摆摆手，摇摇头；急功近利的浮躁烧着心窝，它就递过陋巷井的“一瓢饮”，赠你清心剂，服后降心火。

善待生活，善待自己，颜回之乐表现出人生的一种大智慧。作如是观，曲阜颜庙就不单是一组殿堂、几尊雕像，而是我们民族精神星空中一枚闪光的符号——为这符号增辉的，首先是那眼陋巷井。

这眼水井的文章，包含了传统文化崇尚的许多内容，古人将它做得很足，今人应能懂得它。

（二）孔井孟井

曲阜三孔，最为古老的所在，是孔庙套院里的孔子故宅。那里的诗礼堂之后，一面形似影壁的墙，据说是秦皇焚书之际孔鲋藏下简册，“古文经书”得以传世的夹壁墙，后人称为鲁壁。鲁壁前有眼水井（图38），汉白玉石雕井口，四周围以雕花石栏，这称为孔宅故井。井侧有亭，亭内立乾隆“故宅井赞”碑：“我取一勺，以饮以思，呜呼宣圣，实我之师。”饮一勺井中水，皇帝甘当至圣先师孔夫子的学生。

孔子的遗迹，唯故宅最古老，故宅之中，最有可能保留当年余韵的，当是这口古井。这口古井保留下来的，是一种家居生活的气氛。唯其有它，孔子故居的基本设施才完备。在古时，一座府宅倘若没有水井，是不正常的——孔夫子毕竟是弟子三千享盛名的教育家，还做过鲁国的司寇。

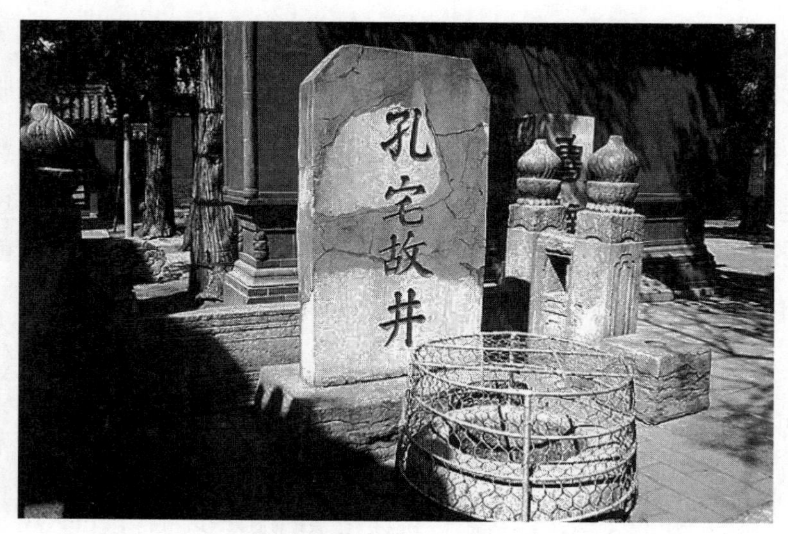

图38　孔宅故井

孔庙这眼井，名气远不如颜庙陋巷井。古井的价值要看文化含量，名人效应只是体现文化含量的内容之一。学生用的井，胜过老师喝水的井，陋巷井的名气大，因为人们借它阐释儒家的主张，使它成为一种精神的象征。相比之下，孔宅井自然逊色。此外，这口孔宅故井，围以汉白玉雕花石栏，豪华气十足，不禁令人想到：孔子宅院中的水井也被贵族化了。

然而，我们还是不应忽视这口孔宅故井。它代表着或者说顺应着一种模式。儒家的一些代表人物，他们故宅遗址往往都有一口水井。保留着水井，或许是看重它的文化含量，例如陋巷井；或许只是着眼生活设施基本齐备。即使后者，也体现着儒家风格——它的生活化、世俗性。井，是市井，是乡井。儒家对此的关注，可以讲胜过道家与佛家。

有关孔子事迹的水井，在曲阜尼山另有一眼孔母井。《史记·孔子世家》记，孔子的父母“祷于尼丘得孔子”。相传，尼山是孔子降生的地方。后世在尼山建了孔子庙。人们不忘纪念那位养育了圣贤的女性，就有了孔母井、孔母祠。这眼水井，与尼山石室以及石室里的石床、石几、石桌、石凳，一并构成了基本的生活器用。

甚至在孔夫子一生未曾涉足的地方，也出现了孔子井。南朝人殷芸编纂的《殷芸小说》讲：“安吉县西有孔子井，吴东校书郎施彦先后居井侧。”安吉在今浙江省。据考，孔子虽曾周游列国，却并未能走到这块地界。安吉孔子井的传说表明，夫子既为至圣，人们总是希望分享一点“名人效应”。借助何物来沾光？且指古井称胜迹。

按照历代封号，孔子为至圣先师，颜渊为复圣，两位圣贤的遗迹都保留着水井。孔孟之孟——被尊为亚圣的孟轲，也该有水井遗迹吧？有的，即使原本没有，后人也会寻出一眼井来。请读清代金埴《巾箱说》：

考《三氏志》，孔子井在尼山，曾子井在徐州，颜子井在陋巷，独孟子无井以传。皇清康熙十一年壬子春，邹县孟庙前演剧，忽日中声震如雷，众环顾失色。见阶前地陷，有圆痕，熟视之则居然井也。次年修庙，遂用此水。乃砌以甃，环以石，而题额之曰“天震井”。噫！异矣！

曲阜有“三孔”，邹县存“三孟”——孟庙、孟府、孟林。孔与孟，在一个规格上。“独孟子无井以传”，就有了那眼“天震井”。说是此井得由天，虽然当初只不过一个“圆痕”样的地陷，但经过砌井壁、装井口，不排除同时加上些清浚深挖的功夫，也就成了汪着泉源的井。这段记述，包含着神奇情节，剥去那些笔墨，所剩基本内容，则是古人的一种想法：孔子井、曾子井、颜子井，“独孟子无井以传”，怎么能行？

其实，孟子也不是“无井以传”。除了邹县孟庙阶前的井，在曲阜城南凫村——孟轲降生地，孟子故里保留着孟母井。

（三）佛经里的井故事

一幅敦煌壁画，出现在第76窟，画题《猕猴献蜜欢喜作舞蹈井》。壁画描绘了猕猴献蜜的故事，见《贤愚经》：有位婆罗门，一直盼望能有个孩子。一天，释迦牟尼应邀，带弟子前去作客。途中，有只猴子拿着释迦牟尼的钵爬到树上，装了蜂蜜，下树献给释迦牟尼。释迦牟尼没有接受。猴子把钵里的虫子择出去，再次擎钵献蜜，又被拒绝。猴子用水洗净蜂窝后再献，释迦牟尼接过了装着蜂蜜的钵。猴子高兴得手舞足蹈，不幸乐极生悲，失足落井。后来，这只猴子托生为婆罗门的孩子。壁画为表现这一故事，将猴子献蜜、舞蹈、落井诸情节装于一幅。画面上，水井呈井字形，高出地面。壁画上的故事是佛经里的，壁画上的水井则采自生活。

佛经中有教义，也有哲学，还有文学。佛教经典多借井喻理，以井说法，使得在古时司空见惯的水井，也沾了几分哲思与文采。

佛教将丘井纳入自己的典籍，用来比喻老而不堪用之身。《法苑珠林》载录的一段文字讲：从前有人只身走在旷野，遇到一头凶恶的大象。那人被大象追赶着，跑呀跑，害怕极了，特别希望有一处藏身之所。忽见一丘井——干枯废井，便手抓着伸入井底的树根，躲进井内，悬身井中。身置丘井，避开了死亡的威胁，心情该舒坦一些了吧？不然。抬头看时，发现头顶上黑、白两只老鼠在不停地啮咬他双手紧攥的树根；井口四边探出四条毒蛇，正吐着长舌，对他虎视眈眈；一低头，又看到井底盘着三条巨大的毒龙。丘井中的人，上怕毒蛇，下怕毒龙，还不时被鼠啮树根的响动弄得心惊肉跳。井口那棵大树，滴下五滴蜜，滴入丘井中人的口中。丘井中人刚觉有点口甜，不小心晃动了井树，树上蜂巢飞出群蜂，来螫丘井中人。在丘井中人痛苦难耐之时，井上又有野火烧起……

这个故事旨在说明，人生在世"得味甚少，苦患甚多"。故事中，以旷野比喻生死，以大象比喻无常，以黑、白鼠比喻昼夜，以五滴蜜比喻五欲，以井底三毒龙比喻亡者堕落三恶道，等等。至于丘井，"丘井喻于人身"。《维摩诘经·方便品》有言："是身如丘井，为老所逼。"关于这段故事，且不说佛经义理，仅就其叙述语言来讲，体现出佛学经典的思辨技巧、文学手法，会给读者留下深刻的印象。

竹篮打水，水中捞月，汉语言中表示徒劳无功的熟语。"水中捞月"出自佛经中猕猴救月故事，那月亮是水井中的月亮。请读《根本说一切有部毗奈耶破僧事》所载：

> 乃往古昔，有一闲静林野之处，有群猕猴游住。于此时，诸猕猴游行，渐至一井。乃观井底，见彼月

影。既见月已，诣猴王处白言：“大王应知：其月见堕井中。我等今应速往拔出，依旧安置。”是诸猕猴咸赞言：“善。”便相议曰：“云何方便，可能拔月？”其中或云：“不须余计。我等连肱为索，而拔出之。”时一猕猴，在井树上，攀枝而住，其余一一次第以手相接。猕猴既多，树枝低下欲折。时彼最下近水之者，搅水觅月。由水浑故，月便不现。树枝便折，一时堕水，被溺而死。

猴子自以为聪明，方有救月壮举。面向井口，攀枝垂下，辗转相连，设计不能说不巧。然而，井水之中浮着的，不过是月亮的倒影，基本的判断错了，大前提错了，一切努力都变得可笑。明代董斯张《广博物志》也载此故事，结尾树神说偈言：“是等騃榛兽，痴众共相随，坐自生苦恼，何能救出井。”痴便痴在——没弄清事理，机灵巧妙变成了滑稽。

《妙法莲花经》则凿井譬喻：“譬如有人渴乏须水，于彼高原，穿凿求之，犹见干土，知水尚远，施功不已。转见湿土，遂渐至泥，其心决定，知水必近……”渴而凿井，偏偏又在高坡地带，若要及泉，自然不可能是轻而易举的事。何以看待高原凿井？佛经要讲的道理，包含在故事之中了。

佛家讲世间形迹色相皆空无，以井底为喻：“井底生红尘，高峰起白浪。”井底之下的红尘、山峰之巅的白浪，极言虚幻。这是《五灯会元》记下寒山的诗。

（四）佛寺井水八功德

甘肃省张掖市肃南裕固族自治县马蹄寺石窟，窟内一石井，称为“功德水井”。人言井中“八功德水”：一甘凉，二冰冷，三绵软，四质轻，五清净，六不臭，七不损喉，八不伤腹。还讲此水能去病强身，有“朝山不喝八功德，朝山等于没有朝”的说法。

马蹄寺石窟开在山崖上，水井凿在窟内，夏不溢、冬不涸，其水脉所由来，便成了话题。相传，东晋时从敦煌来了一位隐士，凿洞隐居，在此讲学。前来听讲者很多，饮水成了问题。于是治井，敲岩凿石，直挖得石井深深，却连点水气也没有。隐士走了，枯井未填。后来，有西去的僧人路过此地，观看无水井，听讲凿井事，决心要让石井有水。数年后僧人返回，在此设坛讲经之际，擎起一个葫芦，说：“这葫芦里装着西天八功德水，倾入井内，井水天成……”说着，将水徐徐倒入井中，小小葫芦水注满石井。从此，井中水取之不竭，四季汪清泉。

马蹄寺的传说讲源泉之奇，扬州天宁寺井的传说则讲井奇，清代李斗《扬州画舫录》载：

> 青龙泉本在天宁寺内。西域梵僧佛驮跋陁罗在寺译《华严经》，有两青蛇从井中出，变形为青衣童子供事，故以名泉。既建新城，泉界入天宁门内。雍正间，寺僧理宗募买隙地，勒石其上。旱年亦多于此祈雨。乾隆戊子后，泉竭遂不复浚。

安徽九华山是地藏菩萨道场。九华山肉身宝殿旁，有一眼阴阳井（图39）。

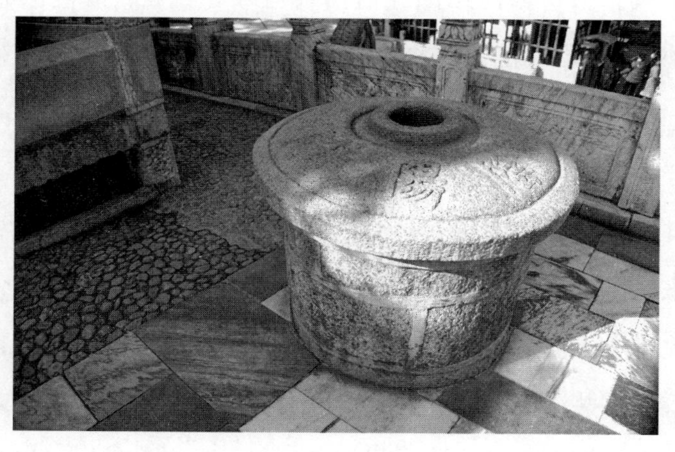

图39　安徽九华山肉身宝殿旁阴阳井

水井里爬出一对青蛇，青蛇变化为童子，侍候译经的外来和尚。因此，井称“青龙泉”。龙主兴云布雨，这井也就成了祈雨的地方。

济南朗公寺内朗公井，传说也奇。明代王象春《济南百咏·朗公井》：“菩提传自佛图澄，原是天人十八僧。过去未来都现在，井花常放七枝灯。”注曰：“井在城东南三十里朗公寺。郦道元曰：苻秦时，有竺僧朗事佛图澄，与隐士张巨和居此。朗封井，戒勿开。至其寂后开之，人往照井，能见前世业根；饮其水者，能已嗔杀贪淫诸恶。”俯身向井，那么一照就能照见前生，自是虚枉之说；喝两口井水，药到病除一般，治愈了嗔、杀、贪、淫等坏毛病，这样的神水只能存在于人们的想象中。

（五）丹井最是葛洪多

中国的古井，可以归纳出一种独特的类别：丹井。它是中国土生土长的宗教——道教的派生物。古井不废。观庵殿堂焚了建，塌了建，能立在悠悠时光风风雨雨里，是件不容易的事。一口古井，凹于地表，素面朝天地看斗转星移，经世事兴替，它的长久保存，相对容易些。丹井因此获得了天然的资历优势，让人们觉得仿佛它最能传递古老的情韵。这也就使丹井由一种文化的产物，变成那种传承文化的载体。

丹井连着古代炼丹术。炼丹术是中国古代实验化学的先驱，道教文化的一枝奇葩。哪里寻当年的丹灶、丹炉、丹鼎？一眼眼老井述说着金丹九转求神仙故事。

在一些道教文化名胜地点，在古籍方志的书页里，丹井往往与葛洪的名字连在一起。这是一种颇为有趣的文化现象。

杭州的葛岭，因葛洪曾结庐山中修道炼丹而得名。纪念这位“葛仙翁”，山上有抱朴庐、葛仙庵，有炼丹台、炼丹井，还有一眼“葛翁井”。《葛仙庵碑》记，葛洪“炼丹药以济疲癃，浚丹井以便民用”。他的修炼，注重养心颐神，却也并不隔绝民众。浚丹井之举，留下后人所称“葛翁井”，《古今图书集成·杭州府》记此井：“人饮井中水者不染时疾，相传为葛稚川投丹之所。”葛洪，字稚川。井中投丹，供人汲饮，这与他的采药行医一样，反映着施惠百姓的善心。

葛洪还凿了一口专做炼丹之用的水井，在葛岭炼丹台旁（图40）。《西湖游览志》载：“葛坞，葛井，皆稚川遗踪也。相传吴赤乌二年葛稚川得道于此。”这是说，用此井之水，葛洪金丹有成。

图40 杭州葛岭葛洪炼丹井

浙江三处著名的石梁山岩景观，丽水南明山石梁以气势恢宏体积大而称最。为这样的景致增色，是“葛仙翁井”及葛洪炼丹的传说。据当地人讲，井旁原本是有刻石的。如今，丹井被冷落在仁寿寺后廊边，食堂的犄角旮旯。新砌的方形水泥井口，毁掉了古井风韵，只有井壁苍苔在讲述着悠远的时光。葛洪井的传说，在这里也有山景来佐证——丹井不远处，两石合峙成洞，壁上刻“高阳洞”三个大字。道家讲究洞天，奇洞妙穴是炼丹的好地方。高阳洞外还有清代摩崖刻石——“炼丹深处”。相传，当年葛洪到浙江，先在杭州葛岭修炼，后南下，沿括苍山脉走到了南明山。他发现这是炼丹佳处，便漫山寻井泉。有人告知有一对阴阳井，带他去看。那两眼井仅相隔几尺，却一井冬暖夏凉，一井夏热冬冷，故名阴阳井。葛洪看后摇摇头：“阴井水太寒，阳井水太热，都不宜炼丹。”到后来，寻到了一处好泉眼，请石匠凿丹井，请铜匠铸丹炉，葛洪在南明山炼出了仙丹。而那阴阳双井，现就在仁寿寺大雄宝殿里，一在香案左侧，一在香案右边。

清代陈坤《岭南杂事诗钞》吟广州浮邱“依欢丹井水泉清”。浮邱下有水井，相传葛洪曾炼丹于此。

清末《南海县志》记有洗药井、无叶井，两井相邻。相传洗药井为葛洪开凿，汲取井水，淘洗仙药。

在赣东北，素有“江西第一仙峰”之称的三清山为道教名山。相传这里也曾印下葛洪的足迹。葛洪来此结庐炼丹，山上的道教古迹，包括系在葛洪名下的丹炉和丹井。

《帝京景物略》记北京西郊香山寺，说那里有一眼葛稚川井，“葛稚川井也，曰丹井”。这是传说葛洪曾到过北京西山，在那里炼丹，留下丹井。

道家凿丹井，置丹鼎，幻想着金丹九转，丹成升仙。在丹炉中烧炼的，是他们的信念。认为服食金丹可以长生，依赖于一条逻辑：金丹越炼越妙，百炼不消，服食金丹，也就是吞下了这种百炼不消的品质，“故能令人不老不死”。这实际上进入了一种误区。蛋白质是生命活动的物质载体，人怎么可能吃铁铁骨、吃铜铜躯？可是，炼丹求仙者却选了参照物，把这种认识上的误区，幻想为成道的境界——草木火烧成灰烬，丹砂烧炼变水银，借助这两个事实做出的推导是：草木火焚化灰，人食五谷难免寿限；金丹九转九变，服丹有望超越生命的局限。

尽管幻想得美妙，可是偏偏有许许多多“俗人”根本不相信这一套。在坚信与不信的冲突中，阴错阳差地扩展了服丹者的误区。葛洪

《抱朴子》讲金丹之妙，透露了这种情况。他在书中表达的意思是，丹砂烧炼成水银，确实不虚。可俗人们任你怎样讲，也不信能有此等变化——并且固守经验：其一，丹砂本为红色，如何能变成白色水银？其二，人们又说，石经火烧均成灰，丹砂经火怎么能成为水银？那样一种化学变化，实实在在地存在的，俗人们不肯相信。葛洪据此推理，修炼服丹而成仙，就如同烧丹成水银一样，是可能的；有许多人不相信，也不必在意，因为许多人还不相信丹砂变水银呢。

追求长生、梦想成仙的炼丹家们，歪打正着地成为实验化学的先驱者。葛洪是古代实验化学的先驱者。他实验并记录下的一些化学反应变化，已记入古代科学史册。然而，当他把这些化学变化与人仙变化等同起来，以一种客观存在来证明主观幻想，也就跌入了唯心主义的泥潭。

丹井，又指浸以丹砂的水井。清代黄燮清《长水竹枝词》咏浙北景物："徐福楼船去不回，何须采药到蓬莱。紫薇亦有仙人井，曾见丹砂水底来。"自注："紫薇山有仙人葛洪井，汲者往往得丹砂。"

这里说的丹砂井，其缘起，也可从葛洪著作中读到。葛洪《抱朴子·仙药》讲，他祖父做临沅县县令时，县境内有户廖姓人家代代长寿，后搬迁别处，子孙多有夭折。迁入廖家故宅的人家，也累世寿考。于是，有人猜想这所宅子能令居者寿。具体原因何在？葛洪写道："疑其井水殊赤，乃试掘井左右，得古人埋丹砂数十斛，去井数尺，此丹液因泉渐入井，是以饮其水而得寿，况乃饵炼丹砂而服之乎？"葛洪说，使人长寿的原因，不是居室而是水井。古人迷信丹砂，以为浸着丹砂的井水能助饮者长寿。这种认识上的误区，即使从葛洪算起，也是由来已久了。

这种认识误区，还被填以神乎其神的情节。例如杭州葛岭那眼“葛翁井”，明代《西湖游览志》载，此井“上方下圆，为葛稚川投丹之所”。宣德年间，有一年大旱，井中水位降低，淘井整修时，从井底得到一个石匣、四只石瓶。石匣打不开，石瓶中有“丸药若芡实”，尝尝，并没有什么滋味，扔掉了。有人吃下一丸，得106岁长寿。取出了石匣石瓶，井水变得“淤恶不可食”。找出那个石匣投到井中，井水“甘冽如故”。石匣怎么会打不开？石匣里装着东西？是丹砂吗？一个打不开的石匣何以能改变水质？许多个问号，没有答案。这些充满神秘色彩的情节，其实是经不起推敲的。

葛洪井，美丽奇异的传说，切莫当真的故事。

（六）仙风道骨丹井客

道家故事多涉丹井。两者关系之密切，一个绝妙的例证是：道士又称丹井客。丹井，道教文化与井文化的融合点。

清代梁章钜《浪迹续谈》记，温州县学署中一井，名叫“炼丹井”，井栏用青石六方，砌成六角形，内分刻阳文“容成太玉洞天”六大字，旧传为王右军所书。栏外面向南，有元代刻字：“至治癸亥，菊月丙申，朱善敬立，庄严胜事。”容成，相传为黄帝的老师，《淮南子》讲“昔者，苍颉作书，容成造历”，说他曾编制历法。容成是道家推崇的仙人。道教典籍将容成修道处列为第十八洞天，所谓“容成太玉洞”，并附会出三生石、炼丹井等遗迹。清代戴文俊写过一首《瓯江竹枝词》：“太玉峰前汲井华，三生石畔问仙家。”说的即是这两处名胜。

浙江青田太鹤山，道教第三十六洞天，相传为唐代道士叶法善炼丹成仙处。这里摩崖石刻叶法善画像一丈六尺，引人注目。在叶法善炼丹处现存丹井一眼，成为游客的谈资。

南昌清代“豫章十景”，其一“洪崖丹井”，相传古时洪崖先生得道于此，凿井五眼，汲水炼丹，丹成飞升而去。

安徽肥东县四顶山，相传是东汉魏伯阳炼丹成仙处，山上的炼丹池、炼丹灶、仙人洞和伯阳井，应和着传说。

清代檀萃《楚庭稗珠录》记湖南郴州苏仙故居，院门匾额“第十八福地”，殿前庭当阶有井，甃以石，深丈许，即橘井。“水甚浑浊，妇女汲者往来不绝。”井旁丛橘，后人补植。顺治年间立碑，讲“久成眢井，因浚而泉出”。苏仙名叫苏耽，相传他在汉文帝时成仙于此地。

井水可能溶入了特殊的物质。水中适量的有益元素，能增健康，助长寿；而长期饮用被污染了的地下水，也不免会损害健康。晋代干宝《搜神记》说，有这样一口井，傍其而居的人家世代长寿，换一户家来住，也如此。人们审视那井，觉得井水仿佛有些发红，于是掘开井周土地，发现古人在井旁埋下不少朱砂。朱砂被水一点一点地带入井中，人们相信长年饮用这样的水会长寿的，因为朱砂是古代炼长生仙丹的材料。当然，经年累月地饮用含朱砂的水，这对身体利有多大弊有多大，也还是可以讨论的。

宋代洪迈《夷坚志》载，四川丰都县酆都观内丹井一眼，有一年的七月十五，“鹿从丹井来，数百成群，骧首霄汉间，五色气自井出散而成云，中有笙笛鸾鹤之声”。为什么会出现这种奇异呢？到晚间传出消息，酆都观有道士无疾而逝，即道家所谓“尸解”——成仙而去。这显然是借丹井来渲染道家的神仙幻想。在道家传说里，丹井、丹灶被作为一种起点，应该连接着成丹飞升的美满结局。

《夷坚志》还讲，安二县张某，沉溺于炼丹。“家有甘井，不许他人汲，专用以炼丹，贵其洁。”一日有道士登门。酒过三巡，道士说能炼银。张某问需要何物，道士说：“只须井泉一杯，请翁自汲。”水摆在面前，道士“循坐布气，水即沸”，云云。这听来很奇，神奇所自不知是甘井水洁呢，还是道士的气功？

道教与井，还有一个铁杵磨针的故事。相传，这故事发生在道教名山——湖北武当山。在那里，与磨针井配套，有井有殿，成为一组景观。殿堂里供奉真武帝君青年时的坐像，殿前立着两根铁杵，一座亭子冠名“老母”，老母亭下是磨针井。传说故事讲，净乐国太子入山修道，磨针井旁的启发更坚定了他的信念，四十二年功成，白日飞升，威镇北方，号玄武真君。

四、因凹生事

（一）“盖井，毋令毒下及食器”

汲井而饮。水井素面朝天敞着口，安全吗？这本是个常识性话题。在没有自来水设施的年代，胡同的井、村头的井、自家院里的井，关系着日常饮用水的洁净、饮水的安全。对此，是不可掉以轻心的。当然，凡事皆有度。倘若整天疑之虑之，疑神疑鬼地想着水井被投了毒，弄得寝食不安，那就叫井无异常人有病，反映出一种心理疾患。唐代李肇的《国史补》，写到三个因心理缺陷、太多狐疑而耽误了仕途前程的人。其中讲，王播“常疑遇毒，锁井而饮”。王播总是疑心有人向他家井中投毒，为井加盖上锁，才稍解疑虑。忧得过分，成了杞忧。

其实，水井的安全问题自古受到人们的重视，措施之一，即为井加盖以防投毒。先秦时代《管子·度地篇》记，齐桓公问安定天下要做的事情，为相的管仲胸有成竹，有问必答，其中言及水井加盖以保证饮水安全：“君令五官之吏，与三老、里有司、伍长行里顺之，令之家起火为温，其田及宫中皆盖井，毋令毒下及食器，将饮伤人。”管仲提出，官吏们要走出官廨，偕同地方上的有关人士，走街串巷，督促居民们为水井加盖，田地里的井要盖盖子，庭院里的井也要盖上盖子。

安全的企望，使古人创造了护井神灵。这类神灵大都是地方保护神。俗信他们保一方平安，并特别传讲他们的护井之功。这些神灵，其中有周处、拿公、张巡、温元帅……相关的传说，由瘟神疫鬼投毒水井展开故事，这些人物得知水井被污染，挺身而出，阻拦人们汲取井水却不被理解，为了救民，或不惜尝毒献身，或毅然自投井中。礼奉护井神灵，年年要出会酬神，成为一些地方重要的民俗活动。值得注意的是这一民俗崇拜的模式：拜护井之神，求一方平安——个别代一般、局部代全体，将水井的平安等同于一切平安，拜护井神也就是拜了地方保护神。这种思维模式，反映出旧时代对于水井安全的关注程度。

饮水井的蹊跷事，清代《阅微草堂笔记・如是我闻》录有一段。纪晓岚讲给人们听，河间某村出现一种怪病，患病的男子“尻（kāo）骨生尾，如鹿角，如珊瑚枝”，妇女“患阴挺，如葡萄，如芝菌”。有善治此病的医生，割掉患处赘物，很快痊愈。如果延误医治，就会危及生命。怪病流行，情况异常。人们传言，这么多人患此奇疾，是因为水井中被投了药，饮水致病，投药人医病售药，赚取钱财。有人据此向河间太守建议，逮捕善医此病的医生。知府说：“此事虽很可疑，但却没有真凭实据。一村不过三两口井，严密守护起来，如确曾有人投药，再也无从下手。倘若拘捕审问，便没有医生敢医这种病了。”这对策无疑是稳妥的。随着患病者逐渐痊愈，又再无新患者出现，持续一年多的怪病，风平浪静地过去了。

河间的这场奇疾风波，或许与村庄里的水井并无关系。但是，当时许多人想到自己吃水的井，想到“投药于井”，官府也采取了护井措施，这些都反映了人们关于水井的安全意识。

（二）彭祖观井故事的安全意识

水井深深。为了及泉，这地表之凹，凿啊掘呀，一凹就是几丈十几丈。唯其深，才通着不涸的泉脉。因其深，也深出了危险。人命关天，一失足落下千古恨——这就是井的安全问题。

刘义庆《世说新语・排调》中有一段关于语言游戏的故事。晋时，几个文化人聚在一起侃大山，要比试比试谁的“危语”更惊人，有人起头：“矛头淅米剑头炊。”另人接上一句：“百岁老翁攀枯枝。”参与其间的顾恺之出语抗衡，说的是：“井上辘轳卧婴儿。”在这次追求危言耸听的语言比赛中，几个人都表现得语不吓人不罢休。“井上辘轳卧婴儿”，作为“危语”，具有强烈的表达效果。

小孩子不知深浅，不懂井的厉害，爬上井沿并不懂得害怕。被他的爬吓出一身冷汗的，是大人。《孟子·滕文公上》说：“赤子匍匐将入井，非赤子之罪也。”不会走刚会爬的幼儿，自己爬到井沿，是他的过错吗？不是。但是，这时的水井已变成十足的夺命之凹，并不因为爬向它的是不懂事的孩子而手软。

清代纪昀《阅微草堂笔记·姑妄听之》讲了这样一个故事：有个性情迂缓的读书人，一天，他迈着不紧不慢的步子，在街市上逢人便问：“看见魏三兄了吗？”问了好一阵子，终于找到魏三。魏三问有何事，他喘息了一会儿，开口说：“刚才在苦水井前，看见三嫂在树下做针线活儿，在打盹。你家的小孩嬉戏井旁，相距不过三五尺，大概是很危险的。男女有别，不便叫醒三嫂，所以跑来找你，你回去看一看吧。”魏三闻言大惊，疾奔而回，可是晚了，只见到他媳妇正俯身井口，哭孩子。故事中的苦水井，大约由水质而得名。对于魏家夫妇来说，那是一眼苦不堪言的黄连井。

这样说来，井盖的安全保障作用有两个方面，一是饮水的安全，二是避免落井。成都杜甫草堂井加盖，即主要着眼于后者。草堂的柴门内、草屋前，小院一隅有眼井，井口六角形，上面盖着六角形井盖，井盖的镂空图形既具美化效果，又便于游人窥井看水。

敞着口的井，在古代成为导致意外死亡的隐患之一。人要得享天年，除了克服疾病的威胁，还得避免诸多因素对于生存之路的扼断：自然灾害，水火不留情，伤人；战乱造成阵亡，祸及无辜；还有许多突发性灾难，造成不可预料的伤害，所谓“飞来横祸”，就连平平和和的井，有时也会变成吞人的虎口。人啊，你要小心，可别失足！曹操高歌《龟虽寿》：“盈缩之期，不但在天；养怡之福，可得永年。”养怡如何养，永年怎样得？古人推崇泰山、鸿毛的生死观，崇尚舍生取义、视死如归的英雄主义精神，也不避“活命哲学”之嫌，实践着坐不垂堂的自爱。对生命的珍惜，表现的是对生活的热爱。苏轼《代滕甫论西夏书》引述一则传说：“俗言彭祖观井，自系大木之上，以车轮覆井，而后敢观。”好一个谨慎的彭祖，腰间拴了安全绳还不放心，要再用车轮盖在井口，然后才敢俯下身去，看一看水井。彭祖是传说里的寿星佬，相传他岁八百而成仙。彭祖观井的故事，宋明之际广为流传，并且在宋时成为绘画题材（图 41）。

图 41　宋绘明刻《彭祖观井图》拓片（局部）

明嘉靖年间《徐州志》则有文字记载：

彭祖篯铿，颛顼孙，陆终氏第三子，尧封之彭城，曰大彭氏，历虞、夏至殷，寿八百余岁。州有大彭山，相传为其所封地。州城中有故楼、宅及井，洎今以古迹称。铿观井，覆以车轮，背树而缆之以绳，凭杖敛躬踽踖而迎视之，其远害全身如此！宋时有绘图以传者，陈靖为之铭云。《彭祖观井图》铭曰："淳化中，予将命之狄丘，道由彭门。有客得《彭祖观井图》以为贶（kuàng），中有台榭、人物，山林森森然，盖状其佳象幽致，表绘事之工。予无取。所慕者惟彭氏面井而覆之经轮，背树而缆之以绳，凭杖敛身躬踽踖而迎视，兢然若将坠也。呜呼，古人临事而惧之有若是，检身远害之有若是。"

彭祖观井的故事，实在是一则关于珍惜生命的寓言。清末陈文赉（lài）为《彭祖观井图》题诗："下临汩汩泉，旁倚苍苍树。兢兢临履心，冰渊现跬步。老至胡敢康，年寿八百度。古人不朽身，岂不以此故。"这也是在强调一种社会共识，即长寿需要健康，也需要远离意外事故。

就像汽车时代的交通事故，溺井伤人可能是一种过失性伤害，也可能出现肇事者的逃逸。清代《子不语》讲了这样的故事：北京城里有个侍卫，好骑马射猎。一次，在东直门附近追一只野兔，忽见一老翁蹲在井边汲水，却已勒不住奔马，挤撞老翁跌入井中。侍卫怕惹人命官司，马也未停，匆匆逃走。做了亏心事，便怕鬼叫门。当天晚上，侍卫恍惚之间，有鬼找上门来。只见那老翁推门而入，进屋就骂："你不是故意杀害我，可是看到我落井，喊人来救，我也不至于溺死。你竟忍心一逃了事！"侍卫吓得说不出话来。老翁踢门户摔器物，作祟不已，并放出话：在家里供上他的灵位，才肯罢休。侍卫问老翁的姓名，立了灵位，每日供着，得以安静。尽管如此，还是怕再见到那眼水井，需要路过东直门时总要绕道避开那眼井。两年后的一天，这位侍卫扈（hù）从圣驾，要过东直门。他仍想绕道而不成，路过水井时，只见那年落井的老翁赫然站立井旁。老翁快步奔上前，一把抓住他的衣领，骂道："今天我可算找到你了！你前年骑马把我挤下水井，马也不停地逃跑了，好狠的心啊！"边骂边动手打。侍卫惊恐万状，哀求说："我是有罪过。但是，老翁你已在我家受祭两年，不是曾经许诺宽恕我了吗？"老翁闻言更加愤怒："我未死，何需你设祭！我落井呼救，经人救起。你为什么还要咒我为鬼！"侍卫大惊，拉老翁到家中，看灵位，并非老翁的名字。老翁捶胸顿足地骂着，把灵牌摔得远远的，供品扔了遍地。侍卫一家人吓呆了，不知所措。只听见天空中有笑声逐渐远去。原来，老翁得救健在，却有邪鬼冒名索祭，享了两年奉祀。

冒名索祭的鬼，自是编故事者无中生有的创作。挤撞老翁下井的那个侍卫，肇事逃逸，良心债、负罪感，也该纠缠他、折磨他。心中有鬼鬼上门，这段故事的情节发展，倒也有其逻辑依据。

（三）枯井如陷井

仍来复述《阅微草堂笔记》故事。其《滦阳消夏录》记，在纪晓岚家乡河北献县，一年除夕，有位瞽者到平日常去弹唱的人家去辞岁，讨得不少过年的食品。在回家路上，瞽者失足落入枯井。井在旷野僻径，又值家家守岁不出之际，瞽者呼救，无人应答。“幸得井底气温，又有饼饵可食，渴甚，则咀水果”，使瞽者得以避免冻、饿、渴夺命的危险。数日后，一屠夫驱猪回家，一猪落入枯井。屠夫发现了落井瞽者，随即将他救起。

东晋陶潜《搜神后记》，广陵人杨某养一爱犬，一天到晚不离左右。一次，杨某夜晚外出，“坠于空井中”。狗守在井边，通宵吠叫。天明时有人路过，见此狗对着井口叫唤不止，很是奇怪，便到井前去看，见到杨某。杨某说：“你帮我出井，当有厚报。”那人说：“把这只狗送给我，我就救你出井。”杨某说：“这条狗曾救过我的命，我不能给你。除此，你要什么都可以。”那人说：“你不舍得狗，我就不管你的事。”这时，狗探头向井，示意许人。杨某心领神会，答应了过路人的条件。那人救杨某出井，随后系了狗，牵着走了。第五天时，那条狗夜逃而归，回到主人身旁。

古籍常言及枯井。失了源泉的旧井为何不填？这倒不是因为得过且过的懒惰。废井不塞，古人有一套迷信的说法，本书将专门介绍。废井不塞，积年累月，窟窿越来越多，陷阱多多，实在是危及安全的隐患。

（四）烈女投井

水井被惨烈地激起水花，成为上演悲剧的舞台。

古典小说《红楼梦》，多侧面、全景式地展现了封建时代的社会生活，被誉为“百科全书”式的作品。小说写到了水井，写到了含辱投井的烈性女孩。

旧时代，妇女遭受着不同于男子的精神束缚。弱女子抗争，唯其之弱——就强大的社会意识、习惯势力而言，要拼得个刚烈，守得个清白，追求所爱，或者为了表明心志，有时甚至要付出生命代价的。读正史稗史、小说笔记，寻短见的女子总比男子要多，原因正在于此。

《红楼梦》多角度地反映了这种不幸。尤二姐吞金，尤三姐自刎，金钏投井；再加上八十回以后高鹗的续书，“鸳鸯女殉主登太极”，贾母丫鬟上吊而亡，几种主要形式都涉及了。第三十二回“含耻辱情烈死金钏”，描写一个可怜女子殒命的故事，鲜明地烙有封建时代的印记。

故事讲，暑日午间，王夫人在凉榻上午睡，丫鬟金钏坐在旁边为主子捶腿。宝玉进来动手动脚地与金钏说了些话，王夫人猛地翻身起来，一个耳光打在丫鬟脸上，骂道：“下作小娼妇，好好的爷们，都叫你教坏了！”宝玉一跑了事，而金钏，尽管苦苦央求：“我跟了太太十来年，这会子撵出去，我还见人不见人呢！”到底还是被“宽仁慈厚”的王夫人赶出贾府。这金钏也想不开，被撵回家后哭天哭地地，投了“东南角上井里”。

曹雪芹不愧是大手笔。请看小说里不同人物对此事的不同反应：袭人听说，“点头赞叹”；宝钗忙去安慰王夫人。王夫人依旧“宽仁慈厚”的样子，抹着泪说：“她把我一件东西弄坏了，我一时生气，打了好几下，撵她出去。只说气她两天，还让她回来。谁知她这么气性大，就投井死了。这岂不是我的罪过？”宝钗劝：“姨娘慈善人，所以这么想。依我看，她不是赌气投井，多半是在井跟前憨顽，失了脚掉下去的。”并出主意：“多赏几两银子发送她，也就尽了主仆之情了。”薛宝钗的工于心计，在这里又淋漓尽致地表现了一次。为了使王夫人心安而不负疚，她竟说出“在井跟前憨顽，失了脚掉下去”这样的话。

金钏投井，这之前之后的故事，人物性格毕现，同时，这段故事也形象而典型地反映了一种社会现实——旧时，发生在井台前的人生悲剧。

曹雪芹笔下的金钏事件，发生于公卿府宅，但毕竟是小说故事。这样的事情发生在皇宫，记录在奏折，便不是小说家言了。2000年第4期《紫禁城》杂志载文，介绍清乾隆五十三年（1788）的一起宫女投井案。水井在东六宫之一的承乾宫。那年三月十六日上午，承乾宫17岁宫女五妞失踪，宫女太监寻找，在井亭内捞出棉袄一件、女鞋一双，扔在地上。于是，传来石匠，撬开井湄石，果然打捞出五妞尸体。经现场验尸，溺井者左肩胛、左臂、左腿、右腿肚，多处青紫，系木器殴伤，从而得出受责打后投井身亡的结论。按理讲，查出五妞被谁殴打并不难。查了没查？不得而知。内务府大臣伊龄阿关于此事的奏折，只字未提打人者，只是讲“五妞委系被伤投井身死”，“据实奏闻，仰祈圣鉴”。乾隆皇帝看了奏折，口传朱批：“知道了。钦此。”一个花季少女，失去人身自由的女孩，拼得一死，摆脱主子对于奴才的欺凌。一条命换得了什么呢？“知道了。钦此”，只此而已。

自殒于井，绝不是强者的选择，只能是悲剧的结局。

悲剧的发生，还可能因为爱情。

孔雀东南飞，五里一徘徊……汉乐府民歌一唱三叹地述说着一个悲剧。诗序说：

> 汉末建安中，庐江府小吏焦仲卿妻刘氏，为仲卿母所遣，自誓不嫁。其家逼之，乃投水而死。仲卿闻之，亦自缢于庭树。时人伤之……

这个悲剧故事，相传发生在今安徽省怀宁县的小吏港。小吏港又叫焦吏港，以故事的男主人公做了地名。焦仲卿妻刘兰芝，娘家在邻近小吏港的刘家嘴。在这一带，人们称恶婆为“焦八叉”——那是当年焦仲卿母亲的绰号，此人以凶悍闻名乡里。在这里，民间特别同情受婆婆虐待的媳妇，称为“兰芝姑娘”。刘家嘴有一口井，是令人洒泪的地方。被“焦八叉”休弃回家的刘兰芝，听说“焦八叉”逼迫焦仲卿再娶，希望彻底破灭了，“揽裙脱丝履，举身赴清池”，投了这口井。人们将这井唤作“苦水井”。传说井水本来甜，自从刘兰芝殒身井中，甜水变苦。

孔雀东南飞，五里一徘徊。人间悲剧，生离死别，苦水井的故事讲述着封建时代里，感情不被尊重，人格受到扭曲，滋味苦苦。面对恶势力，没有能力把命运掌握在自己手中的弱女子，走向清清的水井，投向生命的归宿。

社会的黑暗势力、贫富贵贱的不平等，将走投无路的弱小者挤向井凹。聊斋故事《促织》讲，皇帝好斗虫，捉虫进贡当官的下了硬指标，百姓大受其苦。成名家被蟋蟀债折腾得焦头烂额，好不容易捉到一只大蟋蟀，“蟹白栗黄”，小心地饲养着，准备“以塞官责”。成名家9岁的独生子，好奇地偷偷取出蛐蛐罐看，结果毁了那只蟋蟀。孩子知道闯了大祸，这是一家人性命交关的事，连惊带吓跳了井。成名“得其尸于井，因而化怒为悲，抢呼欲绝”。《刘旦宅聊斋百图》为描绘这一情节，画了一口井。

如果对有关史料做统计，投井者的性别比例，女子多一些。精忠岳飞的传说中，有个银瓶公主，父遭“莫须有”冤狱，女儿赴井而死。这或许是民间的创作，不一定真有其人其事的。然而，它却真切地反映了封建时代的一种价值观——烈女、孝女，为“贞”、为“节”、为“义”，千年说教的灌输，到了特定的时候，会把路限定得很窄。

请看《元史·列女传》对此的诠释。至正十八年（1358），“贼犯陵州”，吕彦能的姐姐嫠（lí）居其家，先有“烈”举，说“苟辱身，则辱吾弟矣”，赴井死；其妻刘氏说“逢乱离，必不负君，君可自往，妾入井矣”，带着两个女儿、一个儿媳、两个孙女，一同溺井。至正二十年（1360），“贼兵寇太原，城陷”，太原守官王时妻安氏、妾李氏，“同赴井死”。元末，京城破城之际，宋谦妻赵氏自经，四个儿媳带孙男女六人，众妾三人，共十三人赴井而死。

明末农民大起义，潼关之役李自成起义军获胜，官兵败，官兵统帅、陕西总督孙传庭战死。明代李清《三垣笔记》载：西安城破，孙传庭妻冯氏“率三妾二女，皆赴井死”。《元史》所记宋谦家十三人投井，这里记一家两代六个女人一块投井，这是何等惨烈！

即便是太平之世，只因家庭的变故，说不定也要女子将性命交付给井深水寒。清代毛祥麟《墨余录》载：

> 邑之大仓年字廒内，向有古井，其地传为前朝潘官旧宅。潘尝自海道运粮入都，行抵津门，喜放号炮，下惊龙窟，骤作波浪，覆溺百余艘。按律拟罪，且籍其家。潘有室女，尽以金珠投井而殉之。后有利其物者，方縋取，辄死。遂压以巨石，相戒弗犯。国朝嘉庆三年（1798），知县汤焘封土为坟，周以缭垣，题曰贞女墓。盖今尚存焉。

潘家遭遇祸事，潘家女“投井而殉之”。此一“殉”，今人或许是难以理解的。但在当时却不然，到了嘉庆年间，由官方出面填井封土，圈上围墙，铭匾“贞女墓”。这“贞”的褒扬，体现了封建时代的价值取向，为潘家女的“殉”作了注解。

为了一个“义”字，杀夫杀子之后，自己投井而亡，请看《清稗类钞》所载义井故事。江苏武进西门外有一水井，井置石栏，井旁立自“沙氏义井”的石刻。此井无人汲水。这井有着一段曲折的故事：离井不远，有家沙裕昌蛋行，做蛋类批发生意。主人沙翁生三女，次女长得很漂亮。订了婚约，没过门未婚夫就病死了。沙氏要守这“望门寡”，随父母生活。一天，沙氏在厨房里做晚饭，忽然背后有人伸臂摸胸。回头看，是她家新雇的十六七岁的小伙计。沙氏大怒，狠狠地给了他一耳光。小伙计跑掉了。过了几年，有个年约二十的浙东商贩上门订货，谈生意很大方，每月来一次。一年后，一天谈过生意后，那商贩上街散步，不一会儿领回一个乞丐，说是他的舅舅，请求暂住沙家几天，待他回浙东安排好，就来接人。商贩走后转天，乞丐住的房间一天没动静，沙家人去看望，人已死。过了几天，商贩来，听说老头已死，表示愿意息事宁人，放弃追究。这使得沙家感激万分，知道商贩尚未成家就主动为他说媒，但他总是不满意。后来，商贩说出心里话："非沙家二女儿不娶。"沙家就劝女儿嫁他，以报免打官司之恩。女儿素来孝顺，沙家便招了入赘女婿。两人婚后感情挺好，三年得二子。这天，那男子外出贺喜，饮酒过量，回家时见沙氏在厨房做饭，蹑脚至沙氏身后，伸手摸其乳房。沙氏大惊，回头见是他，很不高兴地说："夫妻恩爱，也应相敬如宾，怎么可以这样？"那男子笑笑说："你可以再扇我耳光，我再也不会跑了。"沙氏立即想到当年被小伙计调戏的事，并且最终弄清那男子就是当初的小伙计，他为了骗娶沙氏，设计毒死乞丐，再做出不追究的姿态。沙氏觉得嫁给这样的男子，是自己的奇耻大辱。她设计灌醉男子，杀了他，又杀掉两个孩子，然后在井前拦轿，向县令道出实情，随后跃井自尽。人们称赞沙氏为了一个"义"字，舍家、舍子、舍生命，命名那眼水井为"义井"。

（五）井畔的悲壮

水井可以是"女主内""操井灶"的小天地，但绝不该是女子自绝生活的地方。

兵荒马乱，奸杀掳掠，生逢社会的动乱，比起男子来，妇女更是弱者。然而，面对兵痞如匪，不肯任人宰割，机智自卫的人，其中有壮男人，也不乏勇妇女。

宋代洪迈《夷坚志》记，南宋初年“胡骑犯江西”，金兵过了长江，江南的村民往往望而生畏，束手待毙。就有机智勇敢的女子巧妙地保护了自己。故事说，有个金兵掠到一妇女，喝令那妇人去汲井水。她本是富家女，大约不曾受过这样的委屈，顶了句：“不会干！”颇有点不示弱的样子。金兵呶（náo）呶怒骂，一把夺过井绳水桶，俯身井口，拽绳汲水。妇女把握住这个脱险的好时机，在那金兵背后用力一推，将其掀下井去。

这是一女敌一兵。明代《七修类稿》记姑嫂二人自卫杀两兵，故事也发生在井畔：

> 嘉靖壬寅，北虏入山西汶水。两贼至一村，有姑嫂二人急避，而姑下枯井。嫂为贼擒以问：“适尚有一女，何在？”对以井中，贼以有物随下矣。一在上而一在下，以筐扯女起。视之无物，叱立井傍，欲污也。方复起贼，姑嫂见其用力，因势共推贼落而下其土石焉，二贼俱死于井。

北兵侵晋，小村遭劫。姑嫂俩慌忙藏身躲祸，枯井成了避难之所。小姑下了枯井，嫂嫂没能来得及，被捉。两个凶恶的大兵，心想着抢掠财物，得知溜掉的那女子躲在井下，以为会带着钱物。一个大兵下到井里，逼女子站到筐中，由井上的大兵拽上去。上井后，大兵见她并没有带着什么，呵斥两个女子在一旁站着，他要把井下同伙拽上来，奸污她们。井上兵用力拽井下兵，姑嫂俩趁势猛地一推，将井上兵翻到井下去，并且石砸土掩，把枯井变成了他们的葬身之地。

无论一女杀一兵，还是二女杀二兵，在力量对比上，赤手空拳的女子都处于劣势。她们能置敌于死地，是用了巧劲儿，不仅借助井，也利用了兵的骄横大意。她们临危不惧，因势出招，借力使力，把井变成凶卒恶兵的坟墓。

这种求生的智慧，才是令人起敬的壮举。

（六）涉井案件和公案故事

唐代人孟弘微“诞妄不拘”，在人品修养上有所欠缺。他蠢笨地向朝廷要官，要入翰林当学士，结果受到贬职的惩罚。宋代《北梦琐言》记：“又尝忿狷，挤其弟落井，外议喧然。”兄弟即便失和，总不该闹到落井夺命的分上。人们议论纷纷，孟弘微感到了压力，他写信给亲友为自己辩白：“悬身井半，风言沸腾。尺水丈波，古今常事。”这件事的结果，书中未记，大概并没有弄出个人命官司来。

井之凹，被恶人歹徒相中，成为命案发生的地带。血债须命偿，天网恢恢，疏而不漏。于是，正义与邪恶的较量，有井为证；断案如神，有井为证。

东汉时，洛阳令祝良曾办过一桩溺井杀人案。因为凶手是太尉庞参之妻，此案被记入《后汉书》。庞参，有功劳也有争议的大臣，路上的农夫织妇都说他“竭忠尽节”，汉顺帝也器重他。可他还是一次又一次地遇到麻烦，因为在官僚集团中，存在着他的对立面。《后汉书·庞参传》载：“参夫人疾前妻子，投于井而杀之。”太尉府里发生了命案，素来不买庞参账的洛阳令祝良得知后，“率吏卒入太尉府案实其事”。其动作快，速战速决，查清了案情。后母杀子，溺死井中，已是罪证确凿。然而，此事的结局却是洛阳令祝良获罪——“有司以良不先闻奏，辄折辱宰相，坐系诏狱”。这又引起人们的不满，“洛阳吏人守阙请代其罪者，日有数千万人”。律条空置，法大不如官大，一天里有好几千人为洛阳令鸣不平。汉代这桩溺井杀人案，对于中国法律史研究，当然是很有价值的。

到了宋代，司马光《涑水记闻》记有一起涉井案件：

向相（敏中）在西京，有僧暮过村民家求寄止，主人不许，僧求寝于门外车箱中，许之。夜中有盗入其家，自墙上扶一妇人并囊衣而出。僧适不寝，见之。自念不为主人所纳而强求宿，而主人亡其妇及财，明日必执我诣县矣，因夜亡去。不敢循故道，走荒草中，忽坠眢井，则妇人已为人所杀，先在其中矣。明日，主人搜访亡僧并子妇尸，得之井中，执以诣县，掠治，僧自诬云：“与子妇奸，诱与俱亡，恐为人所得，因杀之投井中，暮夜不觉失足，亦坠其中。赃在井傍亡失，不知何人所取。”

狱成，诣府，府皆不以为疑，独敏中以赃不获疑之。引僧诘问数四，僧服罪，但言：“某前生当负此人死，无可言者。”敏中固问之，僧乃以实对。敏中因密使吏访其贼。吏食于村店，店妪闻其自府中来，不知其吏也，问之曰：“僧某者，其狱如何？”吏绐之曰：“昨日已笞死于市矣。”妪叹息曰：“今若获取贼，则何如？”吏曰：“府已误决此狱矣，虽获贼，亦不敢问也。”妪曰：“然则言之无伤矣。妇人者，乃此村少年某甲所杀也。”吏曰：“其人安在？”妪指示其舍，吏就舍中掩捕，获之。案问具服，并得其赃。一府咸以为神。

这是发生在洛阳一带的杀人案。经司马光缕述其详，生动曲折，游僧心理活动的脉络、村妪言说案犯时的情状，不仅具有内在逻辑，而且颇见人物性格。

此案应了那句话：无巧不成书。案发当天，僧人恰巧求宿，恰巧有所目睹，是一巧；僧人一心躲避是非，却误入眢井，偏偏女尸也在井中，又一巧。那家人从井里找到僧人和女尸，认定僧人是凶手。送到县衙，县官有了先入为主的判断，要做的事，仅仅是逼僧人招供。很快便屈打成招，僧人为减少皮肉之苦，自诬的口供编得也挺圆。县衙将案子移交州府的时候，俨然已是铁案如山了。唯独向敏中不轻信口供，疑点是：赃物哪里去了？多次审问，僧人均不肯翻供，情愿一死了之。向敏中三番五次，不厌其烦，终于使那僧人道出冤情。州府派人暗访，结果人赃俱获，也就彻底洗清了僧人的冤屈。

此案的一大关节，就是那眼眢井。眢井干枯，无人问津，案犯藏尸其中，既容易，又可借此掩人耳目。僧人误跌下井，差点儿做了替罪羊，使得案情复杂如同公案小说。

这里不妨说一说公案小说中水井的故事。

公案，古代话本、戏曲、小说的分类之一。

宋朝包拯，“关节不到”，廉洁为官，能臣干练，青史留名。经民间文学、戏曲小说的敷衍创作，成为妇孺皆知的包公、包青天。不少公案故事就是包拯故事。公案不是专讲包公探案断案；然而，以包公为主角的公案故事，却是这一题材分类中最精彩的篇章。

在小说中，在戏曲里，包公问案都问到了井中奇案。

元杂剧《生金阁》是出包公戏。剧中穷秀才郭成携妻李幼妈赴京求取功名，不幸羊入狼口，被庞衙内带入府中，要强占其妻。庞家的嬷嬷对李幼妈表示同情，庞衙内令随从用绳子把嬷嬷捆了，丢到八角琉璃井里，还搬下井栏石，往下压着，以防那尸首浮起来。

另一出元杂剧《包待制智勘〈后庭花〉》，案中案，剧情曲折，两具尸体两眼井。故事梗概是：王翠鸾被皇帝赐给廉访赵忠做妾，与母亲一起来到赵家。赵家的大老婆妒忌其年轻貌美，指使管家——堂候官王庆，限三天杀掉王翠鸾及其母。王庆下不了狠手，想到让手下的李顺办此事。李顺是个酒鬼，王庆与李顺妻有奸情。王庆同李顺妻说起此事，二人商量出坏主意。李顺妻依计，索了王翠鸾娘俩的金银首饰，让李顺把她二人放了。三日后，王庆找李顺问结果。李顺支支吾吾，王庆依计逼李顺休妻——将妻子让给他王庆。写毕休书，李顺说了句要到开封府告状去。王庆听后，先下了手，杀死李顺，“将一个口袋装了，丢在井里”。

弱女子王翠鸾逃出虎口，与母亲走散，只身投宿汴梁城中狮子店。店小二见她独自一人，心生歹意，持斧胁迫王翠鸾，致死。店小二见状自语："原来唬死了。怎生是好？这暴死的必定作怪，我门首定（钉）的桃符，拿一片来插在他（她）鬓角头，将一个口袋装了，丢在这井里……把一块石头压在上面，省得他（她）浮起来。"当晚，又有赴京赶考的洛阳书生刘天义来住店。王翠鸾亡魂来会书生，写下《后庭花》一首，付于刘天义："无心度岁华，梦魂常到家。不见天边雁，相侵井底蛙。碧桃花，鬓边斜插。伴人憔悴杀！词寄后庭花，翠鸾女作。"

这天，赵忠问起王翠鸾母女，问王庆，王庆说"交付与李顺"。赵忠察觉其中有蹊跷，请包拯代问此案。

包公受委托办案，令人去拘拿了王庆、李顺。王翠鸾的母亲见到刘书生房间里的《后庭花》词，视为罪证，状告秀才藏了她的女儿。包公反复读词："不见天边雁，相侵井底蛙。嗨！这女孩儿那得活的人也。可怜可怜！这孩敢死在黄泉下？"包公派张千到李顺家去："或有沟渠，或有池沼，若是有井呵，你就下去打捞……"张千来到李顺家后院："这是一眼井。好包待制通神，真个一眼井。我试看咱，怎么这般臭气，待我下去看……"随后张千捞出了装着李顺尸体的口袋。

包公让刘书生晚上仍住那间店屋，等那女子亡魂再来。这时也有了结果：书生得到一块写着"长命富贵"的桃符板。包公派张千拿着这块桃符，去各处察看，看哪家大门上的桃符二缺一。张千回来报告，狮子店门首只挂一块"宜入新年"桃符。包公当即下令："到狮子店左右看去，若有井便下去打捞，必有下落。”张千再去，狮子店后面果然有一眼井，井里捞出了王翠鸾尸体。案中案，真相大白。

此剧出现两眼水井，均凿于住宅的后院。店家后院备有水井，不必多说。李顺家大约并非殷实之家，也自备水井，可见当年洛阳一带居家置井的情况。显贵官员家的管家、狮子店的小二，不约而同地以井匿尸，掩藏罪证。这一巧合，虽然有剧情需要的因素在，但文学毕竟源于生活，反映生活。现实存在这种犯罪手段，被杂剧作家写进剧本里。

古人为公案故事设计情节，设想包拯也曾险遭井下的暗算。韩国藏中国小说孤本《包阎罗演义》，第五回“盲井寻钗婢子欺心”，讲的是：包拯长兄包山大嫂王氏忠厚，二哥包海二嫂李氏歹毒。包拯9岁时，李氏要害他，骗他说金钗坠入后园废井，井口小，别人攀下不得，请他下去寻找。包拯下井之后，木头砸将下来，石块滚将下来。多亏这眼井称为“瓶井”，井口小而井底宽大，小包拯才躲过砸头之祸。井底有光亮，循光而行，包拯走出地下。这情节，与舜的神话颇有些相似。

明代完熙生《包孝肃公百家公案演义》第三十九回，开封府城西苦觅村俞子介妻许氏与人通奸，并与奸夫设下毒计，将丈夫灌醉后，推入村南僻处水深无底的大井中。然而，落井的俞子介却被井龟所救，“水中有一大龟，背乘介叟于水上，每至饥时，有数小龟，各衔斋食，以食介叟”。巨龟驮着他，使他不溺，小龟衔食给他，使他不饥。就这样，过了一个多月，天降大雨，井水涨满，巨龟驮着他出了井口。这一预谋杀人案，经由包公审理，处决淫妇，发配奸夫。

借井杀人者心态种种，将有关描述集缀起来，可以作为材料，提供给犯罪心理学的研究。

推人下井，较比血刃凶杀，暴力成分要淡一些，对于作案者的心理冲击或许也可以小一些。上引《包孝肃公百家公案演义》有一段“当场判放曹国舅”，故事讲：曹姓二国舅府中扣押着民家女子张氏。耳闻包公问案的风声，二国舅不免胆虚，要杀人灭口。先用酒醉倒张氏，二国舅持刀入屋，见张氏容貌，不忍下手。出屋遇见张公，张公说：“国舅若杀之于此，则冤魂不散，又来作怪。后园有口古井，深不见底，莫若推落井中，则无事矣。”国舅一听，便让张公去推人落井。这张公是好人。他之所以对国舅那样说，是有心要救张氏，后来也确实是他亲手放了张氏。张公的话，“冤魂不散”云云，对于不忍手刃美人的国舅，实际上具有心理战的效果。先否了刀戮，再说古井深深，国舅也就选择溺井杀人的办法。当然，推人下井同样是凶手的罪恶。

似乎是不愿给恶人歹徒留下自我抚慰的心理空间，那部《包孝肃公百家公案演义》中，特有一个回目“断丘旺埋怨判官”。故事大意是：汴梁人丘旺，一贫如洗，好日子总与他无缘。包公不是能够审案审到阴曹地府吗？丘旺就去向包老爷告状，状告注禄判官注禄不均，使他饥寒贫苦。小说充分调动想象力，让包公有办法把判官请到了府堂。判官说：“这丘旺原是在西京河南府开店，谋害一个客人，埋在店旁枯井内，阴司自有文簿分明，故令他今世受此罪孽……”小说写道，丘旺上辈子名叫李三十，在洛阳大巷内开店。包公派人去洛阳访察，又在大巷店旁掘开枯井，取得骸骨。你看，前生在西京杀人，今世生在东京也要遭报应。枯井埋尸，能掩世人耳目，却早在阴司文簿记上了罪孽，并且要在来世接受惩罚。这部公案小说的故事结局更是大快人心，包公问明实情，将丘旺绑赴市曹，斩首示众。

就像应该允许包公日判阳间、夜判阴间——这文学的浪漫一样，人们不必计较此丘旺与前世杀人的李三十可否画等号，也不必追问包公行刑依照的是哪家律条。包公故事精髓，在一个“明”——明察秋毫，更在一个“黑”——铁面无私。包公故事的理想化境界，其实就是民心构筑的道德法庭。津津乐道包青天的人们，就是在对人间丑恶进行着道德的审判。这审判，不妨包括“将丘旺绑赴市曹，斩首示众”——上面刚刚讲过的那则故事在说：井之凹，不掩歹徒凶犯的罪恶。

应该讲，产生公案故事的土壤是社会生活，是古代生活中的涉井案件。

五、千年帝王史

（一）符命出井中

中国的历史，两汉之间，隔着一个篡汉的王莽。王莽为了代汉出“新”，使出种种伎俩，其中很关键的一着棋，是符命。这在历史上起了很坏的作用。谶纬迷信盛行，王莽是个推波助澜的人物。王莽的“符命”，红字白石，出自水井。

王莽为汉元帝皇后的侄子，靠个人奋斗，在汉成帝时当上了大司马。他的眼睛盯着那把龙椅。汉哀帝死，他伙同已为太皇太后的姑妈，立了个9岁的小皇帝——汉平帝，他号称“安汉公”，来辅政。四年后，他把女儿立为皇后。平帝14岁时死，王莽在刘家后代七八十个“龙种”人选中，挑了一个更小的皇帝，那个只有两岁的孺子婴。“是月”——《汉书》记，就在这个月，“前辉光谢嚣奏武功长孟通浚井得白石，上圆下方，有丹书著石，文曰‘告安汉公莽为皇帝’”。浚井是个很不高明的幌子。反正要从井里捞出那块白色红字的石头，不说淘井，如何解释井底得石？不言而喻，那石头块是写了红字后，偷偷扔下井去的。石形上圆下方，正合天圆地方之说，石头上有丹漆写着请王莽“为皇帝”的话。井中出石的戏法一上演，王莽立即授意众人呼应，七嘴八舌说符命。《汉书·王莽传》写道：“符命之起，自此始矣。”

对于井出符命的骗局，连那位太后都不相信，说这是“诬罔天下”。但是，此时皇权已旁落，太后被迫下诏：“皇帝还在襁褓之中，没有一个至德君子，天下怎能安定？安汉公与周公异世同风，正是这样的至德君子。如今井中白石红字，所谓‘为皇帝’者，即是摄行皇帝之事。就让安汉公践天子之位，如周公故事……”转年改元居摄，王莽做起了“假皇帝”“摄皇帝”。

仅仅到了居摄三年（8），又有符命把戏上演。井，还是被作为重头戏。有人上书说，齐郡临淄县昌兴亭长，一夜几次梦见天公使者，对他说：“我是天公使者。天公叫我告诉你，摄皇帝当作真皇帝。你如果不相信，亭中会出现新井，就是证明。”转天早上，亭长果然发现了一眼新井，入地百尺。王莽借着新井以及石牛等“符瑞”，去让太后认可，令天下的奏章一律称他为“皇帝”，不再提那个“摄”字。有个名叫哀章的人，听说齐郡新井等事，做了两个铜柜，写上“天帝行玺金匮图”之类，送到汉高帝庙中，王莽顺水推舟，去那里受了高帝的禅让，定国号为“新”。为了证明天意，当时有十二符瑞，说是“至于十二，以昭告新皇帝”。十二项中，有“……九以玄龙石，十以神井，十一以大神石……”一眼水井不寻常，经此一通折腾，成了神井。

《汉书》对于王莽这种种伎俩，于冷静的叙述之中，透露着讥讽。

井里捞天命符瑞的故事，不断地被照搬、重演。

长江三峡有座白帝城，为汉代公孙述所筑。《东观汉记》说，白帝城旧名鱼复。公孙述见白龙入井，以为应己之祥，改城名为白帝。公孙述值两汉之际，拥兵自重，割据四川。自立为蜀王于前，自称白帝于后。从蜀王到白帝，他以殿前白龙出井造舆论，作为过渡。称帝后，年号龙兴，仍做井中出白龙的文章。然而符应不灵，到头来被汉军所败，丢了性命。

《后汉书·袁术列传》“闻孙坚得传国玺”，注引韦昭《吴书》：“汉室大乱，天子北诣河上，六玺不自随，掌玺者以投井中。孙坚北讨董卓，顿军城南，甄官署有井，每旦有五色气从井中出，使人浚井，得汉（传）国玉玺，其文曰‘受命于天，既寿永昌’。”比起王莽的白石红字，这玉玺更直截了当，算是胜出一筹吧。《三国志》也有井中捞出玉玺的注文。孙坚得此井中玺，匿而不报，所谓“阴怀异志”。袁术，字公路，因见谶书上说“代汉者当途高”，以为正应了自己的名字，生出僭逆之谋，得知井里玉玺之事，就要把那玉玺夺到自己手中。

后来三国鼎立，东吴成了孙家的天下。晋代张僧鉴《浔阳记》讲，孙权到湓口城（今江南九江），住下时想到要打一眼井，亲自标出凿井方位，结果挖出个古井来。并从古井里得铭石一块，铭文是“汉六年，颍阴侯开此井”。接着占卜：“三百年当塞，塞后不度百年，当为应运者所开。”这其实是放出风声，为把孙权说成“应运者”造些舆论。从挖井得石开始，难说不是人为设计。对此，孙权也要表态的：“见铭，欣悦以为己瑞。”前去看一看，做出仿佛真的是获得天降符瑞的惊喜样子。至于人们的反应，书中用四字记述，叫作“人咸异之”。

挖井挖出的帝王政治，一次次地，是旧戏翻新？其实，连翻新都没有，一代又一代的帝王，甘愿你作此戏我也作，在这类井的故事里走一遭。于今看来，这倒是合封建专制之情、君权神授之理的。

挖井挖出的故事，当然也有别样主题的。安徽马鞍山采石矶是名胜地。山上广济寺有眼赤乌井，是三国东吴赤乌二年（239）建寺时开凿的，相传凿井时得一彩石，成为镇山之宝，采石矶由此得名（图42）。

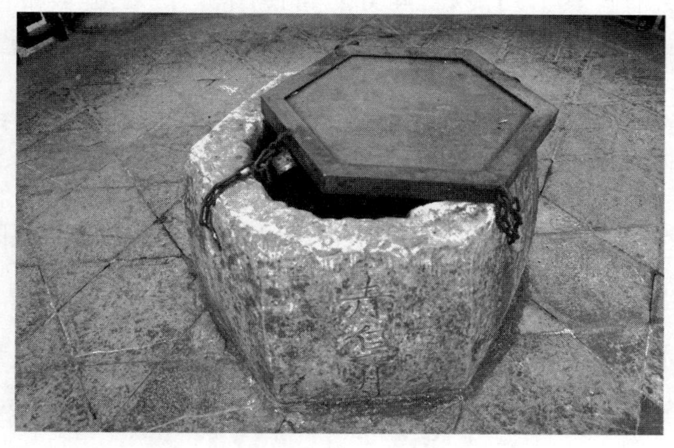

图42　采石矶广济寺赤乌井

（二）年号“青龙”龙在井

曹操经营霸业，儿子曹丕来做皇帝。曹丕传位给太子曹睿，是为魏明帝。魏明帝的年号，先用“太和”。六年后，说是井中龙现，就改了“青龙”。《三国志·魏·明帝纪》：

> 青龙元年春正月甲申，青龙见郏之摩陂井中。二月丁酉，幸摩陂观龙，于是改年；改摩陂为龙陂，赐男子爵人二级，鳏寡孤独无出今年租赋。

在河南摩陂那地方，传说井里有青龙出现，这是正月甲申日的事。到二月丁酉，仅十三天后，魏明帝亲自跑去看龙。不知摩陂的那眼井如何神奇，竟使皇帝也如见青龙。魏明帝认为这是吉兆，于是改年号青龙，改地名龙陂，许多人跟着沾光。

魏明帝改元青龙，有研究者认为事出有因，倒不全在于井中发现了龙。曹魏采用青龙年号之前，东吴孙权曾用黄龙年号，《三国志·吴书·胡徐传》：“黄龙见夏口，于是权称尊号，因瑞改元。”当时三国鼎立，都称正统，蜀由汉皇叔开国，吴有传国玉玺在握，魏“挟天子以令诸侯”多年之后，汉家天子拱手将天下“让”给了曹家。谁是真龙天子？除了多占地盘、广罗兵马，“奉天承运”的舆论战也至关重要。吴大帝孙权用了黄龙年号，还宣称得黄龙之瑞，这其实就是一种挑战。魏明帝怎么可以无动于衷？于是，你用“黄龙”，我用“青龙”，你有龙瑞我也有，并且，大魏皇帝还做出样子给天下看——

"幸摩陂观龙"，煞有介事地大驾亲临，地名也改了。真龙瑞，还假吗？反正，至少这番大做"青龙"文章的折腾劲儿，是绝不逊于东吴"黄龙"的。

青龙年号用了四年，又传说黄龙显现，"青龙"让位"景初"。

（三）"龙贵象而困井中"

关于龙现井中，存在另一种说法——其实，也是将捕风捉影，表述得煞有介事的想当然。请读《汉书·五行志》：

> 惠帝二年正月癸酉旦，有两龙见于兰陵廷东里温陵井中，至乙亥夜去。刘向以为龙贵象而困于庶人井中，象诸侯将有幽执之祸。其后吕太后幽杀三赵王，诸吕亦诛灭。京房《易传》曰："有德遭害，厥妖龙见井中。"又曰："行刑暴恶，黑龙从井出。"

井中龙现，被说成是诸侯遭害的征兆。刘向"困井中"的话，影响很大，甚至曹魏因井龙而改"青龙"年号，也被认为不明事理，是办了件蠢事。唐代人修《晋书》即持此观点。该书"五行志下"评论那事："魏明帝青龙元年正月甲申，青龙见郏之摩陂井中。凡瑞兴非时，则为妖孽，况困于井，非嘉祥矣。魏以改年，非也。"

晋太康五年（284）正月，武库井中出现了两条龙。晋武帝去看，以为是吉兆，喜形于色。朝廷百官便要上表庆贺。尚书刘毅上言反对，他说："古时候，龙降夏朝宫廷，流出口水，埋下周朝灭亡的祸根。龙降郑时门外，子产不主张庆贺。更何况，《易经》有言：'潜龙勿用，阳在下也'。"尽管晋武帝采纳了刘毅的建议，争论仍未平息。朝中有些官员咬文嚼字，强词夺理，指责刘毅是在"引衰世妖异以疑今之吉祥"，还说刘毅以龙在井中为潜也不对，"潜之为言，隐而不见"，既然看到了，就不是潜龙。至少对于此事，晋武帝有主心骨，下诏不贺井龙。

东晋列国之一，建都甘肃武威的后凉，第二位君王是吕纂。《晋书·五行志下》记，其时"龙出东厢井中，到其殿前蟠卧"。吕纂以为是"美瑞"，有人则认为这象征着"下人谋上之变"。吕纂在位三年，终被杀。

北魏故事，据《魏书·灵征志上》："真君六年二月丙辰，有白龙见于京师家人井中。龙，神物也，而屈于井中，皆世祖暴崩之征也。"这说的是统一了北部中国的魏太武帝拓跋焘。魏庄帝在位四年而亡，死前一年，晋阳龙见于井中，"庄帝暴崩晋阳之征也"。这里附会出的因果关系，更显明了：井中困龙等于帝王殒命。

北齐王朝，高纬做皇帝时，龙出现在邯郸水井中，特别是龙还落入枯井——"又见汲郡佛寺涸井中"。唐人修《隋书》，以北周出兵灭北齐这一段史事，来对应邯郸、汲郡井中龙的不祥之兆。

南朝也传此类故事。《隋书·五行志下》记，梁武帝大同十年（544）夏，夜里雷击，龙坠入延陵居民井中，大如驴。这便言及《洪范五行传》"龙阳类，贵象也。上则在天，下则在地，不当见庶人邑里室家"，并且，"井中，幽深之象也"。这征兆何时应验了呢？几年后发生了侯景之乱，梁王朝走背字，直走到土崩瓦解，据说预示这一切的，就是在雷鸣之夜掉入延陵民居水井里的那条龙。

封建时代以龙象征皇权，真龙天子是帝王的称谓。在此文化背景之下，井龙与帝王政治，这类占应话题被“炒作”得煞有介事，上演了一出出可笑的滑稽戏。这类井中龙的文章，以如今的常识观之，其实是举步即碰壁的事——龙本虚幻，井里哪里来的龙？一道不可逾越的难题，就横在那里。

影影绰绰地看了看井，便说水中潜着龙，并用以附会帝王命运、王朝兴衰，或说祥瑞，该上贺表，或说水井困龙，象征君王遭厄，为此众口一词也好，异议争论也罢，不过是一群并不清醒的人在那里自作多情。相对而言，晋代孙楚的态度，倒是比较聪明。晋武帝时，两龙潜于武库井中，群臣之中有人说这是祯祥，有人说此非祥兆，卫将军司马孙楚说：“夫龙或俯鳞于重泉，或攀云汉乎苍昊，而今蟠于坎井，同于蛙虾者，岂独管库之士或有隐伏，厮役之贤没于行伍？”他避开龙为贵人之象的老调，上言皇帝，赦小过，举贤才，建议种种，讲治国安邦的实事。

“有德遭害，厥妖龙见井中”，这种无稽之谈被古人认真地谈论着，只因迷信盛行的封建时代，为它提供了生存的土壤。

然而，不应忽略的是，正史中这类有关井龙的臆说，唐以后未绝，但有所淡化——专指“井龙与君王”这种特定的形式而言。其得以淡化，因为另有其他谶纬、占应等迷信的形式，分去了它的“市场份额”。

（四）井鱼的把戏

井出符命的帝王政治戏法，历代不免要试一试。

水井潜龙的故事，倘若再续上个井里栖凤，不就奇事成双了吗？说来并非凑巧，真就有那么一段金凤井的传说来配井龙。自然，也是关涉帝王的：开创后唐的李克用，据说有金凤凰相伴降生。

以木塔闻名遐迩的山西应县，别称金凤城，又称金城。相传，应县城这地方，唐代时有座天王寺，寺旁有眼水井。唐王朝风雨飘摇的末年，在这一带拥兵自重的李国昌，邻天王寺而居。李国昌的儿子李克用，继承父业，拥兵山西，被唐朝封为晋王。后来，其子李存勖（xù）打出后唐国号，全靠李克用创下的基业。相传，李克用出生时，天王寺旁的水井飞出一对金凤凰。李国昌大喜，下令建起城池，称为金凤城。这地方，就是如今的应县城。金代诗人元好问《题金凤井》："此地曾云海眼开，古今人喜畅奇哉。料应丹穴相穿透，飞出摩天金凤来。"该诗反映了金凤井故事的流传。至清初，顾炎武《应州》诗也有"凤彩留荒井，龙文照古城"之句。旧时"应州八景"，选金凤井为一景，叫作"凤井含辉"。

井出凤凰的传说，与井龙符命一样，都是君权神授之说的产物。明朝的朱由检，能够坐上金殿龙椅，也有水井故事为之铺垫。那故事讲的是井中金鱼，将金鱼作为帝王龙种的象征。请看明代李清《三垣笔记》讲崇祯："上为信王时，曾梦乌龙蟠殿柱。又偶游本宫花园，园有二井，相离甚远。上戏汲于井，得金鱼一尾，再汲一井，复得一尾，活泼光曜。左右皆知其异，秘不敢言。"梦要自己做，不言谁人知？以梦事为鉴，来看王府花园里的"戏汲"，会觉得那简直如同表演。时为王爷的朱由检，汲井的粗活儿是不该沾边的，所以称"戏汲"——说是汲着玩，可是，为什么就生出汲井的雅兴？汲这一眼井，弄上一尾金鱼；干吗大老远跑去再汲另一眼井，并且又鼓捣上一条鱼，仍是金鳞闪耀？皇帝的家事即国事，宫廷废立狡诈而残酷。“乌龙蟠殿柱”，这样的梦可不是能够随意讲着玩的。信王敢于梦从口出，大约有着形势估计方面的因素。汲井得金鱼，有侍从在场，不必再开口了，却又有另一种形式的渲染：“左右皆知其异，秘不敢言。”众人的不敢言，与崇祯自己的说梦，两相映照，露出了破绽：原来都是在故弄玄虚，形式手法虽然有变化，目的和效用却是一样的。至于用以象征龙的那两尾金鱼，则如同可以轻易搬上舞台的道具。在井里放养一些金鳞鱼，还能算得上难事吗？

看来，工于心计的朱由检懂得什么时候要韬晦，什么时候换一下策略。为了坐上金銮殿那把龙椅，他设计梦龙、“戏汲”，认为已是时机，需要造一造君权神授的舆论了。

清代刘献廷《广阳杂记》有段故事，将井中之龙与皇权联系起来，并将这种想象敷衍得有眉有眼，真事一般。

清朝初年，一支重要的农民起义军——大西军，在其首领张献忠阵亡后，由孙可望率余部，进据黔滇。以后，孙可望向桂王朱由榔——此时的南明永历帝，请求封王，共同抗清。清顺治八年（1651），朱由榔封孙可望为秦王，孙可望迎永历至贵州安龙。孙可望迎永历帝之后，曾有取而代之的打算，即《广阳杂记》所谓“将图谋不轨”。安龙有一眼被封的古井，当地人讲张三丰锁孽龙于井中，动不得。孙可望自恃受命于天，不听劝阻，硬是搬开压井石。巨石才被挪开，井水陡然上涨涌出。孙可望慌忙逃跑，却跑不过井水奔流之猛。当地人向他喊：“这是井锁之龙来朝拜秦王，秦王下令免朝，水即可退。”孙可望边跑边喊：“免朝，免朝！”无济于事，来水更急，已到了永历帝的住处。众人又说皇帝下令免朝，井水可退。众人传呼“万岁免朝”，井水应声而退，复归于井，石重新压在井口。故事尾声是，孙可望通过此事有所领悟，“知天命不在也，其谋始顿息”。君权神授，天命并没有应在自己身上，打消了谋求称帝的念头。

这故事是子虚乌有，还是阴错阳差偶然凑巧，这里且不论。这故事所反映的旧时观念却是真实的，那就是龙与皇权的特殊关系。

（五）浪井

20世纪70年代发掘的内蒙古自治区和林格尔县东汉壁画墓，绘有祥瑞图。这可以说是古代所谓祥瑞事物的大展览，标有榜题的图案共计49项。这其中有黄龙、麒麟、灵龟、三足乌、九尾狐，有玉圭、明珠、神鼎，有甘露、醴泉，还有一种祥瑞之井——壁画上题写着“浪井”二字。

浪井，被说成帝王符瑞。明代《广博物志》引《浔阳记》故事：“湓口城，汉高祖六年灌婴所筑。建安中孙权经住此城，自标作井地，遂得故井。井中有铭石云：‘汉六年，颍阴侯开此井。卜云：三百年当塞，塞后不度百年，当为应运者所开。’权见铭，欣悦以为己瑞，人咸异之。井甚深，大江有风浪，此井辄动。土人呼为浪井。”这则故事讲到的地方，在今九江一带。东吴孙权到那里，想起来要挖井，亲自标了井位，却偏有凑巧，几锨挖出块古旧井铭来。井铭上刻字，有“应运者”云云。孙权很是高兴的样子，说这是自己的符瑞。画个圈掘井，引出奇事来，这真叫“无巧不成书”。可是，其中的蹊跷也恰在这凑巧上。

浪井据说是喧沸、涌动之井。浪井之瑞，主要不在于与大江的“感应”，江上起风井里掀浪。《南齐书·祥瑞志》引《瑞应图》：“浪井不凿自成，王者清静，则仙人主之。”这才是浪井之说的要旨。南朝徐陵《孝义寺碑》：“嘉禾自秀，浪井恒清。”与自秀的嘉禾对举，双双祥瑞。梁简文帝《七励》：“漾醴泉于浪井，拂垂杨于御沟。”说的全是皇家好事。

浪井的不凿自成，何谓“不凿”，何谓“自成”，其实是件不容易界定的事。山石间有泉淌出，算不算“不凿自成”呢？还有井之沸，温泉可以沸，临时变故可以使井沸，人工也是能够沸沸扬扬地造出浪井的。浪井故事，《晋书·郭璞传》中有一则：

> 时元帝初镇建邺，（王）导令（郭）璞筮之，遇《咸》之《井》，璞曰：“东北郡县有‘武’名者，当出铎，以著受命之符。西南郡有‘阳’名者，井当沸。”其后晋陵武进县人于田中得铜铎五枚，历阳县中井沸，经日乃止。

司马睿镇守建邺，王导让郭璞算了一卦。郭璞说，一是会出现铜铎，一是会出现沸井，为“受命之符”。郭璞所说沸井，即是浪井。司马睿被封为晋王后，郭璞又卜卦，说：“会稽当出钟，以告成功，上有勒铭，应在人家井泥中得之。”司马睿建立东晋，成为晋元帝之后不久，有人在井中找到了铸有“会稽岳命”等字样的钟，算是

“圆”了郭璞的预言。郭璞帮了司马睿的大忙，因此，《晋书》所记“帝甚重之”，是合情合理的事。

郭璞的聪明，在于他对西晋末年政局的分析。他认准了司马睿是个人物，当王导大将军垂询之时，就把赌注压在司马睿身上。于是，有了两次卜卦之言。至于实现那些神奇的应验，若加导演，并非难事。钟从井出，不难；让井水沸动，也不难做到。比如，偷偷往井里投些石灰之类。

（六）井冰群贼起

前文已谈及，正史中有关井龙的臆说，唐以后有所淡化。这淡化，是因为唐代前后，都有多种谶纬、占应的形式被使用。冬天严寒，水井结冰，本来只是气温问题。迷信的人却出来讲，这不是好兆头，天下怕是要出乱事了。《后汉书・志・五行三》载：“灵帝光和六年（184）冬，大寒，北海、东莱、琅邪井中冰厚尺余。”注引《袁山松书》：“是时群贼起，天下始乱。”并有谶语一段。水井结冰被说成天下动乱的征兆。

依《晋书・五行志上》所记，井水外溢也被认为是“妖”象：“《汉志》，成帝时有此妖，后王莽僭逆。”王莽篡汉，即有此“妖”。晋惠帝遭遇宫廷政变，被软禁于金墉城。此前，据说金墉城曾有井水外溢的反常现象。唐朝修史写特书此事：“废帝于此城，井溢所在，其天意也。”

东晋列国之一，前秦建元年间，高陵县有掘井，挖出一只大龟。前秦皇帝苻坚吩咐养于水池中，不久死掉。此事见于南朝人刘敬叔

《异苑》。这被附会为前秦兵败的征兆。因统一了北方，苻坚自恃兵强气盛，一心南下灭掉东晋，却吃了导致王朝崩溃的大败仗。这一仗即是著名的淝水之战。

淝水之战后，经过几十年的分裂，北魏统一了北方。北魏以改革强国，建都平城，迁都洛阳，有过一段百业兴旺的时期。后衰弱下来，也就进入了北魏的末年。永熙三年（534），北魏分裂为二：孝武帝逃向关中，史称西魏；洛阳新立的11岁小皇帝，则跟着独掌大权的高欢，迁都至邺，史称东魏。北魏不复存在。

这一段更迭变迁，有人拿来井异来附会。《魏书·灵征志上》记此事："前废帝普泰元年秋，司徒府太仓前井并溢。占曰：民迁流之象。永熙三年十月，都迁于邺。"北魏普泰元年为公元531年。这是讲，迁都之变，三年以前就有预兆——井水满溢外流。

同是井水外溢，没有迁都之变，就附会为别的什么。如《新唐书·五行志三》："景龙四年（710）三月庚申，京师井水溢。占曰：'君凶。'又曰：'兵将起。'"以井论灾异，依旧说到了帝王，虽非迁都，但也不是好消息。

赵宋王朝的建立，借助了后周试图统一天下的好局面。周世宗柴荣是五代时期卓有建树的帝王。他推行改革，国力既强，志在统一，南征北战，战果颇佳。然而，正凯歌频传之际，柴荣却一病不起。柴荣死，其七八岁的儿子继位，殿前都点检赵匡胤得掌大权，陈桥兵变，黄袍加身，宋朝开国。柴氏播下的种子，由赵家收获了——统一天下的宏图，最终成为大宋王朝的版图。

宋代张师正《括异志》描述柴荣故里的一眼水井，简直如同柴氏家族命运的晴雨表：

> 邢州城东十余里，周世宗之祖庄也。门侧有井，上有大枣一株，世宗时柯叶茂盛，垂荫一亩。恭帝既禅，枣遂枯死。明道中，枯井复生一枝，长一丈余，蔚然可爱。井中水如覆锦绣。柴氏惧，遂塞井伐木。明年诏求五代帝王之后，柴氏自邢、蔡、虢等州诸族被甄叙入官者三十余人。井、枣之祥，亦非虚应。

柴荣在世之时，井旁枣树枝繁叶茂。柴家孩童继承皇位，枣树枯萎，井也干涸。从宋太祖经太宗、真宗，到仁宗皇帝，宋朝江山传至第四帝，已历五六十年，那眼井、井旁树枯了半个世纪。这之后，转机来了，宋仁宗赵祯想到了柴氏后人。据《宋史·仁宗本纪》，先于天圣六年（1028）下诏："周世宗后，凡经郊祀，发其子孙一人。"明道二年（1033），朝廷"录周世宗及高季兴、李煜、孟昶、刘继元、刘鋹后"，再向天下做出皇恩浩荡的姿态。这就是上面引文所谓"诏求五代帝王之后"。《括异志》说，此前一年，柴荣故里水井旁生出新树新枝，枯井重见活泉。衰败的景象为之一变，紫枝绿叶倒映于井水，"井中水如覆锦绣"。张师正写道："井、枣之祥，亦非虚应。"而更具渲染效果的情节是，井见水、树复绿，带给柴氏后人的，不是欣喜而是恐惧。为求个安稳日子，他们甚至填了井，伐掉树——如此害怕为哪般？唯恐给赵宋王朝提供口实，那"井、枣之祥"，是完全有可能给柴家带来大麻烦的。

枯井复活，枯木逢春，都是正常的事。附会于家族命运，便被涂上神秘的色彩。一段井与树的故事，恰好反映了古人这种迷信心理。

《元史》明朝修，依例设置《五行志》，其中专列“水不润下”一节。何谓水不润下？修史者言：

> 五行，一曰水。润下，水之性也。失其性为沴，时则雾水暴出，百川逆溢，坏乡邑，溺人民，及凡霜雹之变，是炎水不润下。其征恒寒，其色黑，是为黑眚黑祥。

“水不润下”的异常，列举了鱼随雨落、蛟乘雨动等，其中包括龙自井出：至正“二十四年六月，保德州有黄龙见于咸宁井中”。三年以后，皇太子寝殿一口新井刚砌成，“有龙自井而出，光焰烁人，宫人震慑仆地”。这仍是以井龙附会帝王政治。“至正”为元王朝灭亡时的年号，共用了28年。所记井龙事，时间在至正二十七年（1367），含意所指，也就不言自明了。

六、人物风景线

（一）舜井成双

中国神话的古史人物，三皇五帝，尧与舜占了五帝中的两个名额。唐尧以天下让虞舜。怕儿子不服气，尧远远地打发了那个不成器的丹朱。

舜，一帆风顺吗？不然。关于他的传说，充满了曲折、跌宕。舜丧母，父亲瞽叟再娶，生子名象。瞽叟偏爱后妻之子。在溺爱娇宠中长大的象，成为人格有缺陷的人——甚至一心想杀掉同父异母的哥哥。舜委曲求全，仍是人家的眼中钉。瞽叟也参与了阴谋，从而生出井廪故事。瞽叟想烧死舜，就派他去修补粮廪。舜明知不妙，还是遵命登梯而上。瞽叟和象撤去梯子，放火烧仓。舜事先穿了鸟形彩衣，得以飞出，躲过一难。《列女传》说，瞽叟"复使浚井"，要狠心活埋了舜。舜穿上龙纹衣服下了井，井上土石俱下，把水井填塞了。正当象自鸣得意之时，舜出现了——原来，舜下井所穿龙衣保护了他，他从地下钻出一眼新井，脱险而出。此外，瞽叟和象还合谋将舜灌醉，下手杀他。舜被神女救醒，保全了性命。经历了这样无情的谋害，舜没有以怨报怨，《史记》说他"复事瞽叟，爱弟弥谨"。人格的力量是巨大的。人们学他，"舜耕历山，历山之人皆让畔；渔雷泽，雷泽之人皆让居"。仰慕者纷纷前来，他居住的地方"一年成聚，二年成邑，三年成都"。

烧仓、填井、灌酒，舜遭三次暗算。三者之中，较多被古人谈起的、较为人们熟悉的，当推虞舜淘井。这在很大程度上得助于井。神话时代遥远迢迢，后人指着实物，说这是舜的水井，比说这是舜的仓廪容易些。因为，水井确实远比仓廪经久。

古人为了坐实虞舜淘井的传说，曾颇为认真地寻井。这里舜井，那里舜井，都以舜井为一方胜迹。当然，这须有一前提，那水井必须是成双成对的。唐代封演《封氏闻见记》：

齐州城东，有孤石平地耸出，俗谓之历山，以北有泉号舜井。东隔小街，又有石井，汲之不绝，云是舜东家之井。乾元中，有魏炎者，于此题诗曰："齐州城东舜子郡，邑人虽移井不改。时闻汹汹动绿波，犹谓重华井中在。"又曰："西家今为定戒寺，东家今为练戒寺，一边井中投一瓶，两井相摇响泙濞。"

这是山东历城的舜井。一东一西两眼井，井下相通、相连。金代元好问《舜泉效远祖道州府君体》："重华初侧陋，尝耕历山田。至今历下城，有此东西泉。"元好问前去凭吊，目睹二十年战乱毁了舜祠，双井近废，觉得很可惜："我欲操畚锸，浚水及其源。再令泥浊地，一变清泠渊。青石垒四周，千祀牢且坚。"浚井砌石，清泉再盈，"便为泉上叟，抔饮终残年"，诗人甚至想到与舜井终生厮守。

山西也有舜井，请读宋代王辟之《渑水燕谈录》所记：

河中府舜泉坊，二井相通，所谓匿空旁出者也。祥符中，真宗祀汾阴，驻跸蒲中，车驾临观，赐名广孝泉，并以名其坊，御制赞纪之。蒲滨河，地卤泉咸，独此井甘美，世以为异。

山西的舜井，曾吸引宋真宗做了参观者，还御赐井名"广孝泉"，所在里坊沾双井的光，用舜井做了地名。在当地，众井皆咸水，舜井独甘甜，这两眼水质难得的井，被归在虞舜的名下。

河北的舜井，由清代卜陈彝记在《握兰轩随笔》一书中：

通史云，舜穿井，又告二女。二女曰：“去汝裳衣，龙工往入井。”瞽叟与象下土实井。舜从他井出也。《括地志》云，舜井在妫州戎县西外城中，其西又有一井，并舜井也。

妫州在今河北怀来。那里的舜井，东、西双井。

舜井不一而足，反映了一种道德取向。神话讲虞舜，涉及唐尧禅让、湘妃泪滴斑竹、伯益驯鸟兽、重明鸟辟邪等多种内容。其中流传最广，当推舜孝顺父亲、忍让弟弟的故事。这被作为古代的家庭伦理道德教材，后来还编入《二十四孝》，亦文亦图，成为普及性读物。

舜井所体现的，正是那个“孝”。

（二）昭君井和绿珠井：丽人传说

王昭君、梁绿珠，古代两位美佳丽，她们不平凡的身世命运，引发一代代人的慨叹。慨叹以诗文，也形之以传说。宋代邵博《邵氏闻见后录》所录，令人感喟：“归州有昭君村，村人生女无美恶，皆炙其面；白州有绿珠村，旧井尚存，或云饮其水生美女，村人竟以瓦石实之。”这反映了古人的一种偏见。将昭君、绿珠的命运归咎于天生丽质，哀怨凝为故事，甚至包含拒绝美貌的情节。白居易《过昭君村》诗：“村中有遗老，指点为我言。不取往者戒，恐贻来者冤。至今村女面，烧灼成瘢痕。”可见唐时即有此说法。表示拒绝美貌，昭君村人生女即毁容，绿珠村人则是填了那眼水质上佳的井！诚然，这是极言怨艾，是夸张了的感叹。

民间传说故事讲到女子，以水井为说辞，是较为常见的模式。其文化根源，一是因为井属阴，容易借以表示象征性别的意义；二是锅台、井台是妇女的天地，好水养人，井泉美容，还可以水为鉴，照照容貌，这些都与女子的日常生活密切相关，因此有井便于编织故事。

在昭君故里，流传着井的故事。村里有一眼嵌着楠木的水井，人称昭君井。这井，相传原本水量很小，昭君出生后，井泉大旺，说是昭君出世惊动了玉帝，令黄龙带水而来。有一天，昭君的妈妈梦见黄龙要离井而去。村上的人们害怕龙飞井涸，便从山上采来楠木，将一截楠木横嵌于井壁，锁住了龙头，留住龙也就留住了水。也有传说讲昭君从峨眉山砍来楠木，镇住井龙。

看来，昭君村里的人们还是善待了那眼当年昭君姑娘汲水之井。怨井以至于填井，是发生在绿珠姑娘家乡的故事。在广西壮族自治区玉林市博白县，绿珠古井早已湮灭。这或许正是填井传说的来历。当然，井的遗址是需要保存下来，以示来者，以证传说的。

大约唐代时绿珠井已被填塞，塞井的传说在那时已有了文字记录。《太平广记》卷三九九引《出岭表录》：

绿珠井在白州双角山下。昔梁氏之女有容貌，石季伦为交趾采访使，以圆珠三斛买之。梁氏之居，旧井存焉。耆老传云："汲饮此水者，诞女必多美丽。"里闾有识者，以美色无益于时，遂以巨石填之。迨后虽时有产女端严，则七窍四肢多不完全。异哉！

石崇，字季伦。据《晋书·石崇传》，绿珠是石崇的歌妓，"美而艳，善吹笛"。本与石崇有隙，得势更见猖狂的孙秀，向石崇逼索绿珠，石崇大怒："绿珠吾所爱，不可得也。"这以后，孙秀借机矫诏，对石崇下手。武士入门，绿珠说："当效死于前。"随即坠楼而死。绿珠的故事，成为历代文学作品的题材。红颜薄命，这是美丽姣好的悲剧吗？人们宁愿埋怨那口井，"汲饮此水者，诞女必多美丽"——不是那口井里的水使得女孩漂亮，而是那井里的水造就了生俊闺女的母亲。相传，填了那水井，一切都变了，偶有好模样的婴儿，竟七窍四肢有残。为了逃避美貌带来的灾难，人们宁肯接受这样的损毁。娇颜招祸，莫非真的猛于虎？宋代周去非《岭外代答》记此传说：

郁林州博白县，古白州也，晋石崇妾绿珠实生焉。有井名绿珠，云其乡饮是水，多生美女。异时乡父老有识者，聚而谋窒是井，后生女乃不甚美，或美必形不具。

井水养人，本是好事。在这传说里，水井与美人的关系，显然是被夸张了的。只因有绿珠的悲剧，红颜薄命，人们希望自家女孩相貌平平"不甚美"。为杜绝漂亮女孩的出现，按照"饮是水，多生美女”的因果关系，视绿珠井为祸根，填了那井。《岭外代答》对此持欣赏态度：“深山大泽，实生龙蛇，掩井之人，亦云智矣。”塞井是聪明之举吗？明代末年，有人出来唱反调。邝露《赤雅》记：“予说诸父老曰：‘绿珠无负季伦，公等立祠，表章高节，宜开复旧井。幼女何罪？毋自苦。’父老然之，即日徙石。”绿珠村人听从劝说，移石浚井，汲饮井中水。

对于绿珠的传说，还可以有另种视角。古人将她与美女西施相比照，觉得她的刚烈悲壮，自有胜过西施的光彩之处。清代屈大均《广东新语》记绿珠井传说：

> 双角山下，有梁氏绿珠故宅。宅旁一井七孔，水极清，名绿珠井。山下人生女，多汲此水洗之。名其村曰“绿萝”，以比苧萝村焉。绿珠能诗，以才藻为石季伦所重，不仅颜色之美，所制《懊侬曲》甚可诵。东粤女子能诗者，自绿珠始。今双角山下及梧州皆有绿珠祠，妇女多陈俎豆……大均曰：绿珠之死，粤人千载艳之，爱其并及其井。使西子当时能殉夫差，则浣纱溪与此井，岂非同为天下之至清者哉。予诗云：“懊侬曾照井泉清，一代红颜水底明。”又云：“一自绿珠留此井，风流不道浣纱溪。”

诗人屈大均也认为，绿珠村人不该掩填绿珠井——“一自绿珠留此井，风流不道浣纱溪”，绿珠姑娘的性格光彩，可以令美人西施相形见绌。滋润了如此好女儿的水井，应是绿珠村人的骄傲。

与绿珠故事如出一辙，是唐朝窈娘的为情赴井。《本事诗》记，武则天时，左司郎中乔知之，家中有婢名窈娘，“艺色为当时第一。知之宠爱，为之不婚”。炙手可热的武延嗣听说了，硬要召来看一看，看后扣留不还。乔知之是个情种，无计可施，愤痛成疾，只有写诗寄情。又厚赂武府守门人，将写在缣帛上的诗转交窈娘。那窈娘，“得诗悲惋，结于裙带，赴井而死”。凶残歹毒的武延嗣见到诗，竟指使酷吏诬陷乔知之，砸了乔家，并将乔知之下狱，折磨致死。

窈娘，唐代《朝野佥史》记为碧玉。这位痴情女子系在衣带上，带着它投井而去的那首诗，题名《绿珠怨》。晋时绿珠的悲剧以及唐代的重演，都是封建时代黑暗的一幕。

（三）写入《南史》的“胭脂井”

南朝最后一个亡国皇帝陈叔宝，当隋军破城之际，避于井中，做了俘虏。《南史·本纪》对此有生动的记述。隋兵到了，陈朝的文武百官做鸟兽散，唯有两位大臣伴君左右，劝陈后主端坐殿上，正色以待之。这是要陈叔宝临危不惧，保持处乱不惊的天子气派。可是，陈叔宝做不到，他说了句“锋刃之下，未可及当，吾自有计”，带着张贵妃、孔贵人仓皇出殿，奔井而去。两位讲气节的大臣苦谏而无效，“以身蔽井”，也未能挡住保命心切的陈后主。隋兵搜捕至井，向井下大声喊话，陈后主不出声。威胁投石，井下连声求饶。隋兵“以绳引之，惊其太重”，一绳竟拽出一皇二妃三大位。与此同时，皇后沈氏“居处如常”，15岁的太子陈深“闭阁（gé）而坐”，表现出另一种精神，形成鲜明的对照。

陈叔宝避身的井，地处景阳宫。亡国皇帝的这一幕滑稽戏，使它成为历史名井。唐代陆龟蒙《景阳宫井》诗：“古堞烟埋宫井树，陈主吴姬堕泉处。舜没苍梧万里云，却不闻将二妃去。”诗人去看那眼井，联想到虞舜和湘妃故事，批评陈后主给后人留下可笑的话柄。元代王逢《景阳井》诗：“石阑漫涴臙脂色，不似湘筠染泪痕。”也用湘妃泪滴成斑竹的传说，讽刺陈叔宝国破之际爱美人，绝不是佳话一段。《宋稗类钞》录《景阳井》诗，“须知天下窄，不及井中宽”，更是嘲讽。

井里井外，偷生、就擒，陈叔宝狼狈地终结了一个王朝。因此，那井被称为“辱井”，井栏镌字，刻有“辱井在斯，可不戒哉”之语。“辱井”挺具警示意义，可是却没能被后人看重。铭着“辱”的井栏，后来被胡乱地丢弃一旁。南宋乾道年间，程大昌见到散落的井栏上镌着“辱井当戒”字样，并被告知是辱井旧物，不禁发了一通感慨。

取辱井而代之，“胭脂井”的花花名称在吊人们的胃口。指着井栏石纹，说那是“胭脂痕”，两个宠妃下井的事也就成了语言的调味品。南宋张敦颐《六朝事迹编类》记景阳井，已然只见“胭脂痕”，不见“辱”字铭了。张敦颐记：“旧传云，栏有石脉，以帛拭之，作胭脂痕。”清代郑板桥《念奴娇·金陵怀古十二首》写胭脂井：“辘轳转转，把繁华旧梦，转归何许？……井底胭脂联臂出，问尔萧娘何处？”以郑板桥之怪，阅世视角之独特，还是要吟一吟“井底胭脂联臂出”，也未能免俗。

所谓胭脂，不过是井栏石料的彩纹。对不言“辱井”而乐道“胭脂”很反感的宋人程大昌，在《演繁录》一书就指出：“建康城中铺街之石，率皆青质红章，此自其地石性天然而然，安得遂云胭脂所染也。”城中街道上到处是泛着红色纹路的铺路石，说明此地石质如此，干吗非要将那井栏上的红纹说成是贵妃的“胭脂痕”呢？胭脂井栏无胭脂，程大昌此番认真，全在于感叹辱井的失落。

辱井之戒表现了一种忧患意识。只可惜，人们的话题往往避沉重而就轻松，南宋只剩下半壁河山了，津津乐道还是胭脂痕。

（四）银瓶娘子

报国的岳飞，以热血生命实践着“精忠”。他的事迹，《说岳全传》道不尽，说不完。他的祠、他的庙，曰“武穆”，曰“岳王”，旧时在许多地方受礼奉，享香火。他不仅是妇孺皆知的良将忠臣，还成了神——除了追谥武穆、封为鄂王，相传岳飞死后还曾被“立为土神”。明代田汝成《西湖游览志》记，宋代绍兴年间，在岳飞故宅办太学。这里的官员学子不止一次声称，见到岳将军显身于此，并说岳元帅成了土神。这土神，得到朝廷的认可。然而，岳飞的英雄本色似乎并不在“土神”，所以立祠建庙，挂的多是涉“忠”匾额。同时，岳飞故居的一口井，受到人们的重视，说那是“银瓶井”。银瓶娘子为岳飞的小女儿。岳飞下狱，这位岳家闺女悲哀至极，叩阍上书，被挡在皇宫大门之外，御状不能告，冤屈不得申，烈女子怀抱银瓶投了井。

明代人传讲着这动人的故事，田汝成之外，郎瑛《七修类稿》、张岱《西湖梦寻》都写到这位银瓶姑娘。《七修类稿》说：“宋太学即今之按察司，武穆王宅亦其地也，故银瓶之井存焉。”那语气，似曾凭吊这眼井。《西湖梦寻》记杭州岳王坟有银瓶墓，并录乐府诗一首：“岳家父，国之城；秦家奴，城之倾。皇天不灵，杀我父与兄，嗟我银瓶，为我父缇萦。生不赎父，死不如无生。千尺井，一尺瓶，瓶中之水精卫鸣。”将义愤赴井的银瓶娘子比作填海不成、怀恨而溺的神鸟精卫。

到了清代，银瓶娘子仍是书本与口头传讲的故事。杭世骏《订讹类编》记，岳飞遇难时，“有女尚幼，抱瓶赴井死，附祭于庙，俗称银瓶娘子”。尽管民间有口碑，岳庙有奉祀，杭世骏还是怀疑有关故事的可靠性。他认为“岳王无银瓶女”，理由是宋孝宗为岳飞的冤案平反，“御旨追赠”，岳飞本人、他的父母、妻儿及手下将领都得到荣誉，但却未见提及银瓶娘子。

由此，宋代留下的一些有关文字，就显得珍贵。周密《癸辛杂识》说到太学、忠文庙、岳王祠和银瓶娘子，王逢写过《银瓶娘子辞》，都值得重视。

银瓶井的故事，不管它是实或虚，这故事本身，即有其认识价值——关于忠与孝。

银瓶娘子名叫安孃，后人又称她孝娥。岳府里那眼井，后来建了座孝泉亭。至于井，称“银瓶”，也以“孝娥”名之。刘瑞《孝娥井铭》：“浙江按察司址，宋武穆岳王之故宅也，东南有井，王之痛父冤抱银瓶而死焉者。”人被称为孝娥、井被称为孝泉，“孝”字点了题。

封建观念最推崇“忠孝”。岳飞精忠，旧时说岳的人们，围绕这一话题，已倾千言万语，敷衍出许多情节。相比之下，在说岳故事里，“孝”字分量偏轻，而银瓶娘子的故事正可为之添重，找一点平衡。说岳说了朱仙镇、风波亭，再加上银瓶井，不仅有了忠与奸冰炭般的对比，也有了忠和孝的璧合及呼应。忠和孝，就这样在岳飞故事里“两全”了。

一个弱女子，抱定赴死的决心，选择水井——这又是一种常见故事套路。于是，在井文化辛酸的包容之中，多了银瓶娘子的形象。

（五）《井中心史》“眢井翁”

遭逢改朝换代，总有人做遗民，念旧主，不事新朝，这样的人会赢得好名声——有气节。这样的人，宋元之际出了个郑思肖。

郑思肖，字所南，又字忆翁，名与字均为宋朝灭亡后所改。“肖”是繁体“赵”的一半，思肖即思念赵宋。所南、忆翁，也含有顾念旧朝、决不北向的意思。郑思肖以画兰著称。宋朝灭亡后，郑思肖画兰不画土，有人问，他便说：“为番人夺去，汝犹不知耶？”

郑思肖的气节被传为佳话，后人还誉其为“眢井翁”。这是因为郑思肖写有一部《心史》，藏于井下。《心史》记宋元两代事，“皆言宋政宽厚及元人杀戮等事”，对于材料的取舍很有倾向性，可谓爱憎分明。书中记事，止于元世祖至元二十年（1283），但不用至元年号，而用南宋恭帝德祐年号。尽管德祐年号只有两年，《心史》书中却一直顺延至“德祐九年”，即至元二十年。这也反映了郑思肖藐视元朝的政治立场。明代朱明德《广宋遗民录》载：郑思肖“愤恨若不欲生，遂改今名，字忆翁，号所南。作《臣子盟檄》两篇，目之曰

《久久书》，遂与所作《咸淳集》一卷、《大义集》一卷、《中兴集》二卷及杂文诗，总为《心史》，入一铁函，投承天寺井中”。

装在密封铁匣中的《心史》，深藏井里，一藏就是350多年。至明末，“崇祯十一年（1638）冬，苏州府城中承天寺以久旱浚井，得一函，其外曰‘大宋铁函经’，锢之再重，中有书一卷，名曰《心史》，称‘大宋孤臣郑思肖拜封’”，顾炎武这样记叙此事。

生活在明清之际的顾炎武，也是个讲气节的知识分子。顾炎武之母王氏，祖辈父辈在明朝为官，她本人曾受朝廷“贞孝”旌表。清兵占了南京，51岁的王氏说：“我虽妇人，身受国恩，与国俱亡，义也。”并嘱顾炎武：“汝无为异国臣子，无负世世国恩，无忘先祖遗训，则吾可以瞑于地下。”王氏绝食十五日而亡。这影响了顾炎武的一生，他终身抵制清王朝。他本名继绛，因佩服文天祥门人王炎午的人品，改名炎武。

66岁时，顾炎武写《井中心史歌》：“有宋遗臣郑思肖，痛哭元人移九庙。独力难将汉鼎扶，孤忠欲向湘累吊。著书一卷称《心史》，万古此心心此理。千寻幽井置铁函，百拜丹心今未死……”借《心史》故事，浇心中块垒。

这真是中国井文化独特的一页。郑思肖的事迹成为一些人津津乐道的话题。他的《心史》又称《井中心史》。古代的名人中，有了被称为“智井翁”的郑思肖。

据记载，当年井中出了《心史》，苏州人见者“无不稽首惊诧”，巡抚张国维刊刻此书，又为郑思肖建祠堂，将铁函《心史》奉于祠内。

（六）名人井，女性多

名人名胜存名井，井以人名。以上说过的名人井，除了源自神话的舜井，昭君井、绿珠井、胭脂井、孝娥井，都连着女人的故事。这就应了本节的小标题：名人井，女性多。

如果做一个统计，你会发现中国古代名人的性别比例是不对等的。其根源，在于封建时代的男女不平等。

如果以古代名人男女比例为参照系，再做一个统计，你会发现，在古代名人与井的故事和传说，其中主角的性别比例，女性明显增加了。女性似乎特别与水井有缘，女性名人与井发生关联的概率，显然高于男性名人。造成这种情况的原因，前面已经言及：第一，在中国传统文化观念中井属阴，象征女性；第二，井台是妇女日常活动的天地，易于用来作为女性人物的活动场景。

这里说个有趣的例子。四川邛崃的历史文化名人，是司马相如与卓文君。他们的故事中有一眼井，你道那井以何称谓？它叫文君井。司马相如虽然是大才子，留下许多锦绣文章，但他自有逊色于卓文君的地方，比如文君井到底没能称为相如井。

这一对情侣的故事，太史公写进《史记》。富家女子为了与清贫书生的爱情，甘愿舍弃以往的生活，去自食其力。他们开酒馆于街市，“文君当垆，相如涤器”。当年的遗物，据传是那口文君井。有关故事也多。明代《蜀中名胜记》引录两则。一是讲那井认人，“文君手汲则甘香，沐浴则滑泽鲜好，他人汲之与常井同”。井水好，饮则沁人心脾，浴则使人秀丽，可是必须要卓文君亲手汲水才有此美妙。二是讲“文君井，水作酒味”。才子佳人守着一眼水井开酒馆，不知是井沾人的光还是人得井之济，若是汲上水来当酒卖，水竟成了酒——当然，这与酒中掺水或假冒名酒之类勾当绝对是两码事。说到底，井因人而出名，人们愿意想象文君井能当酒喝，制造并传讲着这样一种“名人效应”。这效应，系在卓文君名下，而把司马相如冷落一旁。

河南杞县圉县，东汉末年大学问家蔡邕的家乡。蔡邕不仅自己学问好，还把女儿蔡文姬培养成为才女。相传，蔡家门前有一眼井，白天他在井前汲水磨墨，教女儿习字，夜晚在井边教蔡文姬弹琴。这眼井千年不废，至今清冽甘甜。人们以何名之？不叫它蔡邕井，不叫它中郎井——蔡邕曾任中郎将，后人辑将文为《蔡中郎集》，而是称它文姬井。

写入《南史》的景阳宫井，又称辱井，是亡国皇帝陈叔宝被俘之井；又叫胭脂井——甚至称张贵妃井，舍去藏身井下的亡国之君，而以皇妃名井。

与胭脂结缘的古井，不止写入《南史》的这一口。安徽省潜山县城流传胭脂井传说，讲的是三国时美女大乔、小乔的故事。这口胭脂井在乔公宅前。相传当年乔家两姐妹每日对井梳妆，常有脂粉落井中。日久天长，井水变成胭脂红色。后人汲井水洗脸，可以闻到一股脂粉香。井废被掩，但传说却一直流传。后来当地发掘淘浚，使古井重见天日。不称乔公井而叫胭脂井，也体现了文化观念中，女人与井的话题，具有性别优势。

成都有薛涛井，以唐代女诗人薛涛冠名。那井虽古，但原本与薛涛并没有什么关系。迟至明代，才与薛涛的芳名沾上边——当时蜀王府仿制薛涛笺，用水从这眼井中汲。大约当年人们觉得薛才女该拥有一眼井，于是径以“薛涛井”称之。后世的人也愿意这样因循下来。对此，当下的导游书并不讳言，今人依旧愿意对着水井喊“薛涛”，谈论那个有90多首诗歌流传至今，留下浣笺、濯锦佳话的唐代才女。

也有相反的例子。在屈原故里，照面井即是一个特例。相传，屈原在井台读书，以井为镜。照面井的传说，为人们心目中的屈原形象，增加了光彩的一笔。这一传说的流传，可以从屈原的作品中寻到性格依据。屈原是个追求品德高尚与形象高洁的知识分子，《离骚》中写：“纷吾既有此内美兮，又重之以修能。扈江离与辟芷兮，纫秋兰以为佩。”美好的心灵、杰出的才能，以及与此相应的仪表，都是屈原的追求。《涉江》开篇也写：“余幼好此奇服兮，年既老而不衰。带长铗之陆离兮，冠切云之崔嵬。”屈原的诗，以自我欣赏的笔调，描写自己的服饰与形象，并且流露出一种执着，借此表达愤世嫉俗，绝不与恶势力同流合污的生活态度。这样一个屈原，关于他的民间传说，包括照面井的故事，便不是画蛇添足了。

照面井既是特例——有着特殊来由的特例，也就从侧面映衬了本节的见解：女人与井的话题，具有性别优势。

第三章 风俗大观

井，曾深深地凹在生活里。用水瓶、水斗、水桶汲，搅动它平静的水面，借它或甘或不甚甘的水，滋养生命，滋润生活。凿井的汉子体验着井，打水的妇人品味着井。挖一组七星井厌镇火灾，贮一罐井华水做酱不腐。“井淘三遍吃甜水”，老话讲得很实在。同是说水井，这眼井——那双眼，却让人感觉虚，何必将井与人硬扯到一起？还有井神童子、井府龙王、护井神祇（图43），干吗要造出些虚幻的神灵，祀拜礼奉，平添累赘？

这样说来，井的故事，不光是井绳拽出来的，不光是辘轳摇出来的。井把人生社会作为另一种源泉，世世代代供人汲取，那甜的或不甚甜的水，便流淌成风俗，浇灌了文化。

井的文化史，就是风俗史。

图43　河北内丘民间井神纸马

一、凿井习俗

（一）吉时凿井

凿井技术的发明与发展，是一个经验积累的过程。掘井而得泉，得泉而水甘，并非总能是这样圆满的结局。有言道，水到渠成。修渠引地表水，渠道成而水流至。对于凿井者来说，水就不那么直观了。难免会有井窟虽成水不见的时候，使得挖井成了无效劳动。由此，古人神秘其事。经验积累的过程也就花开两枝，一是技术性的，一是风俗性的。

凿井风俗的形成，特别是其中充满神秘色彩的部分，又不单纯派生于凿井的实践经验。它的形成，受到民间信仰习俗的影响。比如讲，冰冻三尺的寒冬，破土掘井多有不便。这是经验。可是，参天悟地的古人，将此融入乾坤阴阳的理论之中，便增出天地玄虚的味道来。请读汉代《淮南子・天文训》之语："阴气极，则北至北极，下至黄泉，故不可以凿地穿井。"千万别把"阴气"理解为"一夜北风寒"，那样就亵渎了古人的神思畅想。"阴气极"属于阴阳五行学说的范畴，引来论说凿井，实在不是就井论井的话题了。

关于掘井，比上引《淮南子》之语走得更远——完全游离于凿井经验之外，是古代避凶日、选吉日的迷信，对于凿井习俗的影响。

日忌是汉代即存的陋俗。古人以十二地支纪日，每日都有禁忌。比如，辰为水局之墓，所以忌哭泣。武威出土的汉简，记有辰日"毋治丧"之语；《论衡・辨祟篇》则说"辰日不哭，哭有重丧"。直至《旧唐书・吕才传》，仍记"辰日不宜哭泣"，可谓一脉相承。敦煌遗书伯2661录有完整的十二支日忌，其中包括凿井之忌：

子不卜问，丑不冠带，又不买牛，寅不召客，卯不穿井，辰不哭泣、不远行，巳不取仆，午不盖房，未不服药，申不裁衣、不远行，酉不会客，戌不祠祀，亥不呼妇。

凿井忌讳卯日。为什么“卯不穿井”？清代蒲松龄《历字文》载《彭祖百忌日歌》写道：“子不问卜，自惹灾殃。丑不冠带，主不还乡。寅不祭祀，鬼神不尝。卯不穿井，泉水不香……”这“泉水不香”，很难说是切中要害的答案。

卯日凿井不吉，哪天可凿呢？有忌也有宜，井还是要开挖的。同书就记着“穿井吉日”，甲子六十天一周期，其中十天是吉利的日子：“甲子、乙丑、甲午、庚子、辛丑、壬寅、乙巳、辛亥、庚子、庚午。”又说到“修井吉日”，六十天中仅七天，它们是庚子、辛丑、甲申、癸丑、乙巳、丁巳、辛亥，浚井大吉。

“卯不穿井”可信吗？不可信。对今人，这是不必饶舌的。然而，旧时却不一样。小说家赵树理笔下的小诸葛，对于皇历上的“不宜动土”“不宜出行”，诚惶诚恐，奉若金科玉律，集中地反映了那一类人的心理。

可是，这一套趋吉避凶之说，迷信——迷迷糊糊就信了，容易；倘要想理论出个子丑寅卯来，却难有结果。因为它不仅常使人如坠烟海，还不免公说婆说，令人无所适从。

比如，就有一种说法，抛开六十天为周期的套路，依年份地支，论日期地支，来定凿井吉日：“子午之年，五月酉戌日，十一月卯辰日为吉。丑未之年，六月戌亥日，十二月辰巳日为吉。寅申之年，七月亥子日，正月巳午日为吉。卯酉之年，八月子丑日，二月午未日为吉。辰戌之年，九月未申日，三月丑寅日为吉。己亥之年，十月申酉日，四月寅卯日为吉。”在这套日期里，如果赶上属蛇或属猪的年份，全不管“卯不穿井”的古训——四月里，地支为寅、为卯的日子，成了开挖新井的吉日。这套吉日编排，两年一组，六种情况，若要熟记于心，恐怕也难。为了打井选吉日，大约得翻一翻坊间印刷《俗杂录》之类小册子。

又有“月建忌穿井”之说。月建，建除十二值之首。建除十二值分别为建、除、满、平、定、执、危、成、收、开、闭，与十二地支有对应关系。建日是日支与月支相同的日子，如正月月支为寅，正月里地支为寅的日子即是建日；二月地支为卯，卯日是二月的建日。除日向后推一天，正月的除日为属卯的日子，二月的除日为属辰的日子。十二值依次后排，如正月的满日为属辰的日子、平日为属巳的日子、定日为属午的日子等。“月建忌穿井”，于“卯不穿井”之外，另设禁忌——二月的建日为卯日，其余月份不以卯日论：正月的寅日、三月的辰日、四月的巳日、五月的午日、六月的未日、七月的申日、八月的酉日、九月的戌日、十月的亥日、十一月的子日、腊月的丑日均为月建，都是“忌穿井”的日子。

清康熙年间，针对民间历书混乱的情况，钦定颁行《星历考原》。用事宜忌是此书的重要内容之一，其中说到穿井，所宜所忌，不单在月建：“宜生气日、开日，忌土符、土府、地囊、闭日、建破、平收日及土王用事后，并忌卯日。”

仍借用建除十二值，如说开日宜，闭日忌。开日排在十二值倒数第二，闭日在开日之后。以月支为基准，可以推算出来。例如五月月支为午，五月里地支辰的日子为开日，地支为巳的日子为闭日。

生气，据说为“极富之神”。生气之日，不便兵阵征伐之事，但对于修屋开渠、养畜种植来说，却是好日子。要凿井，可选此日开挖。在月建之后两天，为生气日。

土符是土地掌握符信之神，土府是土地神的府庭，地囊是土地神的库藏。三者都是土地之神。所以，逢其之日“忌破土、穿井、开渠、筑墙”。具体日期为：土符看日支，正月丑日、二月巳日、三月酉日、四月寅日、五月午日、六月戌日、七月卯日、八月未日、九月亥日、十月辰日、十一月申日、十二月子日；土府的日期，即是月建之日；地囊则要看干支，如正月的庚子日及庚午日、二月的癸未日及癸丑日等。

此类“宜”或“忌”，说起来似乎有些逻辑性，也可以讲得像真有那么一回事，其实却不过出于一种想当然。以“月建忌穿井”为例。《星历考原》说，“建者健也”，月建是当月内“群神之长，万神无不咸服”。月建“当旺势不可犯”。于是，有人便设想，偏偏月建之神当值的日子，你要动土掘井，就是犯忌之举了。

在这里，问题的关键是，十天干也好，十二地支也罢，说到底不过是用来纪月纪日的符号，与一、二、三、四或6、7、8、9一样，是序列中的顺序号码。古人迷信，硬是绞尽脑汁地将它们设想为冥冥之中的神灵，结果是自生出许多烦恼来。

（二）何处觅泉源

井址的选定，在地下水资源并不丰沛的地方，可不是个简单问题。挖井而不及泉，让许多人栽跟头。《宋稗类钞》载，彭渊材是个言过其实的人，曾自夸只要一念咒语，蛇便乖乖地听他指挥。正说着，一条猛蛇扑过来，彭渊材惊慌失措，拔腿就跑。他客居太清宫，对人家吹嘘得“开井法甚妙”。道士请他打井，他今天“相其地而掘之，无水”，明天“又迁掘数处”。井没出水，太清宫四处被挖得“孔穴棋布”，使他的大话成了笑话。

怎样找源泉？古人有一种颇为可笑的办法，看天上星辰昭示，但又不是翘首望星。宋代方勺《泊宅编》：“古法，凿井者先贮盆水数十，置所欲凿之地，夜视盆中有大星异众者，凿必得甘泉。”这在当年是很有影响的说法。邵博《邵氏闻见后录》：“凿井每不得泉，有术者云：夜以水盛器，见星多者，下有泉。”要找地下水，且看哪盆水的星星多，星光亮。

清代汪启淑《水曹清暇录》记“掘井法”：“习俗掘井之法，先去浮面之土尺许，以艾作团；取火炷而炙地，视其土色：黄则水甘，白则水淡，黑则水苦。凡见黑，则易其地而掘。”选井址，依靠火炙之法，以过火土的颜色来推测地下水质。最怕烧后土黑，据信那预示水味苦，井位要挪一挪地方了。用这种方法决定井位，反映了古人的求索，尽管它并不是能够叩问规律性的实验方法。

井址的寻觅，被装入种种神秘的传闻。金代元好问《续夷坚志》记掘井故事，山中无泉，苦于远汲。道士杨谷说了句：“山秀如此，不应如此。”这个判断看来是不错的。进一步，“斋沐致祷，筮之，得吉征”。吉征在哪儿？时值十月，“葵花荣茂”，杨谷说这就是得水的吉征：“于文章，‘癸’为‘葵’。”按照五行之说，甲乙丙丁十天干癸属水。葵即癸，癸主水，尽管弄得神秘兮兮，可是在哪里可以挖出泉眼来，还得一路去寻。终于发现一处草树间隐着湿润，下向挖，挖出了水。这段故事，两头实中间虚。山色清秀植被好，山往往含水，这是基于常识的判断。找水时，见到湿润的所在，视为地下有水的迹象，一挖果然成功，是皆大欢喜的结局。至于中间的癸、葵之说，对于这一找水事例，不过是云遮雾罩，增添些神秘，其实并没有什么实效意义。

民间一些经验倒是可宝贵的。四川井盐开采历史悠久，关于盐井的谚语，是长期生产经验的结晶。如明代《蜀中名胜记》所载"'牛头'对'马岭'，不出贵人出盐井"，《忠州直隶州志》"两溪夹一梢，昼夜十八包"等，是讲寻得这样的地形、地貌，开凿盐井，有望成功。

确定井址之难，还造成了一种有趣的现象。请读明代田汝成《西湖游览志》载：

> 郭璞井，相传晋郭景纯所相度者。盖其时杭城苦斥卤之水，甘泉难得，景纯善相地脉，故凡美井，多托郭氏为名，土人讹为郭婆井。

世上多有"郭璞井""郭婆井"，而且以此命名的水井，水质往往挺好。出现这种情况，只因选井址是个大本事，掘地必能及泉，是难保的事；挖井一定能挖出甜水，更不是大话可讲的。凿出眼美井，便托名郭璞，这"郭璞"又不免讹传为"郭婆"。由是，这井"郭璞”“郭婆”，那井也“郭璞”“郭婆”，郭氏与甘井美泉有了如此的缘分。

晋代人郭璞，字景纯，曾注《尔雅》《山海经》《楚辞》，是个学问家。他又精于卜筮占验之术。在民间传说中，他简直成了半人半神的大师，将军的战马死了，他到林子里捉猴精回来，死马被医活。郭璞作为古代神秘文化的主要代表人物之一，许多奇异故事挂在他的名下，讲风水的《葬书》托他的大名刊行。至于那些“郭璞井”“郭婆井”——“景纯善相地脉”，这便使得郭氏与水井形成一种奇妙的“品牌效应”。在浙江温州，据说有二十八口水井，象征二十八星宿。天上星宿地上水井，这种天地通联的把戏，根据传说，也被记在郭璞的名下。

井址的选择，有种迷信说法，见于唐代张鷟《朝野佥载》：“永徽中，张鷟筑马槽厂宅，正北掘一坑丈余。时《阴阳书》云：‘子地穿，必有人堕井死。’鷟有奴名永进，淘井土崩压而死。”这是作者自家的事。淘井之时，井壁塌方，伤了人命。作者引用《阴阳书》的讲究，以凿井的方位禁忌来解说井塌之事，其实是找不到事故的真正原因。

以十二支标方位，子处正北。按五行之说，子属水。古人想象，凿井避开属水的方位，大约着眼于寻求一种平衡吧。然而，对于这种方位迷信，古人早有批驳：东家之西，即西家之东，如何能以方位论吉凶?

（三）女不凿井

旧时一些地方陋俗，凿井之际忌讳妇女前去，说是女人看打井会带去霉气，使井不出水。忌产妇汲井，说是产妇去汲井水，水井里会生出小红虫子。台湾《云林县志稿》还记："开井时忌有丧之人来看，不然无水。"这些禁忌，显然没什么道理可言。

女不凿井，既反映了一种性别歧视，也反映了阴阳五行的影响。按照古人的观念，乾坤阴阳女属阴，井也属阴。阳过盛或阴太重，都不好。所以，尽管日常生活女主内，做家务，洗洗涮涮免不了围着井台转——一句"操井臼"，概括了旧时代妇女的家庭角色；然而，说到凿井，却要请女人退避三舍。人们相信，女人掘井，阴气太重，不吉。

除此之外，这种禁忌还与观念中的性别分工相关。流传于江西的一则民间故事，反映了这一观念。《古今图书集成》引《江西通志》：

> 九十九井，在抚州府治东南七里。俗传，周仙王与夫人共约曰："一夕之内，尔织百缣，我开百井。"至四更，夫人百缣已就，效鸡鸣，以绐之，群鸡皆和。仙王方得九十九井，闻鸡鸣，遂止。乡人因立周仙王祠。

九十九井的传说，挺有趣味性。故事体现了性别的分工：女织布，男凿井。这就如同牛郎织女的传说。清人郑板桥《范县署中寄舍弟墨第四书》言此，说到了点子上："尝笑唐人七夕诗，咏牛郎织女，皆作会别可怜之语，殊失命名本旨。织女，衣之源也，牵牛，食之本也。在天星为最贵；天顾重之，而人反不重乎！"正如郑板桥所言，牛郎织女的传说反映了男耕女织、丰衣足食的社会理想。九十九井的故事也反映着农耕时代的这一理想，只不过女织依旧，放牛郎换成了凿井郎。

风俗中，一些看上去“迷信”的东西，有的或许存在并不迷信的内容。例如，风水说里就包含着有关于环境理论的合理因素。对于女不凿井的说法，不妨作如是观：凿井的活计由男子承担，本是习惯成自然的事，没有什么可以解说的。多事的人附以忌讳之说，反倒将简单的事情繁杂化了。

（四）“井淘三遍吃甜水”

凯里苗寨水井，其造型，虽不如傣家水井华丽，却有相同的功用——遮蔽井口，保护水源的清洁。

井的卫生，自古受到重视。为此，不仅有井台之构，还提倡修井堰，即在井旁修筑排除污水的水沟。这就是《周礼·天官》所言：“为其井堰，除其不蠲，去其恶臭。”如今，在北京故宫，可见一些井亭四周铺着浅槽条石，那是针对井前会有洒水而铺设的，其目的与井上覆亭一样，为了给水井营造卫生、洁净的环境。

水井的卫生，还在于清浚。“井淘三遍吃甜水”，这是河南俗语。世世代代饮水卫生的经验之谈，这句老话生动地表述出来。

古代钻燧，春用榆柳取火，夏用枣杏取火，四时用木不同，是为改火风俗。水、火相对，既有改火之俗，当有改水之说。先秦名著《管子·禁藏篇》说：当春三月“钻燧易火，抒井易水，所以去兹毒也”。抒井即淘井。易水即改水。淘井换水，有益于饮水的卫生。如果说，改火风俗包含着天人沟通的神奇思考的话，那么改水风俗既包含天人沟通的妙想，又具有卫生饮水的意义。

古老的风俗被延续下来。《后汉书·志·礼仪中》记，夏至“浚井改水”，冬至“钻燧改火”。夏至与冬至，双双对应，有改木、改火之说，就有淘井改水相呼应。

汉代的这一风俗，还见于边远地区。《居延汉简甲编》录有元康五年（即神爵元年）简文：“五月二日壬子二日夏至，宜寝兵，大官抒井更水火。”要抒井即淘井，也就是改水，要“各抒别火”即改火，并且“寝兵”。将冬至的改火也挪到抒井改水的夏至。

一代代人遵循的淘井好习惯，成为周年时间表，写在岁时风俗里。

山东一些地方风俗，农历六月淘井。清代《滋阳县志》载，六月“伏日，造酱，食冰，浚井”。福建有七夕淘井之俗。20世纪20年代《霞浦县志》载：七夕之日，“公私之水井，必于是日雇工淘之，去泥沙，清积淤，用石灰以涤水窍，岁以为常”。20世纪30年代《崇安县新志》也记：七月七“同里戮力浚井”。淘井的方法、用料都讲到了，重要的还在于那句话——“岁以为常”，形成了风俗，养成了习惯。

要做到饮水卫生，需要先给水井做卫生。北魏《齐民要术》介绍“令夏月饭瓮、井口边无虫法”，说是要在清明节的前两日，半夜煮黍，待到鸡鸣时分，用饭锅里的热汤水，把井口及井台四周洗刷干净。据说，这样可以达到“百虫不近井”的效果。

居家过日子，浚井是不可忽视之事。宋代方勺《泊宅编》记：

“范文正公所居宅，必先浚井，纳青术数斤于其中，以辟温气。”范仲淹迁入新居，首先要做的事，就是淘井。

宋代另一位文学家叶适写过一篇《修甘泉井》，记公用水井的淘浚：“定里有闻，古禅之迹尚在；邑前不改，西山之味尤甘。一勺匪多，万家俱汲。岂以冽寒之食，忽贻敝漏之羞。众力所趋，鸷工肃戒。”万家俱汲的水井，出人出力大家淘，同时将井修葺一新。

二、井神·井龙·井鬼

（一）井神童子·吹箫女子

门有门神，灶有灶神；床有神：床公、床母；厕有神：坑三姑娘又叫紫姑神。古人造了那么多居家保护神，难道会有所疏忽，忘记造一个井神？

江有神灵，河有神灵，海有神灵。江神、河神、海神之外，龙也治水，龙有水府，也就还有江龙、河龙、四海龙王。古人创造了如此之多的司水神，难道会挂万漏一，独独厌烦于为水井造成一个神？既然万物有灵，诸神庞杂，该有井泉神灵的位置，才合乎中国人造神逻辑。溥仪《我的前半生》所记，可算一例。太监给住在宫里的孩子们讲神鬼故事：“照他们说来，宫里任何一件物件，如铜鹤、金缸、水兽、树木、水井、石头，等等，无一未成过精，显过灵。”这里讲到了井的精灵。

自然，造出井之神，礼奉井神，也是为了役使井神，就像让门神保家宅平安，让龙王旱时行雨一样（图 44）。

图 44　清代凤翔年画《井神》

井泉之神，是何“出身”？古人说：忠孝贞廉之士。

宋代方腊揭竿而起，黄行之不屈于方腊，丢了性命。方腊被平，黄行之的哥哥自言，梦见黄行之来告：“我因骂方腊而死，上帝见赏，已补仙职。”这见于宋代笔记《春渚纪闻》。书中写道：“凡世人至忠至孝及贞廉之士，与夫有一善可录者，死有所补授。如花木之神，井泉之监，不可不知也。”仙班的仙职，依照民间传说，包括井泉之监，这是司井神灵。生前做好人，不离纲常伦理，死后会有好的归宿，做个“花木之神，井泉之监”什么的。

井神，民间称为井神童子。井神童子的形象，南宋许棐《责井文》有绝妙的描写。文章描写井神童子恪尽职守，任劳任怨，很是可爱：

> 夏五小旱，井无掬泉。予俯睨而责之曰："吾谓女炎夏涵冷，凛冬抱温，不趋其时者也；朝瓢冰澄，莫罂玉溜，不易其操者也。今众源犹活，尔泉独枯，泄窦尘积，甃缝烟生，始悔知女者浅，期女者之太深也。予宁休炊息饮，誓不屈耿恭之膝！"言讫，倦尔而睡。见童子蓬头土面，焦唇燥吻，喁（yú）喁而告曰："吾井神也。使尔釜不生尘，衣不凝垢者，谁也？使尔笔砚津津，濡云染雾，樽罍（léi）滟滟，泛月浮花者，又谁乎？久济亡功，一渴成怨，何少恩耶？当扣天阍，辟泉户，偿子无穷之汲。"觉，不知其所之，但闻西檐之雨。

文题标为责井，实际上欲扬先抑，作者设身处地，为井神童子代言苦衷。天旱井竭，井的主人便对着井口大发责难。之后，累了，睡了。睡梦中见到井神童子，他是一副"蓬头土面，焦唇燥吻"的样子，也同人们一样遭受干旱之苦。对于人们的指责，井神童子感到很伤心，这不仅是因为寡情——"久济无功，一渴成怨"，还因为他并非坐视泉竭，喁喁申辩了几句之后，井神童子又匆匆离开，前去叩谒天门，请老天爷解除旱灾。井主人一觉醒来，屋檐滴水已声声入耳了。

这样一个井神童子形象，平易友善，忍辱负重，济世救民，似乎并无多少神灵偶像之气。《全像中国三百神》中刊有井神图（图45），骑龙的井神，神态和善。

图45　井神图

井神童子，民间又称为井泉童子。清代袁枚《子不语》的故事讲：

苏州缪孝廉涣，余年家子也。其儿喜官，年十二，性顽劣。与群儿戏，溲于井中。是夜得疾，呼为井泉童子所控，府城隍批责二十板。旦起视之，两臀青矣。疾小痊，越三日复剧，又呼曰："井泉童子嫌城隍神徇同乡情面，罪大罚小，故又控于司路神。神云：此儿污人食井，罪与蛊毒同科，应取其命。”是夕遂卒。

井泉童子不仅负责井的水量，还以保护水质为己任。有个顽劣少年往井里撒尿，井泉童子向城隍控告，城隍判为责打二十板。井泉童子认为量刑过轻，出于守土有则的责任心，他不肯罢休，又向司路神控告。这次从重罚处，“污人食井，罪与蛊毒同科，应取其命”，判了死刑。

井大夫也是古人创造的井神。宋代《太平广记》引《玉泉子》：“贾耽在滑台城北，命凿八角井，以镇黄河。于是潜使人于凿所侦之。有一老父来观，问曰：‘谁人凿此井也？’吏曰：‘相公也。’父曰：‘大好手，但近东近西近南近北也。’耽问之，曰：‘吾是井大夫也。’”有人凿井，正是井神管辖的领域，所以要井大夫前去看一看。这段故事中的井神是“一老父”，而非童子形象。

河北内丘民间木刻神马，青龙、白虎、老君、土地、牛王、马王、火神、仓王、场神、财神、路神、梯神，应有尽有。其为井神造像，仪态端庄，构图为一主一从。

古人创造的井神不止这些。“井之精名观”，见《清嘉录》引《白泽图》。以“观”为井神命名，与《易经》观卦有没有关联，是一个值得探讨的题目。观卦为异卦相叠，坤下巽上——䷓，从卦形看，凹形倒置，颇如水井加盖。当然，观卦上端两阳爻，如论形似井，不如剥卦䷖，坤下艮上，上端只一阳爻；或者不如坤卦的同卦相叠，坤下坤上，凹不加盖。然而，倘若再结合卦辞，坤卦讲的是“坤厚载物”，大地承载万物；剥卦的上卦为艮，艮为山，井之上怎么好压上一座山呢？这样说来，倒是观卦与井沾边：八卦坤为地，巽为风——“风行地上，观”，《易经》上说。古人为井神取名，参照借鉴了《易》的观卦吗？这实在是一个有趣的话题。

井神又叫吹箫女子。此说始于元代《缉柳编》。《缉柳编》已佚。明代董斯张《广博物志》保留下这一珍贵的材料：

> 少昊母皇娥，璇宫之侧有井，曰盘灵。白帝之子与皇娥宴于宫，帝子命江妃歌冲景旋归之曲，盘灵之神吹箫以和之。故至今号井神曰吹箫女子。

在中国古代神话中，少昊是一个著名的人物。少昊诞生的故事，比较完整地载于《拾遗记》：

> 少昊以金德王。母曰皇娥，处璇宫而夜织，或乘桴木而昼游，经历穷桑沧茫之浦。
>
> 时有神童，容貌绝俗，称为白帝之子，即太白之精，降乎水际，与皇娥宴戏，奏便娟之乐，游漾忘归……
>
> 帝子与皇娥并坐，抚桐峰梓瑟，皇娥倚瑟而清歌……白帝子答歌……
>
> 及皇娥生少昊，号曰穷桑氏……一号金天氏……

不难看出，关于井神吹箫女子的传说，由少昊诞生故事所化出。

少昊之母皇娥住在璇宫，宫旁有盘灵井。太白金星来会皇娥，欢宴于璇宫。以歌曲助兴时，“盘灵之神吹箫以和之”——盘灵井的神女，吹起了箫。由于这个传说，人们说井神就是那个吹箫女子。《清嘉录》引《白泽图》：“井之精名观，状如美女，好吹箫。”其中能见皇娥传说的影子。

在民间传说里，井神女还可以如凡间女子一样，煮饭烧菜调汤，请读元代无名氏《湖海新闻夷坚续志》中“井神现身”的故事：

> 吴湛居临荆溪，有一泉极清澈，众人赖之，湛为竹篱遮护，不令秽入。一日，吴于泉侧得一白螺，归置之瓮中，每自外归，则厨中饮食已办，心大惊异。一日窃窥，乃一女子自螺中而出，手自操刀。吴急趋之，女子大窘，不容归壳，实告吴曰：“吾乃泉神，以君敬护泉源，且知君鳏居，命吾为君操馔。君食吾馔，当得道矣。”言讫不见。

一眼水井是许多人家的饮水之源，得到吴湛的保护，洁净、清澈。小伙子的爱护，感动了井神姑娘，她化作一只白螺，让吴湛带到家中。从此，小伙子劳作回家，总有做好的饭菜等他食用。小伙子好奇，有一天提前回家，在门外窥看，发现井神女下厨。小伙子突然出现在井神女面前，井神女来不及躲进螺壳，只得以实相告，她讲自己是井泉之神，为感谢小伙子爱井的善举，来照顾他这个单身汉，“君食吾馔，当得道矣”，这可不是普通饭菜，吃了它会成仙的。

这则故事中的井神姑娘，与《责井文》中的井神童子一样可爱。井神童子形象的可爱，在于他为了在旱天里保证水源，忍辱负重，含辛茹苦。井神姑娘的传说，则讲井神对于爱井人的报答，她甚至可以去干民间女人的家务活儿，代为烧火做饭，备好餐饭，便躲到螺壳里去。故事讲井神女，主题是提倡爱护水井，保护水源。

又有井公、井婆信仰。据凌纯声、芮逸夫《湘西苗族调查报告》，当地苗族同胞相信水井是井公、井婆的天下。如果家人因喝井水生了病，就要向井公、井婆“赎魂”，供上酒肉奉上香，并念念有词：“井公、井婆将他的魂魄捉去，生起病来……现拿酒肉来赎魂，用金银来赎魂，请快把他的魂魄放回来……”井公、井婆虽是神灵，但似乎没有太多的“背景”，像民间的一对老伴儿，是更具世俗意味的神。

（二）温泉神

有水神，名壬公，又作壬夫。苏轼《真一酒歌》：“壬公飞空丁女藏，三伏遇井了不尝。”壬在十天干中位列第九，与癸比肩，五行属水，位北方。不言而喻，壬夫壬公，是将属水的“壬”拟人化，并且，由序数符号一下子升华为管水的神仙。

与壬公形影相随的，又有丁芊，即苏轼诗中的丁女。

壬成为神仙，唐代韩愈《陆浑山火和皇甫湜用其韵》诗曾用此典，宋代方崧卿引材料注释说：“玄冥之子曰壬夫，娶祝融氏之女曰丁芊，俱学水仙，是为温泉之神。”壬夫进身仙班的阶梯，可以说一目了然；又续出一个与他做搭档的丁芊，这丁芊的出身来历，你道如何？说来蹊跷，竟全赖一个“火”字！她是祝融之女，祝融为火神；

她姓丁，丁也是十天干里的序数符号，位排甲乙丙之后，与丙一样，五行属火。

将六丁传为女性神，同样不是随意而言的。宋代陆游《老学庵笔记》卷九：“抚州紫府观真武殿像，设有六丁六甲神，而六丁皆为女子像。”六丁，丁卯、丁巳、丁未、丁酉、丁亥、丁丑。丁在十天干中排偶数位，偶属阴；六丁在六十甲子中所配地支——卯巳未酉亥丑，在十二支中也都居偶数位。六丁神顺理成章地被塑造为阴神，陆游看到道观里的六丁神像为女子模样，是不错的。陆游特记一笔：真武殿旧为醴泉观，“而像设亦醴泉旧制”。真武是主水的神，真武殿前身以“醴泉”名观，并为六丁女神造像。古人的立体思维，为本来五行属火的“丁”，做了多重角色设计——司掌“醴泉”，充当温泉之神。井泉为阴，丙为阳火、丁为阴火。让“丁”司水，掌温泉，亦水亦火，如此造神的思路，真叫出神入化。丁芉，则可以视为六丁群神的代表。

壬夫与丁芉结伴，该是应了《易》理的一句话：水火既济。并非水火不相容，也不指望谁克了谁。壬公、丁芉携手做水神，对火神之女“丁”氏说来，尽管有点嫁鸡随鸡的味道，但壬公也迁就了丁芉，容纳了她娘家火神的英雄本色——虽然做掌水之神，所司之水却是经了火，升了温的。壬夫、丁芉，“是为温泉之神”。

泉与井，本来难以像“井水不犯河水”那样，你就是你我就是我，分得一清二楚。冒着热气由地表涌出的水流是温泉，当归为壬公、丁芉的“势力范围”。在人工挖凿的井里冒着热气的水，同样为温泉之神壬公、丁芉的鞭长所及。因此，这壬公、丁芉，也应跻身井神之列的。

（三）护井之神

古代生活中水井的重要性，造就了多种井神。其中一类，即是本节将要讨论的护井神灵。

井泉之神与护井之神之间有所区别，前者归结为物的崇拜，也就是说，井神是水井的人格化或神格化。敬井神，实际上是对于井的礼奉。后者则不同，护井神祇通常为地方保护神。护井神不能像井神那样，还原为水井本身。

水井作为饮用水源，它的卫生，特别是它的安全，无疑是至关重要的事。这成为创造护井神的前提。中国古代存在着不少有关传说，反映着地方保护神崇拜的一个侧面。

水井保护神的名单上有一位拿公。相传其为唐朝人，瘟神派人向井中投毒，拿公喝井水以证有毒，身亡而成神。清代姚元之《竹叶亭杂记》，航海的船民敬奉天妃，同时还奉尚书、拿公二神灵。尚书指宋朝人陈文龙，《宋史》将其纳入《忠义传》。明永乐年间封其为水部尚书，据说能救护海上舟船。至于拿公成神，书中记：

> 海船敬奉天妃外，有尚书、拿公二神……拿公，闽之拿口村人，姓卜名偃，唐末书生，因晨起恍惚见二竖投蛇蝎于井，因阻止汲者，自饮井水以救一乡，因而成神，五代时即著灵异。二神亦海舟所最敬者。

天妃信仰宋代兴起于福建。船行海上，风浪险阻，船民需要心理的慰藉，需要精神的支柱——在那个时代，这只能引出神灵崇拜。所奉是位姓林的女子，南方称为妈祖，北方称为天妃娘娘。元代漕运，从南到北，漕运所经的地方都有天妃庙。与天妃一同享香火的，还有称为尚书的陈文龙——传说他也能护航；另一位则是个护井之神——拿公。护井神能登上海船，为航海者所礼奉，这可以说是一个有趣的话题，深入挖掘，或许会有文化含量很高的发现。

护井之神还有一位温元帅。温元帅名叫温琼，道教护法神马（王爷）、赵（公明）、温（琼）、关（羽）四大元帅，温琼是其一，宋时已有温将军庙。明代宋濂《温忠靖公庙碑》记，温琼母亲梦见巨神手擎火珠，由天门飞下，自称："我是大火之精，将降胎为神。"因而怀孕，并于端午节生下温琼，左腋胎带二十四个篆字符文。大火之精，为东方青龙心宿主星——心宿二，上古时代曾是天下瞩目的授时大星。影响久远的龙戏珠，其珠的原型就是这颗大火星。温琼为大火星投胎，又降生于重午——属火的午，且是双加料。如此编织故事的古人，无非是刻意在"火"字上做文章。相传他自幼聪慧，虽精通经史子集，却科第不中，一气之下，发誓"生不能致君泽民，死当为泰山神，以除天下恶厉"。就这样，温琼成了东岳保护神。玉帝授他"无拘霄汉"金牌一面，入朝灵霄宝殿，进出天门，通行无阻。

元代《三教源流搜神大全》说，温元帅上可朝拜天宫，下可巡察五岳，"血食于温州"——又是温州的地方保护神。

温州民俗，确实很重温元帅。传统的东岳庙会，是温州每年最重要的民俗活动之一。在当地，温元帅成神的故事，讲的是水井。请读叶大兵《温州东岳庙会剖析》所录传说：

> 在唐代，平阳县有个姓温名琼的秀才，长得五官端正，面目清秀，平时为人忠厚善良，喜欢帮助穷人。那温秀才时运不佳，进京赴考，连连落第，但仍继续苦读，力图上进。一次，他在温州城内一座庙宇中租了一间客房，日夜攻读诗书。一个晚上，他读书到夜深，忽然听到窗外有两人在轻声谈话："这井汲水的人多，放在这里会有大功效。"温琼开了门出去，却不见踪影。他想了一会儿，自言自语地说："一定是两个疫鬼在井中放毒。"他就守在庙门口那口水井边，直到天亮。当挑水的人从四面八方来到井边挑水时，温琼一面护住井口，一面劝说大伙儿："这井水有毒，你们还是到别处去挑吧！"可是大家不信，说："这井水又清又洌，我们天天吃，怎么说是有毒呢？"有人还讽笑说："这个秀才，读书读糊涂了。"温琼说服不了大家，就高高地站在井沿上，说："你们不信，就让我以身试水吧！"他纵身跳进井里死了。后经众人捞起，全身发蓝，中毒身亡。后封为忠靖王，为泰山神所属的元帅，俗称"温元帅"，即东岳神，兼司驱疫，为蓝面神像。

如前所述，温元帅本是大火之精，重阳出世，可谓带火之神。这样一个传说人物，当他来充当地方保护神的时候，人们就想象他守在水井旁，舍生取义，保一方平安。浙江人以五月十八为温元帅诞辰。1922年《杭州府志》记：

> 地祇元帅封东嘉忠靖王，姓温。传说为前朝茂才来省中乡试，寓中夜闻鬼下瘟药于井。思救阖城民命，以身投井。次日，人见之捞起，浑身青色，因知受毒，大吏奏封。五月十八诞辰，十六出会，名曰“收瘟”。由来久矣。其井在羊市街，作庙时井即在神座下。庙为旌德观，出会甚盛。本庙仪从咸备，又有助会，其目有高跷、炉子、龙灯、幡竿、清吹、仙童、猎户、马夫、抬阁、船灯、侍卫、小高跷、十样景。并各式故事，均以小孩装扮。

杭州旧俗礼奉温元帅，酬神出会名之为“收瘟”。这两个字是点了题的。相关传说在瘟病与水井方面编织故事，反映了人们的一种生活常识。在杭州，大约是找不到温元帅舍身救民的一眼井的，民间讲因井建庙，那水井就在温元帅神像座下。这是民间传说的一种常见模式，比如讲神座下是海眼、泉眼等。体量较大的塑像，借井为基础，根基既深，树立稳固，也是古代庙宇建筑中常见的。

这类护井的神灵，因地而异，故事相似，神名不同。这表明，在以井为重要的生活水源的时代，需要有这样一种护井之神来慰藉大众，使人们感到每日里所喝的井水是安全的，因为大家供奉着护井的神灵。

旧时无锡，民间礼奉一些历史上对地方百姓有贡献的人物。例如，南门张宁庵里供奉张勃，相传他是汉代治太湖的能臣，塑像面红，俗称“红面孔老爷”。再如，北门供奉“延圣殿老爷”，即那个除三害的周处，当地人称为“黑面孔老爷”。传说周处杀虎、斩蛟又改过自新，三害尽除之后，赶上无锡闹瘟疫。人们怀疑城里的一眼水井是祸根，可还是汲那井里的水。周处就去尝那井里的水，以生命的代价证明那眼井的水饮不得。周处饮井尝毒而献身，皮肤都变了色，被塑为黑脸模样，成了地方保护神。

江淮一些地方，旧时俗信类似的保护神，则是都天大帝——唐代的张巡。

唐朝遭逢安史之乱，出了忠臣义将张巡和许远。潼关破，叛军势壮，大唐天子都舍弃都城，逃到蜀地去了；在河南的睢阳（今商丘），硬是立着不屈的汉子——张巡，还有许远。他们坚守孤城数月，外无援兵，内无粮草，捕雀掘鼠而食，雀鼠尽，竟以人肉充饥，何等惨烈！韩愈《张中丞传后叙》记此悲壮事：“守一城，捍天下，以千百就尽之卒，战百万日滋之师，蔽遮江淮，沮遏其势，天下之不亡，其谁之功也！”韩文气胜，此一文尤见激越情怀，成为历代传诵的散文名篇，流传很广。被感动了的韩愈，以他荡气回肠的文章歌颂不屈，感动着一代代人。

张巡、许远死后，唐肃宗下诏为二忠臣“皆立庙睢阳，岁时致祭”，一个造神的过程由此开始。唐大中年间，张巡、许远的画像上了凌烟阁。北宋修《唐书》，附记一笔：“睢阳至今祠享，号‘双庙’云。”其实，双庙何止立于睢阳。在韩愈文章中，已写到汴州（今河南开封）、徐州一带祭祀双庙，地域远远超出睢阳。有宋一代，特别是南渡临安以后，面对来自北边的威胁、侵扰，对张巡的崇拜越发普及。张巡的相貌，韩愈记为身高“七尺余，须髯若神”。凌烟阁所绘，当是如此伟丈夫形象。《新唐书》稍异，也不过身长“七尺，须髯每怒尽张”。传到后来，变了。民间根据《张巡传》所记“臣生不报陛下，死为鬼以疠贼”的话，将其塑造为恶神模样，须髯指天。如清代《筠廊偶笔》称其为“青魈菩萨”，赤发青面，口衔青蛇，如夜叉像，而且“盖从神志也”。这是神鬼画谱所公认的造型。

清代是不修长城的朝代。宋以来赋予张巡崇拜的内涵，即地方守护神崇拜，此时发生了微妙的变化。乾隆十二年（1747），封张巡为“显佑安澜之神”。嘉庆八年（1803）又封为“显佑安澜宁漕助顺之神”。于是，在旧有俗信被淡化的同时，新的填充出现：张巡成了水神。

被奉为水神的张巡，安澜、宁漕，朝廷封了神，那是着眼于天下无灾、京师有粮的大视野。老百姓关心日常生活身边事，另外生出想法来。人们惦念居家过日子离不开的水井，想象着让神灵张巡来做护井之神。相应的传说便开始妇孺皆知，故事讲：唐朝张巡坚守睢阳，城破之际，投井而死，成了都天大帝。而这位都天之神，又被传说为唐朝的秀才——值得注意的是，张巡其人不仅是开元进士，且有着过目不忘、文章立就的本事，是史有明记的。还来说那秀才，传说他夜读，无意中听到五瘟神谋划井中散疫，祸害全城，便毅然捐躯救民，自投井中。旧时，这类传说在扬州地区影响很大，那一带的都天庙数以百计，每年五月的都天会很是热闹。

（四）井龙

不管井中是否潜着龙王、藏着水府，反正旧时民间俗信是要为井龙过生日的。井泉龙王诞，通常被认定在六月。蒲松龄《历字文》残稿，记为六月十一日，台湾民间则以六月十三日为井泉龙王诞辰。河南民间年画，为井龙王画像（图 46）。

图 46　汤阴民间年画《井泉龙王》

龙之于井，并不都是坐享其成——人凿井于前，龙潜井于后。人们传说龙能穿井，晋代干宝《搜神记》故事：

晋魏郡亢阳，农夫祷于龙洞，得雨，将祭谢之。孙登见曰："此病龙，雨，安能苏禾稼乎？如弗信，请嗅之。”水果腥秽。

龙时背生大疽，闻登言，变为一翁，求治，曰：“疾痊，当有报。”不数日，果大雨。见大石中裂开一井，其水湛然。龙盖穿此井以报也。

大旱之际，乡民们前去龙洞祈雨。雨下了，隐逸之士孙登说，这是患病之龙降下雨水，并不能解救枯禾旱苗。隐士的话，那条背患痈疽的龙听到了，就化为老翁，求孙登医病，并说病愈后会有所报答的。孙登为龙治了病。几天后，果然大雨沛然。龙还于岩石间穿井，作为报答。降甘霖，解一时之旱情；穿井泉，留永世之清泠。这是条与人友善的龙。

龙是古人创造的水族精灵。人们想象大海里有龙的宫殿，江、河、湖、潭有龙的水府。因为在各自水域安了家，便有了四海龙王、江龙河龙、龙潭之龙。水井是不会被遗忘的，于是也就编织出关于井龙的传说。

唐代李肇《国史补》记录的故事讲，开元末年，西域国献狮，快到长安了，系狮于驿站前树上，树邻着水井，被拴在井旁的狮子啸吼着，焦躁不安。过了一会儿，风雷大作，有龙出井腾空而去。狮的不安静，原来是井中有龙的缘故。这就将井中潜龙讲得煞有介事。

井龙的故事多种多样，请读宋代《夷坚志》里这一段：

宜黄巨室涂氏，自其祖六秀才济者，素称善人，教训五子一孙，家法整整。长子大经，次大节，乡贡入京师，居上庠，其宅有大井在厨傍。一日，婢晨兴汲水，桶坠于内，取它桶继之，复然。至假诸邻舍，迨于七八，若有物从中掣搦者。走白主母，母以为妄惑，将杖之。济止之曰："未可，吾当自往观。"即往井栏探首，见一物头角巉然，乃龙也。中有重雾，出气滃滃然，但微觉腥秽，急奔避之。一家危栗，几无所容。遽施锦被复井口，而邀旗昌观道士醮谢，里闬稍知之，莫敢来视。有胆勇男子窃窥之，见其鳞爪，而水时时震动。次夜，乃潜迹不出，水平如初。后两月，始命淘浚，入桶俱存，悉已片断，而井水竟无所增。又一年，二子皆及第，并终于朝奉郎。族人称大经曰大朝奉，大节曰小朝奉。济生受官封，四子大任，续亦登科第，但仕不通显。

故事讲，涂氏发现自家水井中潜着一条龙，是因为汲水时有物将水桶留在井下。井中雾气腾腾，见有龙角，闻有腥味。于是全家惊恐，慌忙用被子封了井口，又请来道士施法力，两个月后淘井，只见掉在井里的水桶都已破裂。这段故事把井龙与涂家几个儿子的科第仕途联系起来，倒也有文化的依据——成才与成龙，在古人的语言中是画了等号的。

井中龙，有善有恶，上述涂家井龙还不能说是恶龙。恶龙故事，请读唐代谷神子《博异志》。这部传奇集中"敬元颖"一篇讲，天宝年间，金陵富家子弟陈仲躬客居洛阳清化里。宅院中"井尤大，甚好溺人”。陈仲躬听人告知此井的情况，自念无家室之累，无所惧。一天，他目睹邻家一个十几岁的女孩，到井上汲水，长时间向井中望，忽然堕入井中。井水深，过了一夜才将尸体打捞上来。陈仲躬觉得井里很怪，便在井口窥视。忽见水影中出现一个女子的脸，年少漂亮，化妆入时。水中女子做出妖冶的样子，以红衣半掩面孔，向着他微笑。陈仲躬被勾引得神魂恍惚，几乎站不住了。他意识到这就是井水溺人的缘由，连忙退走。过了一段时间，天下大旱，这眼井的水却并不减少。天旱持续了好多天，一日井水突然干竭。转天清早，有人叩陈仲躬的门，自报姓名敬元颖。陈仲躬让其进屋，正是他所见井中的女子。

落座后，陈仲躬问：“卿何以杀人？”敬元颖说：“妾实非杀人者，此井有毒龙。自汉朝绛侯居于兹，遂穿此井。洛城内都有五毒龙，斯乃一也。缘与太一左右待龙相得，每相蒙蔽，天命追征，多故为不赴集役，而好食人血。自汉以来，已杀三千七百人矣，而水不曾耗涸。某乃国初方坠于井，遂为龙所驱使，为妖惑以诱人，用供龙所食。其于辛苦，情所非愿。昨为太一使者交替，天下龙神尽须集驾，昨夜子时已朝太一矣。兼为河南旱，被勘责，三数日方回。今井内已无水，君子诚能命匠淘之，则获脱难矣。如脱难，愿终君子一生奉养，世间之事，无所不致。”

陈仲躬请来淘井工匠，并令一可靠的人与工匠一起下井，搜寻异物。井底无别物，只寻得一面古镜。陈仲躬将古镜洗净，装在匣子里，焚香以驱恶气——敬元颖，“镜圆影”的谐音。师旷铸十二神镜，敬元颖为其中一镜。师旷为春秋时期著名的音乐家，冶铸乐器有绝技。这个传奇故事讲铜镜为师旷铸造，以渲染铜镜之神奇。镜上纹饰，铸有日、月及玄武、青龙、白虎、朱雀四象，镜上共铸二十八字，每个字管二十八星宿中一星宿。这枚神镜，唐时被汲水婢女失落井中，“以此井水深，兼毒龙气所苦，人入者闷绝而不可取”，神镜便只得被毒龙所役使，化为女子模样，勾人落井，供毒龙吸食人血。陈仲躬解救了敬元颖，后者报答他，帮他由清化里迁居立德坊。三天后，清化里的那口大井无故自崩，周围房屋随之塌陷。至于原先井中的毒龙的下场，敬元颖故事没说。可以想象，在神镜恢复神力之后，毒龙或被降伏，或被迫离井而去。若不然，有毒龙在，井是不塌的。长时间的大旱，此井水位独不见低，是因毒龙在井；一日忽然干竭，是因毒龙被太一神召去。这些情节的设计，都是为描述龙与它栖身水井的特殊关系。

鲤鱼跳龙门，是龙传说的重要内容。这种类型的传说也被纳入井文化之中。井中鱼，可能会是龙的化身。《太平广记》卷四百二十三所录故事，将此渲染得活灵活现：“因井渫，得鲤鱼一头长五尺，鳞鬣金色，其目光射人，众视异于常鱼。”有崔、韦表兄二人，烹而食之，惹了大祸，赔上了性命。故事讲，那鱼是条“雨龙”。宋代《夷坚志·夷坚丁志》说，大观年间，建昌军驿前大井水连日腥不可饮。居民浚井，得一鱼，三指大，形似鲫鱼，鱼眼上方赤纹色如金，头有两角。以大桶盛着，到江边放生，“至暮，大风急雨，吹折大木无数，皆疑以为龙类”。井中捞出的这条长着双角的鱼，又恰与急风暴雨的巧合，于是生出议论，猜想井里出了龙。元代《续夷坚志·湖海新闻夷坚续志》讲，有人买鱼，其中杂有一条白鳝，那人挺喜欢，就养了起来。白鳝一天天长大，“遂放于十字街巨井中”。过了一年，白鳝化为蛟龙。

世上本无龙，水井怎么会有潜龙栖止？若较真，有关井龙的种种传说，一类是观念的产物，是根深蒂固的龙文化派生出井之龙；再一类则是阴错阳差，无中生有，讹传出井龙来。清代《海康县志》说，高地上有棵古树，树干大疙瘩上长小疙瘩，瘿瘤累累，龙干虬枝，人称龙王树；树旁有井，水味可口，号称龙王泉：“天旱，酌井中水，树下祭之，则得雨。”龙王树、龙王泉，老树被视为龙，树下之井也沾光，这不妨归入前一类。至于后一类，阴错阳差传为龙，请看南朝宋刘敬叔《异苑》的一则材料：

> 陈郡谢晦，字宣明，宅南路上有古井。以元嘉二年（152），汲者忽见二龙，甚分明。行道住观，莫不嗟异。有人入井，始知是砖隐起作龙形。

到古井汲水的人，“甚分明”地看到了井中两条龙，许多人信之不疑。就有人较真，虎穴龙潭也敢探一探虚实。结果也真是不白较真——下得井去，“始知是砖隐起作龙形”。砌井砖的凸凹之形，经井水波光的作用，造成一种视错觉，使在井口俯看的人上了当，误以为龙潜水下。

（五）井锁蛟龙

井蛙观天，囿于井的狭窄。井的空间局限，对于蛙尚且如此，对于腾云驾雾的龙——我们权将想象中的井龙排除在外，只说想象中的江河湖海之龙，井之局促，简直就形同拘役、一如囚禁了。

对于水井的奇异漫想，这正构成一个方面。以井之窄小且加上封闭，来羁龙困龙，想象力被这样的思路所激发；而对于想象力来说，芥子虽微寓天地，不管何种题材领域，只要去驰骋，都会是无边无垠的大舞台。井镇水怪，井锁蛟龙，水井的故事添了一串传奇。

河南的禹州，相传夏禹治水有功受封此地而得名。这是个浸在大禹传说中的城市。若说名胜，首推禹王锁蛟井。故事讲，蛟龙兴风作浪，大地沦为泽国，禹治水降蛟，锁蛟龙于深井。锁蛟井在神禹庙附近，井有亭，井口有大石井圈，井中矗立石柱，拴着一条铁链，铁链的另一端垂入井下，这就是锁蛟的家什。井旁的大禹神像，则塑为手拽铁链的造型。当地传说，蛟龙被锁在井里，想着出头之日，就问大禹哪年哪月放它出井，大禹说："放你出来，除非石头开花。"蛟龙便天天盯着井旁的石桩，多少年过去了，仍不死心。有一天，一个官老爷路过此地，要瞧一瞧井里的蛟龙。俯身看时，怕乌纱帽落井，便摘下来放在井旁石桩上。蛟龙见此，以为石头真的开了花，顿时亢奋，井水猛涨，吓得那位老爷掉头就跑。老爷到底是当官的，慌张中并没忘记抓起乌纱帽。蛟龙再看时，那石桩还是原来的石桩，泄了气，只好作罢。

禹王锁蛟，应是脱胎于淮涡水神无支祁故事。见于《太平广记》卷四六七的《古岳渎经》，唐代李公佐撰。其所录故事，为中国治水传说的重要题材之一。故事说，大禹理水，三至桐柏山，只见惊风走雷，石号木鸣，无法治理河川。禹怒，召集众神，着力降怪，擒获淮水涡河的水神，名叫无支祁。无支祁“形若猿猴，缩鼻高额，青躯白首，金目雪牙，颈伸百尺，力逾九象，搏击腾踔疾奔，轻利倏忽，闻视不可久”。水神无支祁模样像猴，性情也像，其反应灵敏，动作敏捷，但却多动，不能安静。禹将无支祁交给庚辰神看管。为了囚住无支祁，禹用铁索锁在无支祁的脖子上，在无支祁的鼻孔穿上铃铛，把他锁在淮阴龟山脚下。无支祁的形象后来为写作《西游记》的吴承恩所借鉴，创造出神猴孙悟空。

对于无支祁形象若猴，专家袁珂《古神话选释》认为有源可溯，那就是夔龙的传说。《国语·鲁语下》“水木石之怪曰夔”，三国韦昭注：“夔，一足，越人谓之‘山缫’，音‘骚’，或作‘猱’。富阳有之，人面猴身，能言。”这种凶猴又叫山魈、山臊，古人视其为山怪。除夕爆竹相传为了吓跑名叫“年”的怪物，所要驱逐的就是山魈一类的怪物。

猴为水神，可以由五行学中追根寻本。东汉《淮南子·天文训》说：“水生于申，壮于子，死于辰，三辰皆水也。”这是所谓水局三合。五行说将十二地支归纳出木、火、土、金、水五局，每种三项地支，并都以生、壮、死表示由萌发经极盛到衰微的过程。申、子、辰，水局三合也是如此。在水局中代表初始形态的申，具有了五行属水的意义。十二地支各有生肖相配，申的属相为猴。这是一大关节。在中国古代神秘文化中，猴为水怪，猴司天水，猴避马（午属火）瘟，等等，一概由此派生。

禹擒无支祁、禹王井里锁蛟、申猴属水、夔状若猴，乃至孙悟空被压五指山下、孙悟空闹龙宫取走定海神针……表面上各为故事，实为一大系统，相互渗透。不妨设想，禹王井中锁住的蛟，也可以是无支祁，或者是夔，拘锁于井底。以此思路，稍一变，就能够衍化出其镇压于大山之下的故事；禹王井立着拴锁链的石柱，水晶宫殿的定海神针，又怎么能说是与之完全不同的两码事?

斩蛟屠龙，是壮举，也来得痛快。然而，古代的神话传说往往却偏要避开除恶务尽的路子，让降龙的英雄手下留情，并不欣赏置于死地而后快。人们甚至不愿把这些水域神物“撂在旱地”，而想象将它们拘禁于水中。循此思路，一眼深水井加上一根铁锁链，自然是最佳设计了。

井中锁蛟龙故事，还见于许真君的传说。许真君，道教四大天师之一，相传为东晋时人，名许逊，曾为旌阳县令，因此也名许旌阳。许真君传说的主要内容之一，是降蛟龙息水患，留下一眼立着铁柱子的井，井中锁蛟。

许真君锁蛟井在南昌万寿宫，锁蛟井井口很大。万寿宫以“万寿”冠名，是讲许真君长寿。过去与许真君相关的宫观常以此称之，如天津地名有万寿宫胡同，即与许真君崇拜有关，那里曾是江西会馆所在地——北上经商的江西人，将许真君崇拜沿运河带到了渤海之滨。

有别于河南的禹王锁蛟井立石柱，南昌万寿宫锁蛟井立一根铁柱。万寿宫又名铁柱宫，可见这水井、这铁柱，对于这座神庙来说，具有何等重要的分量。柱以铁铸，具有符号意义。古时有种说法，龙畏铁——蛟龙之类属木，金克木。所以，铁柱对于孽蛟更具震慑力。《大明一统名胜志》说，南昌铁柱宫前有井，水黑色，其深莫测，与江水相消长。相传许逊铸锁蛟龙，息蛟害，还立下偈（jì）文：“铁柱镇洪州，万年永不休。八索勾地脉，一泓通江流。天下大乱，此地无忧；天下大旱，此地薄收。地胜人心善，应不出奸谋。若有奸谋者，终须不到头。”时空兼顾，天地与人心都有涉及——时间上是万年不休，空间上井通江流、勾连地脉，天灾人祸都不能肆虐此方，人心也应向善，在这里奸臣贼子是要短命的。

对许真君的崇拜，最盛自然属江西。《南昌府志》记有新建县蛟井，许真君逐蛟，蛟奔此井；新建县西鹅峰禅院蛟井，是许真君“系蛟济旱处”；奉新县剑井，许真君试剑，透石迸泉为井。

降蛟故事的主要情节是，许真君与弟子路遇一美少年，礼貌勤恪，应对敏给。这却瞒不了许真君，过后他说：“这是个老蛟精，体貌虽美，腥味袭人。我故意迷惑他，不点破。”老蛟来到江边，化为黄牛卧在沙滩上。许真君与弟子跟踪而至，许真君化为黑牛，与黄牛斗，弟子持剑趁势刺中黄牛大腿。黄牛逃入城西井中，许君所化黑牛追入井中。黄牛出井，逃至潭州。老蛟化为人形，到一贾姓人家，做了贾家的女婿。几年后，生两子。许真君前去降怪，老蛟现了本形，被诛杀。以法水喷其二子，化为小蜃。许真君说：“此地蛟螭所穴，如不设物镇之，日后蛟精还会复出为患。”于是，铸铁为柱，矗立井中，出井外数尺，下施八索，钩锁地脉。井中铁柱成，许真君向井而祝：“铁柱若歪，其蛟再兴，吾当复出；铁柱若正，其妖永除。”接下去，便有了南昌铁柱井锁蛟的传说。

明代杂剧《许真人拔宅飞升》搬演这段故事，剧中许真君说：“因蛟精作害，贫道遣天兵，今已擒住。贫道铸一铁柱，可立于井。

又用铁索一条，重三千六百斤，共三千六百圈，按一年三百六十日，将此业畜就锁在这南昌紫霄观井中，永除后患。”

井之凹，为囚笼，锁水怪，镇孽龙，这样的传说还被挂在张三丰名下。

昆明有个古幢园，留下这样的传说。从前，金汁河边建了座小寺庙，张三丰云游至此，见到寺里一个小童，一眼识出他是害人蛟龙变的。张三丰要为民除害，就设计将小童骗到井里去捞珠子。小童下井后，张三丰立即伸手把井口封住。小童知道上当，现了原形，把水井折腾得电闪雷鸣，黑水从张三丰的手指缝间迸出。张三丰一边念咒镇蛟，一边指挥工匠造了座石塔，把蛟龙镇压在井下。这石塔，昆明人称它为古幢。

这则传说与许真君的故事多有相同处，属于一种类型。旧时，在云贵地区，张三丰信仰影响较广，所以这类传说就被记在张三丰名下。

井中镇妖。古典小说《水浒传》第一回“张天师祈禳（ráng）瘟疫，洪太尉误走妖魔”，写三十六天罡、七十二地煞从镇妖井中冲将出来，成为聚合于水泊梁山的一百零八条好汉。如今，在江西鹰潭上清镇，仍能觅见这眼井——旅游书上讲，这就是《水浒传》上一百单八将的出处。至于“镇妖”云云，分明是一百零八条好汉，何妖之有？他们被“镇”井中，可见古人想象之中，井的一种功用。

（六）掘井获羊

汉代《淮南子·汜论训》讲到山中精怪、水中精怪和土中精怪：“山出嘄阳，水生罔象，木生毕方，井生坟羊，人怪之，闻见鲜而识物浅也。”这四种经常被古人说起的精怪，枭阳又作枭羊，人形而大，面黑色，身有毛，足反踵，见人而笑，其为山精；罔象为龙类，状如三岁小儿，赤黑色，红色的眼睛，长臂大耳，为水精；毕方为鸟类，其状如鹤，一足，赤文青质而白喙；至于坟羊，掘井得羊——那羊，叫坟羊，为土精。《淮南子》对于此四者的存在坚信不疑，若有人唱反调，就斥以少见多怪。

这几种精怪，相传出自孔夫子的解说。《史记·孔子世家》记：

季桓子穿井得土缶，中若羊，问仲尼云“得狗”。仲尼曰：“以丘所闻，羊也。丘闻之，木石之怪夔、罔阆，水中之怪龙、罔象；土中之怪坟羊。”

坟羊的样子有些像狗。《国语·鲁语下》所录向孔子请教的话是：“吾穿井而获狗，何也？”凿井时挖出似狗非狗的怪物，人们不知何物，去请教孔子。孔子说，以我所知，土中的精怪名叫坟羊。坟羊，《搜神记》记为贲羊，在《国语》中“贲”加“犭”旁，《说苑·辨物》则为“贲”加“羊”旁，总之这大约是一种非狗非羊的怪物。

很难说确有其物的坟羊，被《汉书·五行志》引为附会的材料——鲁定公时，季桓子掘井得坟羊，“近羊祸也”。附会出两种说法，其一，“羊者，地上之物，幽于土中，象定公不用孔子而听季氏，暗昧不明之应”；其二，“羊去野外而拘土缶者，象鲁君失其所而拘于季氏，季氏亦将拘于家臣”。坟羊啥模样，如狗还是如羊？依此，汉代人想象中的坟羊似乎更接近于羊。

"井生坟羊"，这种掘井得到的精怪，三国时代成书的《广雅·释天》将它说成土神。

或许是受了坟羊之说的影响，稍作反向思维，便有了另一漫想——羊坠井而成鬼怪。宋代《夷坚志》录下此类漫想编织的故事：

> 宣和中，乡人董秀才在州学，因如厕，见白衣妇人徘徊于前，问其故，曰："我菜圃中人也，良人已没，藐然无所归。"董留与语，且告以斋舍所在。至夜遂来并寝。未几得疾，同舍生或知之，以白教授。教授造其室，责之曰："士人为异类所冯，何至此！"扣其所有，曰："但尝遗一袙（yì）服。"取视之，移而无缝命投诸火。遣诸生踪迹焉，一老圃曰："向者小儿牧羊，一牝羊坠西井中，不可取。今白衣而出，岂其鬼欤？"呼道士行法，咒黑豆于井，怪乃绝不至，然董亦死。

井怪着白衣，是白羊溺井所变。其衣无缝，羊的毛皮自然是未经剪裁缝纫，浑然一体的。故事讲，秀才为井怪所魅，付出了生命的代价；道士行法术，"咒黑豆于井"，井怪绝迹。其实，这坠井羊变怪，同挖井得坟羊一样，讲它来，来也子虚，驱它去，去也乌有。"子不语怪、力、乱、神"，孔夫子还是讲了一番坟羊，若有其事似的。若说怪，事情有时就是这样奇怪。

（七）井藏溺鬼

守着井的古人，种种奇思漫想，不仅造了神，还疑心生出暗鬼来。“井鬼名琼”，唐代段成式《酉阳杂俎》这样说。

井鬼的名目五花八门。例如，宋代志怪小说《夷坚志》说到一种井鬼，叫作“井中伏尸女伤鬼”。故事说，会稽书生席某，外出半夜归，途中闻声响，见四个着紫衣者提着红纱灯笼，在荒芜的园子里，围着一个骑马的妇人，妇人扭动如挣扎状。折腾了一会儿，他们都不见了。转天，席某带上几个人到园子里去，见有一眼大井。找到在园中做工的人，问这口井有没有异常情况，得到的回答是：“几天前，园外有户人家的女儿回娘家，到井边洗衣服，忽然不省人事。女婿请巫师来看现场，巫师说，是犯了井中伏尸女伤鬼。巫师作法，用纸画紫衣四人，各持灯笼，并备酒饭，烧祭之。昨天傍晚作法，五更后妇人病愈。”

这故事讲得活灵活现，无非是说水井下有那么一种鬼怪，能害人，巫师有办法禳解驱邪。

井鬼害人，《夷坚志》另有一段故事。一座寺院的后院，井旁栗树曾有行者自缢，做了井鬼，时常作怪。一天，刘氏哥俩夜宿寺中，睡梦里被井鬼所惑，随他来到水井。多亏僧人赶去解救。僧人去时，见刘氏哥俩对坐井上，互相作出谦谦礼让之态，仿佛是请对方先走。僧人扶两人回房。待两人睡醒后，问他们坐在井沿上干什么，回答说：“晚间很累，上床睡时有行者来，说时间尚早，正煮汤相待，邀去聊天。相随前去，听妇人歌笑之声，见朱门华屋。有人引导进门，我二人兄弟同行，不好说谁该在先谁该在后，相互推让之际，忽然间眼前情景不复存在。若不是师傅前去解救，我们哥俩早都坠入井中了。”

这段鬼怪故事里的井鬼，勾人溺井，方法是进入人的梦境。被迷惑坐在井沿上的两人，如见朱门府第，险些误入大门——坠井。生死关头，僧人赶到，扶他们离开危险之地。二人只觉得美景顿无，还在梦中。世上并无井鬼，这是毫无疑义的。但是，对于这段故事的评价，却不能简单地系之于井鬼的有无。人群中毕竟有梦游症患者，梦游坠井的事也是有的。《夷坚志》的这段故事，或许就是对梦游症的描写，因为梦游者差点儿坠入水井，便加入井鬼传说，以增情节，编织故事。尽管如此，这一故事关于井鬼的虚构，还是反映古代的神鬼迷信观念，反映了古人关于井鬼的想象。

古人想象，溺井而亡的人可以托生。《晋书·鲍靓传》，鲍靓五岁时对父母说：“本是曲阳李家儿，九岁坠井死。”其父母寻访到李姓人家，果然曾有孩子溺井。“鲍靓传”编目在《晋书·艺术传》——如其序所言：“艺术之兴，由来尚矣。先王以是决犹豫，定吉凶，审存亡，省祸福。”《晋书》渲染鲍靓就是知此“术”的异人，为此，将其前生溺井的奇谈写入传记。

死后托生，是古代迷信观念的一项内容。李家9岁孩儿溺井后托生鲍家，自然不足信。但不必回避的是，这种迷信在旧时不仅有市场，而且被传得很是邪乎。《宋人小说类编》引钱世昭《钱氏私志》“井中鬼叫”：

绍兴间，吴山下有大井，每年多落水死者。董德之太尉率众作大石板盖井口，止能下水桶，遂无损人之患。有人夜行，闻井中叫云：“你几个怕坏了活人，我几个几时能够托生。”

此井在杭州吴山之麓，为吴越古井。这口井的故事，明代《七修类稿》也有涉及，说其“井口甚巨，往往有冤抑者投于中”。太尉董德之给井加盖，“面开六眼”，以供汲取，可见井口之大。南宋人修的井盖，后来“木石俱损”，没能保留到明代。于是，“仍多落井者”。弘治年间，再为大井加盖，“面界五眼”，撰《七修类稿》的郎瑛亲眼所见。

杭州吴山大井的鬼故事，其生发想象、编织情节的基点是：井鬼害人，目的在于为自己换取托生做人的机会。井中鬼甚至大叫：“你几个怕坏了活人，我几个几时能够托生。”井中之鬼自称“我几个”，说明此井纳鬼，不一而足。

其实，倘若做一些分析，这段故事很可能是害怕鬼的人在自己吓唬自己。大井与小井相比，溺人的概率必然大些。吴山下这口大井，淹死人的事故一再发生，就会引起人们对井的恐慌。这恐慌，在迷信鬼神的人群中，又会很容易地“变出”鬼来。井上了盖，仅留出能够下桶汲水的井口，再也没有人跌身落井了。这恰好说明，落井事故的客观原因，是井口大，不安全。事情本来已经完结，但是有人仍心存余悸，再加上死人的地方会有鬼魄的迷信观念，夜黑之时从水井附近走过，越怕越来事，幻听幻觉，竟觉得井中有鬼在叫。把这种幻听说给别人，一经传讲中的添枝加叶，也就丰富了井鬼故事。

旧时代，这类故事也在皇宫禁苑流传。溥仪的《我的前半生》记，太监们给他讲紫禁城里的神鬼故事，很是恐怖："永和宫后面的一个夹道，是鬼掐脖子的地方；景和门处的一口井，住着一群女鬼，幸亏景和门上有块铁板镇住了，否则天天出来；三海中间的金鳌玉蝀桥，每三年必有一个行人被桥下的鬼拉下去。"

这类鬼故事的情节结点，在于溺井之鬼要拉人做替身。清代纪晓岚《阅微草堂笔记·槐西杂志》概括这种情节模式："缢鬼溺鬼皆求代，见说部者不一。"纪昀书中录有一则：

> 卫媪……其夫嗜酒，恒在醉乡。一夕，键户自出，莫知所往。或言邻圃井畔有履，视之，果所著；窥之，尸亦在。众谓墙不甚短，醉人岂能逾；且投井何必脱履？咸大惑不解。询守圃者，则是日卖菜未归，惟妇携幼子宿，言夜闻墙外有二人邀客声，继又闻牵拽固留声，又訇然一声，如人自墙跃下者，则声在墙内矣；又闻延坐屋内声，则声在井畔矣；俄闻促客解履上床声，又訇然一声，遂寂无音响。此地故多鬼，不以为意，不虞人之入井也，其溺鬼求代者乎？遂堙是井。后亦无他。

有个酒鬼，一去不归。井旁发现他的鞋，井里发现他的尸。接下去，是农妇的耳闻，声响由远及近，打由园圃之外一次次移向水井，落井者仿佛是被一步步牵引着，最终殒命于井。“其溺鬼求代者乎？”这话问得好。其实，醉醺醺的人，行动已不受常理的支配，他可能耍酒疯，也可能在被酒精麻醉了意识的状态下，做出其他莫名其妙的举动。墙，“不甚短”，说明也不很高，“醉人岂能逾”，似乎是讲那墙常人能翻过。翻过如此一堵墙，醉者凭着邪劲，或许不在话下。“投井何必脱履？”答案很简单：因为他是醉酒的人。醉者把水井当作澡盆，可能；醉酒多语，念念有词，可能；下意识地脱掉鞋子，可能；入浴而落井，也可能。既然这样的推想可以站得住脚，那么对于以上故事的解释，则应该属于无神论、无鬼说的——跌井者是被酒送了命，而不是有那么一个溺井的鬼，勾他去做替身。

（八）盐井井神

凿井取卤，是为盐井。盐井很深，投资之巨，开凿之艰，本书前已言及。由此，盐井地区必然会产生井神崇拜。盐井神灵，不一而足。李乔《中国行业神崇拜》一书引证甚详，列有开井娘娘、十二玉女、张道陵、金川神、梅泽神、扶嘉、杨伯起、僧一新、艾谭惠孟四井神、黄罗二氏等，“这些神大都被认为是盐井的发现者、开发者”。

盐井奉祀张道陵、十二玉女，《太平广记》引《陵州图经》，记录相关的传说，就反映着这种情况：

> 陵州盐井，后汉仙者沛国张道陵之所开凿，周回四丈，深五百四十尺。置灶煮盐，一分入官，二分入百姓家，因利所以聚人，因人所以成邑……井上又有

> 玉女庙。古老传云，比十二玉女，尝与张道陵指地开井，遂奉以为神。又俗称井底有灵，不得以火投及秽污。曾有汲水，误以火坠，即吼沸涌，烟气冲上，溅泥漂石，甚为可畏。

因井成聚落，靠井为生计，井又那样深不可测，不单是凿岩之深，还在于神秘莫测。“俗称井底有灵”，哪路神灵？传说盐井为张道陵开凿，玉女指地开井。张道陵即道教所奉张天师；至于玉女，按古代阴阳之说，为阴神，正该司井。

明代曹学佺《蜀中名胜记》讲到聂甘井：“古盐井，号聂甘井，井旁有神祠，号曰聂社。”这记录了仁寿一带祭祀井神的情况。川东则祀杨伯起——“井神为汉杨伯起”，书中记。据所引《井庙碑》，汉代杨伯起在荆州作官，一次溯江入川，遥见宝气升腾，寻宝气而至山中，见白鹿饮泉。他对当地人说：“宝气在此。”人们按照他的指点，“凿磐石而得盐泉”，后人为他建了井神庙。东汉杨震字伯起，他成为井神庙里供奉的神明，全赖民间的传说，传说的内容，不仅在于他成功地为一眼盐井选了址，更在于他点破了诀窍，足以启发来者——所谓“白鹿饮泉”，以及兔饮咸水、羊饮咸泉之类传说，反映了在盐业开发之初动物舔食盐质的现象，对人们寻找盐资源的提示作用。这其实是历代经验的积累，在当时具有重要的指导意义。民间神化这一经验，把它记在杨伯起名下，杨伯起也就成了井神庙里的神。

四川盐业民俗，还礼奉一位浚井有功的地方官。请看北宋僧人文莹《玉壶清话》的记述：

陵州盐井，旧深五十余丈，凿石而入。其井上土下石，石之上凡二十余丈，以楩柟木四面锁叠，用障其土，土下即盐脉，自石而出。伪蜀置监，岁炼八十万斤。显德中，一白龙自井随霹雳而出，村旁一老父泣曰："井龙已去，咸泉将竭，吾蜀亦将衰矣。"乃孟昶即国之二十三年也。自兹石脉淤塞，毒烟上蒸，以絙縋炼匠下视，縋者皆死，不复开浚，民食大馑。太祖即位，建隆中，除贾琰赞善大夫，通判陵州，专干浚井。琰至井，斋戒虔祷，引锸徒数百人，祝其井曰："圣主临御，深念远民，井果有灵，随浚而通。"再拜而入，役徒惮不肯下，琰执锸先之。数旬不见泉眼。初炼数百斤，日增数千斤，郡人绘琰像祀于井旁。

有这样一口盐井，唐代以后日趋干涸。人们传言，井龙已飞去。曾做过清浚的尝试，但没能成功，下井的工匠还搭上了性命。这使得围井而居、以井为生的众多人家，遭遇到生存危机。这时，改朝换代了。宋朝任命的官员贾琰来到陵州，组织浚井。贾琰开工前先有一通祈祷。下井的时刻到了，工匠视为危途，不肯动，贾琰带头下井，结果大获成功。浚井成功本可贺，再加上当官的又有率先下井的豪举，"郡人绘琰像祀于井旁"，把这位浚井官员敬为神明。

四川盐业多神明。找盐的、凿井的、护井的、浚井的，井神名目之多，反映了井盐开采之盛。

三、井之祀

（一）五祀：祭井还是祭行

“五祀者，何谓也？谓门、户、井、灶、中霤（liù）也。所以祭何？人之所处出入，所饮食，故为神而祭之。”此语见《白虎通义·五祀》。

汉代班固所撰《白虎通义》是记录古代社会生活的重要史籍，其内容不仅涉及庙堂文化，也保留下许多世俗文化的材料。书中有关五祀祀井的记录，就很珍贵。班固修《汉书》，在《郊祀志》记下的也是“祭门、户、井、灶、中霤五祀”。

五祀是历史悠久的古代风俗。然而，祭井还是祭行，却弄得人们各执一词。

《吕氏春秋》和《礼记·月令》中都有关于五祀的说法，所祭为门、户、行、灶、中霤。与《白虎通义》相对照，四项相同，唯独祭井或是祭行，不相一致。《吕氏春秋》，孟冬之月，“其祀行”；《礼记》也讲“其祀行”。

对于五祀中的“井”“行”之别，有人力图借助字形给以解释。商、周彝器的铸纹，“行”字作“⾏”，象十字道形。这样书写的“行”，与“井”字，容易产生鲁鱼亥豕之误。

但是，所祭者井，至迟在《白虎通义》成书之际，已是天下风俗，而这风俗又绝不是靠着“行”字的误写和讹传。相反，班固认为，《礼记》中的“行”倒是被讹传的。因此，他写道：“何以知五祀谓门、户、井、灶、中霤也?《月令》曰：‘其祀户。’又曰：‘其祀灶’，‘其祀中霤’，‘其祀门’，‘其祀井’。”径称《礼记·月令》应该是“其祀井”，而非“其祀行”。

《白虎通义》反复列举五祀的五个对象，是一种有的放矢。所针对的，该是当时祭井、祭行两说并存的情况。班固似乎在自觉地做着正本清源的工作。他写道：

> 祭五祀所以岁一遍何？顺五行也。故春即祭户。户者，人所出入，亦春万物始触户而出也。灶者，火之主，人所以自养也。夏亦火王，长养万物。秋祭门。门以闭藏自固也。秋亦万物成熟，内备自守也。冬祭井。井者，水之生藏在地中。冬亦水王，万物伏藏。六月祭中霤。中霤者，象土在中央也。六月亦土王也。

这是以五行说来阐述五祀实质。春祭户，秋祭门，前者着眼春是万物生发之时，祭屋门，以顺应时令的特点——出；后者在于秋之收，祭大门，顺应之。夏祭灶，冬祭井，两相对应。按照五行说，夏属火，冬属水。灶中火、井里水，使得祭灶、祭井，绝不费解。冬日万物伏藏，而井恰是水藏地中的形象。这一点，使得祭井比祭行多了一条理由。至于六月所祭，古人为了照应五行之说，于春夏秋冬四时之外，又生出“季”的概念，这“季”属土。

东汉祭井之俗，并非仅存《白虎通义》的孤例。王充《论衡·祭意篇》也有这方面的记载：

> 五祀报门、户、井、灶、室中霤之功。门、户，人所出入，井、灶，人所饮食，中霤，人所托处，五者功钧，故俱祀之。

出入、饮食、栖身，日常生活这些方方面面，门、户、井、灶、中霤都有着造福人类的功劳，所以均被列为祭祀的对象。然而，就在同一篇《论衡》中，也谈到了没有“井”的七祀、五祀、三祀和二祀。这说明，祀井与祀行在当时是两俗兼备的。

祀行还是祀井，东汉的另一位学问家蔡邕，也投了井一票。他的《独断》中写道：“冬祀井。”

又有一种说法，将五祀祭井推溯为远古的事项。《太平御览》引《世本》“微作五祀”——“微者，殷王八世孙。五祀，谓门、户及井、灶、中霤”。认为祀井起自殷商时代。

五祀取“井”，较之那个“行”，更为后世所接受。直至《清史稿》，“五祀，……孟冬大庖井前祭司井神”，还是将赞成票投给了对于水井的祭祀。《清史稿》所记，沿袭了明代宫廷礼俗。明代宫中祭井神。万历年间的太监刘若愚《明宫史》载，文华殿之东，“曰神祠，内有一井，每年祭司井之神于此”。严格地讲，秦汉时代的五祀祀井，与祭井神有区别，可是明清时期人们却混淆了这种区别。

清代的大学士，主持编修四库全书的纪昀，在《阅微草堂笔记·槐西杂志》中写道：“古者大夫祭五祀，今人家惟祭灶神。若门神、若井神、若厕神、若中霤神，或祭或不祭矣。”纪晓岚此言所出，不是刻意考证，而是于不经意之中谈到当时的民间习俗——古时有五祀，如今民间普遍祭祀的，是灶之神；门神、井神等神灵，有人祭之，有人则忽略了。他讲五祀的演变，言井而不言行。

这里要说明，门神、灶神、井神等信仰习俗，是由五祀发展而来的。祀井是对于物的崇拜，演化为对井神的礼奉，形式有变，实质依旧，那就是井作为重要水源，在人们心目中绝不轻飘的分量。

（二）祀井

清代时，在山东潍县做官的郑燮（板桥）撰写《新修城隍庙碑记》：“虙羲、神农、黄帝、尧、舜、禹、汤、文、武、周公、孔子，人而神者也，当以人道祀之；天地、日月、风雷、山川、河岳、社稷、城隍、中霤、井灶，神而不人者也，不当以人道祀之。”郑燮的这段话有两点值得注意。一是他将井与灶列入礼祀的名单；二是他认为与“人而神者”不同，井祀属于“神而不人者”——它不是人的神化，而是物的神化，因此在祭祀的形式上应有别于炎、黄、尧、舜。

应该说，郑燮所讲的两条并非泛泛之言。特别是其中第二条，颇有见地，反映了清代人对于井之祀的一种看法。

对于这种“神而不人者”的奉祀，居家过日子的老百姓所关注的，可以更为世俗化。明代弘治元年刻本《吴江志》记，“门神、井灶、圊厕、豚栅、鸡埘皆有祭”。除夕之际，不仅有门神祀，还有井祀、灶祀，有厕神祀，甚至兼顾猪栏鸡窝，都要祭祀一番。“礼多人不怪”，有礼总比无礼好。举凡庄稼院里必备的、生计所赖的，都以

“神”相待，拜上一拜。没有遗漏，心中才安，只图讨个诸事顺利。古代方志保存着有关祀井的大量材料。例如，清光绪年间江苏《六合县志》记，除夕“夜分祀井，昧爽设祭品迎灶”。讲到祭祀井与灶，祀井在夜半时分。

清代张祥河，嘉庆二十五年（1820）进士，写过一首《岁除三祀诗和钱心壶院长》。这首祀诗所吟：门、井、马祖。井有井泉童子，所以有“岁除祀童子，果饵席地呈”的诗句。子鸿《燕京竹枝词·散灯花》：“新月初升照满庭，饭毕将眠片时醒。井灶门户灯花散，其聚如萤散如星。”正月里散灯祀灶、祀门、祀户、祀井。五祀之中，说到了四祀。

岁时祀井，图一年的吉祥，是预付的“投资”。遇旱祭井，则是因事而祀，目的具体——井泉别涸。明代郎瑛《七修类稿》载，嘉靖庚申岁杭州大旱，“河井俱竭，家人往汲数里。因祭井，而明日得清泉焉”。郎瑛认为这是“诚能动神”，并录《祭井文》：

> 父甃斯井，百四十年。神乃司之，有洌其泉。载汲载饮，施及邻焉。今胡告涸，无本称源。敬陈薄奠，再浚再搴。希神普化，上出清涟。混混不竭，显神之权。既全泉名，亦表予虔。神惠永赖，传之简编。

自家一眼已逾百年的水井，左邻右舍也汲取，水源本来充沛。大旱之年不行了，井水枯竭。于是先祭后浚，复得井泉清涟。文虽不足百字，但体现了祭神如在的虔诚，诸如“神乃司之”“希神普化”“显神之权”“神惠永赖”之类字句，表达对于司井神灵的祈求。然而若得井水，清泥浚井还是不可少的。对此，祭井文并不讳言。

（三）因井设庙

这一节小标题的意思是，为水井而设祀建庙，靠着水井的神异传说，那庙中有了礼奉的香火。这样的例子，先引河南《荥阳县志》：

> 厄井在县东北二十里。汉高与楚战，遁匿此井，鸠鸣其上，蜘蛛网其口。追者至，以为无人，遂去。汉高因得脱。今井旁有高帝庙。井在神座下，俗呼蜘蛛井。

佛寺道观以枯井为神像底座，是流传较广的说法。在荥阳高帝庙，厄井——蜘蛛井，不仅是立像之凹，更是建庙之本。因为厄井，荥阳汉高祖庙有了自己的特色。在礼奉者心目中，便有了灵光仙气。其实，即使刘邦确曾井中藏身，也不过是得了井凹之利；至于蜘蛛随即网住井口，遮掩追兵眼目的传说，有谁会相信这添枝加叶的附会故事呢?

厄井故事，或言刘邦藏身于苇丛，或言隐身于井中，汉代时已开始传讲。南朝《殷芸小说》载：

> 荥阳板渚津南原上有厄井，父老云：汉高祖曾避项羽于此井，为双鸠所救。故俗语云：“汉祖避时难，隐身厄井间，双鸠集其上，谁知下有人？”汉朝每正旦，辄放双鸠，起于此。

南北朝时，刘邦藏身厄井的故事，已凝为民间俗语，可见流传之广。当时所传为双鸠飞出，骗了项羽追兵。这一情节很是精彩，但比起后起的蛛网遮护井口，还是稍逊一筹，于是优胜劣汰，《荥阳县志》记录的传说，自然是蜘蛛网井。

浙江瑞安市之西有座圣井山，山上有座圣井殿，山和殿都得名于水井——圣井，一眼千年古井。清嘉庆年间《瑞安县志》记："圣井，在顶，深广不盈尺，遇旱有水，或称泻眼，随潮升降，祷之水涌，即雨。"井在许真君神座前，井旁石柱上刻对联："名山涌泉称圣，胜水潜潭曰井。"许真君是道教名人，相传曾治水旱，降蛟龙锁于南昌铁柱井中。因此，祷圣井与祀许真君，两事合一，是有内在联系的。《瑞安县志》说"祷之水涌，即雨"，反映了俗信崇井，而此井高居山巅，不深不广，却能长年不涸，遇旱有水，也确称奇。这大约就是俗信崇井的原因吧。由此，殿以井名，山以井名，圣井的名气比名列仙班的许真君还要大。

井之泽，平日尚可敬，遇旱而得汲，"敬"字之外，更要加上个"神"字，这就不免要奉以香火。据明代《西湖游览志》，杭州吴山坊内有大井，为吴越时代开凿。其水质好，水量充足。南宋淳祐年间，有一年"大旱，城井皆涸，独此井日下万绠，不减不盈，都人神之"。人们以其为神井，当地官员出面操办，"立祠其畔"——这是为井立祠。明初，杭州官员在井旁立石碑，上刻"吴山第一泉"五个大字，碑背记宋代时此井救旱立祀之事。《七修类稿》也记此井，有人"奏为祠，覆亭其上"。建井祠，兼井亭。

1922年《杭州府志》载，民俗以五月十八为温元帅诞辰，届时神庙出会，俗称“收瘟”。相传，温元帅本是读书人，夜里听见疫鬼投药井中，以播瘟疫。他以身试井，救了全城百姓。温元帅舍生救民，井址成了庙址，“作庙时井即在神座下”——在他救民成神的地方，人们建庙塑像，礼奉地方保护神。此庙称为旌德观。

西岳华山镇岳宫，元代时称玉井庵，有《大元己亥韩道善重修玉井庵》碑记为证。其址在华山东、南、西三峰之间的山谷内，松林清幽，古井深深，井上筑楼。

《太平广记》引《两京记》：“梁武郗皇后性妒忌。武帝初立，未及册命，因忿怒。忽投殿庭井中。众趋井救之，后已化为毒龙，烟焰冲天，人莫敢近。帝悲叹久之，因册为龙天王，便于井上立祠。”愤愤不平而投井，这可以是史实。至于化为毒龙云云，则只能是小说家言。或许是因为这样的传言起了作用，皇帝封亡者为龙天王，依井建祠。

旧时，北京有座庙里供着井。末代皇帝溥仪在《我的前半生》中记：“醇王府附近有一座小庙，供着一口井，传说那里住着一位‘仙家’。”1910年“银锭桥事件”，汪精卫行刺载沣未遂。醇亲王认为是“仙家”在庇佑，便到那个小庙，上供上香，拜谢“仙家”。

井旁神龛为井建，旧时人们以此礼奉井泉神灵。长沙市新近修建了古井公园，白沙井旁的神龛保留下来。在贵州安顺天龙镇，一眼公共大井前有座小神龛，称为“水晶宫”。

北京有句老话：“庙里有井，井里有庙。”这说的是东岳庙。庙里有眼井，井口石的内壁嵌有砖雕龙王庙。这袖珍小庙，虽宽窄均不足一尺，但也以小见大，取坐北朝南的形制，供奉着司水的龙王爷。这置于井壁的龙王庙，谁能说不是因井而设庙？

四、岁时习俗

（一）除夕祀井封井

辞旧迎新过大年。这是春联福字窗花吊钱红红火火的日子，这是祝福声盈耳贺岁声满街喜喜庆庆的日子，这是舞狮舞龙狂欢的日子，这是避邪逐恶播种希望的日子。柴米油盐酱醋茶的生活，平稳中需要浪花，需要有山峰赏日，有钱塘观潮。历法便备下这样的刻度，好一个腊月三十夜，好一个正月初一，让人们尽情地表达祈望与希求。

五彩缤纷过大年，井的除夕，井的元日，融着古朴民风、多彩的民俗（图 47）。

图 47　武汉老街的祈福井

除夕封井，这是许多地方的年俗。清乾隆年间陕西《洛南县志》，除夕门换桃符，贴春联，封井。光绪庚辰刻本《沪北十景》咏除夕："关门鞭炮接连牵，稻马三根封井泉。十二点钟刚夜半，家家团坐做汤圆。"说的是子夜封井，迎接新年。

传说年关之际是诸神下界的时候，封井首先缘于这一传说。清同治年间湖北《来凤县志》，除夕"井中下花椒，云诸神下界，水中有毒也"。投花椒，解井毒，而毒是诸神下界带来的。这类传说，与"年"是怪物，爆竹吓之，出自同一个思路。

对于封井，如果单纯理解为加井盖，恐怕难得封井之要旨。云南《续修玉溪县志》说，除夕"以桃柳枝封井，元日不汲水"。从民俗符号的角度看，桃柳枝具有辟邪意义。取来覆井，自然是对这一符号意义的借用。

除夕的禁汲封井，在一些地方被赋予祀井的意义。清道光年间刻本《武进阳湖县合志》记："祀井曰封井。祀门曰封门。"祀与封，原来竟是一码事。清代顾禄《清嘉录》记除夕习俗，讲如何封井：

> 置井泉童子马于竹筛内，祀以糕、果、茶、酒，庋井阑上掩之，谓之封井。至新正三日或五日，焚送神马。初汲水时，指蘸拭目，令目不昏。

封井在形式上很丰富。要祭祀井泉童子，将神像放在竹筛中，并以糕点果品上供。因礼奉的是司水之神，特别要有饮料类祭品，例如茶和酒。竹筛子挂在井栏间，对着井口，既表示祀井，也象征封井了。“祀井曰封井”，听起来仿佛两事合一，其实祀井与封井的确是一回事。祀井的过程也就封了井。

有些地方腊月廿四封井。一进腊月，大人小孩便开始数着日子迎年，年味也日浓一日。至廿四，似已进入“倒计时”，民间称此日为“小年”，无非是强调一下备节的气氛。据清代广东《澄海县志》，腊月廿四为“小除夕”，自腊月廿四到大年三十，“覆井不汲”。

（二）“春风送暖入屠苏”

春节的井俗，除了表示一种抽象的辟邪祈福，还有没有比较具象、比较实际的企盼功用呢？有的。宋代王安石著名的《元日》诗，保留着这方面的信息。“爆竹声中一岁除，春风送暖入屠苏”，屠苏，古时也写作廜穌，即屠苏酒。你道这是何种饮料？有一种说法，它就是井水，是浸了药、可避瘟的井水。清乾隆四年刻本《雅州府志》：

> 元旦……饮屠苏酒。按，《岁华纪丽》云：“屠苏，草庵名。昔人居草庵中，每除夕遗里人药一囊，令浸井中，至元日取水置酒尊，合家欢饮之，不病瘟疫。”今俗无药味，止用椒柏或茱萸。

唐代韩鄂《岁华纪丽》说，有位高人居草庵，名其庵为“屠苏”。每逢除夕，他送给乡里邻居一袋子草药，嘱邻人将药袋子浸泡井中，正月初一汲井水当酒喝。全家人共饮这种井水，可以防瘟疫不得病。这浸过药的井水，人们以高人的庵名称之，即所谓屠苏酒。至清代，四川年俗仍饮屠苏，但已是井水浸椒柏或茱萸了。

后来，人们将屠苏与孙思邈联系起来。孙思邈（图48），唐代名医，所著《千金方》为重要的中医文献，后世奉其为药王。郎瑛《七修类稿》记："今曰酒名者，思邈以屠苏庵之药与人作酒之故耳。"这是讲井水浸药名屠苏，源自孙思邈的庵名。屠苏酒的配方，出自神医药王之手。至于"屠苏"之义，古人解释说："因思邈庵出辟疫之药，遂曰屠绝鬼气，苏醒人魂。"人们相信，沾了药王灵气的辟瘟免疫之药，会很有功效的。孙思邈庵名"屠苏"——屠者绝鬼气，苏者醒人魂，用这两个字来称谓浸了药的井水，包含着消灾祛病的愿望。

图48　明代《列仙全传》孙思邈像

屠苏,《太平御览·居处部》引《通俗文》:“屋平曰屠苏。”草庵本身的别名,就叫屠苏。这有助于解释孙思逊庵名之说。

明代郎瑛《七修类稿》记屠苏酒的配制和饮用:

> 药用大黄配以椒桂,似即崔实《月令》所载元日进椒酒意也。故屠苏酒亦从少至长而饮之。用大黄者,予闻山东一家五百余口,数百年无伤寒疫症,每岁三伏日,取葶苈一束阴干,逮冬至日为末,元旦五更蜜调,人各一匙以饮酒,亦从少起。据葶苈亦大黄意也。孙公必有神见。

对于屠苏的制法和饮法,古人也神秘其事。《七修类稿》说:“用袋盛,以十二月晦日日中悬沉井中,令至泥。正月朔旦出药,置酒中煎数沸,于东向户中饮之,先从少起,多少任意。”除夕日将屠苏药粉装在袋子里,系于水井井底,正月初一清晨取出,与酒同煮,是为屠苏酒。饮屠苏要从孩子饮起。至于选在东向房屋里饮用,是因东为春生万物的方向。

郎瑛所记的药方是大黄、桔梗、白术、肉桂各一两八钱,乌头六钱,菝葜一两二钱。或者,再加防风一两。同时,他又讲:“药用大黄配以椒桂,似即崔实《月令》所载元日进椒酒意也。”显然,郎瑛注意到屠苏与椒酒的关系。

关于屠苏的来源,不只孙思邈一说。请读宋代赵彦卫《云麓漫钞》:

正月旦日，世俗皆饮屠苏酒，自幼及长……《千金方》云："屠苏之名不知何义。"按梁宗懔《荆楚岁时记》云："是日进椒柏酒，饮桃汤，服却鬼元，敷於散，次第从小起。"注云："以过腊日，故崔实《月令》：过腊一日，谓之小岁。"……则知敷於音讹转而为屠苏，小岁讹而为自小起云。

在古人眼里，椒、柏还有桃都具有辟鬼邪、驱瘟疫的功能，所以新年第一天要饮椒酒、柏酒和桃汤，以求全年平安、康健。这不仅是《荆楚岁时记》所记南朝人的习惯，也是北朝的风俗。北周庾信《正旦蒙赵王赉酒》诗："正旦辟恶酒，新年长命杯。柏叶随铭至，椒花逐颂来。"所咏即正月初一饮椒柏酒辟邪的年俗。

此外，还有"敷於散"一项。"敷於散即胡洽方云许山赤散，并有斤两。"《云麓漫钞》推论，"屠苏"来自"敷於"，是同音讹传的产物。甚至饮屠苏从小孩饮起，也被归于源自讹传——原本说的是"过腊一日，谓之小岁"，传为正月初一饮屠苏，从岁小者开始，自幼及长。

饮屠苏，要自幼及长。宋代人记此风俗，梅尧臣《嘉祐己亥岁旦永叔内翰》诗："屠酥先尚幼，彩胜又宜春。"《清波杂志》载，居上饶的郑顾道，享高寿，有《除夕》诗："可是今年老也无？儿孙次第饮屠苏。一门骨肉知多少，日出高时到老夫。"耄耋老翁，儿孙满堂。屠苏从除夕夜开饮，轮到老翁举杯，已是元旦朝阳高高照了。

"屠苏"是"敷於"的讹传吗？这其实并不重要，因为早在饮屠苏之前，元旦饮椒酒、桃汤已相沿成俗；而屠苏，除了那古怪的名字令人猜解，它的形式和内容都是从椒酒桃汤那里借来的。“屠苏”“廜廯”“敷於”之外，还有“酴酥”。酴酥是酒名，也用来名屋。宋代《清波杂志》引《苍梧志》：“平屋谓之酴酥，若今幕次之类，往往取其少长均平之义。”据解释，酴酥指平顶帐篷之类。由居屋的“少长均平”，到饮酒的自幼及长，也似有一条关联的纽带，若隐若现。

屠苏所浸药物，确有防病保健功能。特殊的时间选择——辞旧迎新之际饮用，又赋予它心理上的强健作用。更妙的是，装着屠苏药剂的那个袋子，一定要先浸于水井之中，除夕夜方能取出，用以浸酒，或者就以井水来浸。因此，一元复始饮屠苏，不管喝下肚的是井水还是酒水，那些防疫驱瘟的药物都早已浸泡于饮水之井，将药力溶于一井水中了。

一年到头饮井水的人们，于辞旧迎新之际，在井中浸些驱瘟的草药，以求来年健康，不受病患困扰。饮屠苏的风俗，可归于年俗，也可纳入卫生保健习俗。

（三）正月开井祀龙王

除夕封井，并非要以干涸的沙漠方式辞旧迎新。井要封，水也要用，所以封井之前要贮水。将此举与火相提并论，反映了传统文化系统的周密性特点。清康熙年间山东聊城《茌平县志》讲除夕“封井贮水，宿火”。记载同一风俗，还可见《苏州府志》“种火，汲水封井”。清道光年间《元和唯亭志》记的是：“封井泉，撑门炭，宿火储水”。一夜连双岁的除夕，讲究连年有余，红红火火，因此水缸要满，火种要留。

封井之后有开井的讲究。阳澄湖地区风俗，正月初五开井汲水，早上汲水称为“罗头水”，象征财神、财源。

清代湖北《孝感县志》，正月初一、初二不扫地，不取火，不汲水。到初三日开始汲水时，先在井边烧纸，此举称为“买水”。向谁买？不外乎井泉童子，或者是司井龙王这样的神灵，买水就是奉祀。

河南民俗正月初一井台上贴对联：“一年长不安，自在今一天。”不汲井，让井龙王也过过年，歇息一天。

在云南大理鹤庆县，除夕封井，初二开井。据潘金华《鹤庆各族宗教习俗概况》，除夕两件事：先封井，后封门。为此，春节前要备足水。初二开井时，要先向龙王致敬。转天又要停止汲井，因为相传正月初三是龙王生日，为了避免打扰龙王，这一天不汲水。云南鹤庆彝族春节，汲过年水要向井中投硬币。彝族同胞讲，这是向龙王买水，希望井龙王用这些钱与天神、雨神、雪神搞关系，以便能够把足够的水源调到井中。

正月开汲的种种讲究，其实是在岁首年头，对于滋养生命的水井表示崇敬之意。

（四）填仓节里请仓龙

在农耕时代里，中国有个填仓节。填仓又作添仓，节期在正月二十五。或前或后，各地小有差别。俗传填仓节为“仓神诞”。填仓节的主题是仓满囤实、生活富裕。人们愿意在这一天籴米积薪，表示美好的愿望。人们还愿意在这一天做一回饕餮客，填满自己的肚子——胃也是“仓”。《东京梦华录》记正月二十五，所谓“人家市牛羊豕肉，恣飨竟日，客至苦留，必尽饱而云，名曰填仓”，说的就是这一风俗。

风俗把水井拉入填仓节。1931年河北《迁安县志》：正月“二十五日，家家早起，填谷于仓，取水于井，谓之请仓龙，故谓是日为填仓”。填仓如何填？要“请仓龙”——仓中添谷，井里汲水。

仓、井并祭，是流行于晋东南的填仓节习俗。1929年《武乡县志》：“正月二十日，曰‘小天仓’，杂箔黍、谷蒸作团，或炙油糕，祭仓、箱、井、臼之神。”所祭四项，可归为三类。仓与箱一类，都用来容储积存。臼自为一类，又与仓相关，仓中粮总要经过臼的加工的。以上两类，和填仓节有着直接的关系。至于水井，能为填仓节所瞩目，大约在于此一节日为“饮食”之节。饮食饮食，水井占了它的半壁江山。

正月里，补天节也将水井纳入节俗之中。在关中地区，正月要过为补天节，又称女王节、娲婆节。正月的二十日，相传为女娲生日，二十三日是她补天的日子。补天节的应时食品是圆而薄的“补天饼”，用它补天，也用它补地。把一张饼抛到自家屋顶上，象征补天；另一张饼掰开，放在院子角落，丢入井中，象征补地。

（五）“二月二，龙抬头”

早春二月，节气惊蛰。“二月二，龙抬头”，惊蛰前后，万物酝酿着复苏，正是蛰虫萌动、龙蛇始振之期，此即所谓龙抬头。

龙抬头的日子里，民俗要引龙、领龙。江、河、湖、海、潭，在龙潜的各种水域中，各地引龙风俗大都选择了井——由水井引龙。个中原因，在于居家多近井，还在于井泉平和，想象中的井龙自然也就和善，容易产生亲和之感。清嘉庆十五年（1810）河北《滦州志》记：

> 二月二日为“龙抬头”。农家用灰自户引至井，用糠自井引至瓮，谓之“龙入宅”，主有财福……童子试文，取占龙头之义；女子停针，恐穿龙头也。

这是一种双向的交流，表示交流的线也要画上两条。一条用柴灰画下的线，由家门延伸至水井；另一条谷糠的线，由水井画向水瓮。引龙，民间也叫“引龙回”。二十四节气，惊蛰之前是雨水，表示缺少雨水的冬季已经过去。龙是治水的神灵。惊蛰龙振，人们希望把施云布雨的龙请回来，保佑风调雨顺，五谷丰登。我国北方的气候特点，春季往往少雨干旱，因此引龙回实际上是一种祈雨的形式。并且，这种引龙司水的想象，是放眼全年的，更是着眼当春之际的。“春雨贵如油”，南北地域相比，北方比南方更甚些。在南方，缓解春旱的需求不像北方那样强烈，那里的引龙风俗也就淡一些。

“二月二，龙抬头；大仓满，小仓流。”民谚道出了引龙风俗的内涵，即农业丰收。河北滦州引龙“用糠自井引至瓮”，以糠为引，也含此用心。有的地方还将引龙回与填仓节联系起来，强调引龙治水以保丰收的主题。1938年辽宁《西丰县志》记，二月二早晨，“以灰由井沿撒至院内成龙形，并在院作仓形，盖自填仓日起至此，龙神始入仓也’”。填仓节又名添仓、天仓，此节含义明了，粮满囤、谷满仓而已。填仓节时请仓神多行好事，二月二再请司雨的龙神入仓，填仓、引龙，珠联璧合，人们将丰收的祈盼编织为美好的想象。

风俗的增饰，是一种常见的文化现象。为求丰收而引龙回，于此基调之上，再附以华丽的色彩，比如在河北民俗中，引龙入宅被解释为“主有财福”，是顺理成章的事情。

引龙与财福挂钩，山西大同另有“引钱龙”之说。清道光十年（1830）所修县志记：二月二“户家按是年治水龙数，投钱于茶壶，汲水井中，随走随倾，至家则以余水合钱尽倾于贮水瓮，名为‘引钱龙’”。民俗符号系统中，水本代表“财”，壶中灌满井水，置入钱币，可以说具备了双重的财富意义。从井沿到水缸，边走边洒壶中水，与其说是在地上画线引龙，不如说持壶人牵着水之龙。以壶洒水的情状，像是从水井上引一条龙，那水龙由壶嘴牵着，经过院子，一直牵到水缸前，随着尽倾壶水进缸，水龙好像也进了缸里——人们说，这是“钱龙”，此龙引来，家家户户的期冀都融于其中了。

二月二引龙，反映了风调雨顺、五谷丰登的祈盼。风俗将这样的祈盼交给了井中之龙。在冀南平原的一些地方，流传正月过七河风俗，也是有关井龙的民俗活动。

过七河，由正月十四开始。这天，村里选出七个姑娘。七个姑娘从七户人家弄来饺子汤和锅灶下的柴灰，集合到某家院子里，在捶布石旁，用饺子汤与柴灰和泥。泥和好了，堆在那里备用。七个姑娘再找一个小男孩，带着水罐，到村外水井去汲水。在汲水过程中，姑娘们要不停地唱：“井龙王，井水多，帮助七女过七河……”随后，提着那罐水，回到和泥土的院子，要用饺子汤、柴灰和的泥，将罐子与捶布石黏在一起。这过程要唱："石头爷来，井龙王来，帮七女把水罐黏起来。"盛着井水的罐，黏着捶布石，就放在院中间。待到正月十五，连黏带冻，水罐与石头连成一体。七个姑娘取小麦、谷子、玉米、高粱、黄豆、绿豆、黍子七种粮食，在院子里撒成七条线，麦线称为麦河，谷线称为谷河，玉米线叫玉米河……七条线合称丰收河。这时，担起水罐与捶布石，姑娘们开始过七河了。跨过麦线就是过了麦河，接着过谷河、玉米河、高粱河……人们说，过了哪种"河"，哪种作物好收成，七河全得过，样样庄稼齐丰收。这一风俗游戏的趣味性在于，盛水的罐重，捶布石更重，往往走不了几步，或是罐难以承重，或是石头掉落下来，坚持到跨完七河，很不容易。姑娘们要想方设法在欢声笑语中走过七条线，为全村争得个丰收的好兆头。

过七河的民俗游戏，曹广志《燕南赵北的民俗与旅游》所记甚详。这一民俗游戏的道具，饺子汤、灶灰、捶布石、七种谷物，均有象征意义。自然，向井汲水唱"井龙王"，也有着象征性意义。旧时农耕，丰收年还是歉收年，靠天吃饭，全看龙王肯不肯帮忙了。所以，过七河的姑娘们要唱"井龙王，井水多，帮助七女过七河……"

仍来说二月二引龙。

二月二引龙，除了引龙入宅，引龙入仓，向内的引领，还有相反方向引导，例如《滦州志》所记"农家用灰自户引至井"，即是由户内向门外引。不仅在关内的河北，关外辽宁也有此俗。20世纪30年代《朝阳县志》载：二月二，"谓是日为'龙抬头'，故皆以柴灰作线，自水缸下引至井台，复以谷糠作线，自井台引之水缸下，并曰

‘青龙去，黄龙来’云云，谓之‘引龙’”。一领出一引入，记得清楚。

不管是河北的“农家用灰自户引至井”，还是辽宁的“以柴灰作线，自水缸下引至井台”，撒灰成线似与驱虫有关。在许多地方，二月二撒灶灰或石灰于门前房角，为了辟虫，所谓“绝虫蚁”。惊蛰之时，人们希望作出一种表示，把自家房里院内的虫蚁毒蝎引到大门之外去，就如同正月里的“老鼠嫁女”一般：请走开。这是与引龙回不同的另一种引领。

靠近惊蛰的缘故，二月二节俗兼有治虫的主题。明代《帝京景物略》说：“二月二日曰龙抬头，煎元旦祭余饼，熏床炕，曰熏虫儿，谓引龙，虫不出也。”这段话有两点值得注意。其一，明代北京，二月二引龙与熏虫兼顾并举；其二，“引龙，虫不出也”，惊蛰本是蛰虫萌动的时节，人们讲龙为百虫之精，引龙回，百虫伏藏不出。由水井引出的龙，不仅治水，管着风调雨顺粮满仓，还治害虫，农耕时代的人们将这样丰富的想象交给了二月二。如果真能奏效，那真是避免农药公害的良方了。

驱虫辟虫之说，一定要借助引龙吗？那倒未必。二月二汲井水，这本身即被赋予辟虫禊（xì）灾的意义。清光绪年间河北《怀来县志》，“二月二日，谓之龙抬头，以近惊蛰也。各家晨起汲井华水，有祓（fú）禊之意”，讲的就是这个意思。春季里临水洗濯、祓除不祥是古老的风俗，《周礼·春官》已见有关记载。司马彪《续汉书》：“三月上巳，官人皆洁于东流水上，自洗濯祓除为大洁。”临水洗濯之俗，不仅为了除垢，更在于除灾去邪辟不祥。这就是祓禊。井水天天汲，此日有不同。古人对于龙抬头和惊蛰的想象，那奇妙的色彩仿佛融入井水之中，使得二月二的井华水具有了特殊的意义：祓禊——不必到流水岸边，清晨起来到井沿汲上几桶井水，这就是家家户户的祓禊，驱虫蝎、辟虫蚁的祓禊。

（六）“俗以清明淘井”

宋代时，清明节风俗的内容之一，是淘井。请看苏轼《东坡志林·记梦参寥茶诗》所言：

> 昨夜梦参寥师携一轴诗见过，觉而记其《饮茶诗》两句云：“寒食清明都过了，石泉槐火一时新。”梦中问：“火固新矣，泉何故新？”答曰：“俗以清明淘井。”

苏轼是文豪，梦中仍在品诗论诗。古代有清明改火习俗，所以讲“火固新矣”。至于井泉水新，何以见得？应对是：民间有清明淘井的风俗。

清明改火，与寒食节风俗是搅在一起的。寒食节在清明节前一两天，节期相接，两个节日的内容相互融合，是很容易的事。古人在寒食之日不举火，吃冷饭。此俗的由来，或传为纪念被火烧死的介子推，或说源于周代季春改火的礼制。

“石泉槐火一时新”，改火改得火新，淘井淘得水新。水与火，仿佛在相互照应着，你新我也新。对于火之新，可以讲风俗曾付出禁火寒食的代价；如果求对应的话，水之新是不是也要付出禁止汲井的代价呢？

说来正巧，风俗中竟也有这方面的讲究。宋代金盈之《新编醉翁谈录》记寒食节："是日，世传妇人死于产蓐者，其鬼唯于一百五日得自湔濯，故人前一日皆畜水，是日不上井以避之。"寒食的节期，为冬至后105日前后。民间传说，难产而亡者所变的鬼魂，一年中只有这一天可以洗濯——这就不免要到井上去弄水。人们汲井就要躲避这一天，提前一天汲得缸满罐足，寒食之日不上井。由此，寒食清明的习俗，有关水与火，真是双双对举了，你的火新——改用榆柳之火，我的水新——用上了刚刚淘浚的井水，你先有不举火的铺垫，我也有不汲井禁忌。当然，为什么不汲井，大约淘井的关系更大些，似乎并不在于要同寒食的禁火做伴，才讲禁汲的。

春三月"钻燧易火，抒井易水，所以去兹毒也"，《管子·禁藏篇》的这段话，本书前已援引。抒井即淘井，易水即改水；至于三月，正与清明时节相吻合，可见"俗以清明淘井"乃是悠久古风。

井淘三遍吃甜水。清明时节做一做这件关乎饮水卫生的事，实在是一项很好的习俗。

（七）端午"送灾"

清代广东《肇庆府志》记端午风俗：五月五日"汲井华水洗濯，倾之门外，曰'送灾'"。端午期间，广东民间还有"放殃"风俗，清代《石城县志》：五月"自一日至五日，童子以纸鸢戏，谓之'放殃'，偶线断落入屋，必破碎之，以为不祥"。"送灾""放殃"，再加上家家户户的辟邪门饰，反映出古代端午节的主题定位。

如今逢端午，人们想到的多是划龙舟、吃粽子，虽不免要说到投江的屈原，但端午给人的总体感觉还是欢快轻松的。

古代则不同，俗传五月多不祥，有“恶五月”之称。五月再加上个五日，似乎就更多了不祥。比如，“不举五月子”其实是对五月五日的偏见——忌五月五日生子。战国时，齐国孟尝君田文生于五月五，在襁褓中差点儿被他父亲遗弃。打那以后，书上写着，民间讲着，此项陋俗一直流传。

若刨这偏见的根，刨来刨去，会刨到阴阳五行之说。古代正月建寅，依次排下来，五月地支为午。地支十二项，这午被阴阳学家视为阳之极；至于五月的五日，这一天虽不一定也排为地支午，可是人们却习惯称其为“重午”——双午重叠，视为一年里阳气最盛的日子。传统哲学讲阴阳谐调，失衡便不好。双午为火旺之相，过旺则为毒，要禳解。端午民俗有忌汲井水的讲究，如清代汪启淑《水曹清暇录》：“端一、端五两日，内外京城居民不汲井泉，云避井毒也，日须皆预汲储。”这两天的用水，要提前存下的。不汲井，着眼点不在于给井神井龙放放假，而是所谓“避井毒”。“毒”所由来，即出于对“恶五月”“毒五月”的想象。

五月、午月，阳之极。对此，古人还有进一步的揣摩，盛极必衰，阳气旺到顶点就要走向反面，意味着“阴气萌作”。而夏至，表示白昼由最长转向逐渐缩短的节气，正在五月。由这种参悟天地的思想，派生出传统端午节的主题：驱恶辟邪，兼顾去秽除瘟。门悬蒲龙艾虎天师像，饮雄黄酒，佩五毒等，都反映了这一主题。

肇庆的端午风俗，“汲井华水洗濯”，既有夏令卫生防疫的实用功效，又含禳祛灾厉的象征意义。洗涤之后，把脏水“倾之门外”，泼到门外而称为“送灾”，是一种象征，体现了驱邪禳灾的传统观念。在形式上，则与端午的“放殃”、正月初五的“送穷”同一思路，都是以门户为象征，将避之唯恐不及的东西扔到自家的生活圈子之外去。

（八）六月六，贮井水

传统历法的六月六，在中国岁时习俗的百草园里，是一个长满绿叶、擎着小花的日子。这一天被大众所瞩目，据说缘于宋朝的抗辽。北宋时，辽兵南犯已成为让朝廷头痛的事。那个在戏曲舞台上以背靴闻名的寇准，是个反对南逃的宰相。他费了九牛二虎之力，促成宋真宗御驾亲征。这一举动虽迫使辽方退兵议和，但那所谓“澶渊之盟”，体现的还是以辽之强，凌宋之弱。于是，软弱的宋真宗希望通过封禅，借助神明，镇服四方。封禅之后，就有人讲梦见神明降天书，其中一次在六月六。宋真宗以这一天为天贶节，还在岱庙修了座天贶殿。天贶就是天赐。

六月六成为传统节日，其实得益于六六重叠。类似的月份日期重叠，大都格外受关注。大年初一是元月元日，且不为例；二月二、三月三、五月五、七月七、九月九、十月十，都缀着中华岁时风俗的篇章。六月六的节日特点，后来并不怎么理会降天书云云，而是基于其自身的时序优势——这正是烈日当头照的时节，突出了一个“晒”字：晒衣物、晒书籍、晒经卷……

“晒”的蒸发物——水，得到特别的关注。六月六的水，似乎特别好，特别金贵。1935年河北《晋县志料》：“六月六，士女争曝书籍、衣物，谓经岁不蠹，并于是晨汲井水贮瓮封之，以给酝酒、造面之用。”利用日光与贮存井水，成了六月六的两大主题。这风俗不仅限于一地一域，来之既久，影响也广。

六月六之水，是沾了夏日炎炎的光吗？从民俗事项的形式上看，是如此。例如，南昌素有“六月六晒衣箱”的习俗，俗传每年此日“阳气”最足，晒过的衣物不霉不蛀。

然而，倘若追根寻源，六月六的水这般金贵，它们的初始之源、文化之根，却在其自身——双“六”重合。

中国的传统文化有许多充满神秘色彩的内容。人类数手指头而得十个自然数，一、二、三……这简单的序数符号，经过古人冥思玄想，推演架构，竟变得充满哲学意味。其间，又加以神秘主义的浸染，而成为似乎可以窥视天地奥秘、查检人间吉凶的窗口——“万事通”了。

就这样，易学把数字变成了哲学，也变成了玄学，例如那个“一”是阳爻，那个“二”为阴爻，那“九”、那“六”也被赋予天地玄思。宋代《云麓漫钞》说：“阳顺而上，其成数极于九；阴逆而下，其成数极于六”。古人以奇数为阳，一、三、五、七、九，《易·系辞上》称这五数为天数；偶数为阴，二、四、六、八、十，这五数又被归类为地数。易卦的爻题，于十个数目字中，只选了两个，以“九”标示阳，“六”标示阴。九为最大的阳数，皇权用“九”，纵九横九是皇宫大门专用的门钉数量。阳数取“九”，阴数没选“八”，而是用“六”，同样大有名堂。以序列而论，“六”之前，有“二”“四”，之后有“八”“十”，“六”正好居中。哲学般的玄秘，正在这里。阴阳之别，所表现出的特征之一，是阳为外露，为开放，为刚；阴为内敛，为收纳，为柔。阳数以“九”为代表，阴数以“六”为代表，正合乎以上特征。

“六”为阴，水属阴，表示水的数目字，也以“六”最具资格。自古有“地六为水”之说。“雪花六出，先儒以雪为水结，地六为水，故六出也”，雪花六角也以“地六为水”释之。这见于明代《七修类稿》。

明代王逵《蠡海集》：“北斗位北而得七，为火之成数；南斗位南而得六，为水之成数，此乃阴阳精神交感之义也。”按照阴阳五行之说，北方属水，南方属火。可是，北斗七星，七又是“火之成数”；南斗六星，六是“水之成数”——王逵以“阴阳精神交感”释之，且不去说它——这里提请注意的是，“水之成数”：六。

六为水之成数，民俗六月六以水为主题，便是顺理成章的事。同一个道理，治水的神也多以六月六为生日——自然这是俗信的设计、风俗的约定。大禹的生日六月六，苏轼《上巳日与二子迨过游涂山荆山记所见诗》自注：“淮南人相传，禹以六月六日生。是日，数万人会（涂）山上。”涂山是禹的生地，六月六被说成禹的生日。

关于司水之神的诞辰，还有杨泗的例子。湖北民间礼奉杨泗，清同治年间《郧西县志》：六月六日“为杨泗将军诞辰。沿河祀神演剧，各舟子赛会争胜”。杨泗的来历，据《大清会典》记，“河温县南人，生而灵异，未冠成神，明封将军，以治水功德于民，建庙张秋镇”。司水的杨泗似乎并不甘于终年湿漉漉，他追求干湿相济，一年一度要晒袍。民间传说，杨泗诞生这天，世间曝衣晒书，天上杨泗晒袍，所以六月六又称“杨泗晒袍日”。因为杨泗是管雨水的神，人们将他与五月十三的关羽磨刀雨联系在一起。如果天公不作美，六月六这天阴雨，而当年的五月十三“关公磨刀日”又恰好天晴无雨，老年人就会讲给年轻人听：“五月十三，杨泗没送雨水给关老爷他磨刀；六月六关老爷撑伞遮阳，不让杨泗晒袍。”

六月六既是水神杨泗的生日——讲水，又是他的晒袍日——讲曝，这一传说将六月六习俗的两个主要方面都做了诠释。

在江西一些地方，有“六皇斋”和“九皇斋”风俗。民国初年《庐陵县志》记：“六月六，曝衣物书画，民间自一日至六日烧烛礼南斗，名曰‘六皇斋’”，“九月，一日至九日，烧烛礼北斗，名曰‘九皇斋’”。六月六与九月九对举，更可见辩证思维。“六”是阴，是水，值此之际，却要礼拜南斗——南斗主火。“九”是阳，是火，却选在九月九礼拜北斗——主水的星官。在水盛的日子不忘礼火，在火盛的日子不忘礼水，水中有火，火中有水，这正体现着中国古代哲学的辩证观。《易经》中有四个字：水火既济。这四字所概括的，绝不仅仅是中国烹饪的小技巧，而是中国古人察天理地的大哲学。

六月六贮水的风俗流传很广。纵观各地习俗，所贮主要是井水。清乾隆七年（1742）刻本《延庆州志》：“六月六日，清晨汲井水，贮瓮中封之。”光绪三年（1877）《乐亭县志》：六月六日“清晨汲井水贮之，经年不坏，可以造面（曲）、渍醋、又以水煎盐，擦牙洗目。”光绪八年（1882）湖北《应城县志》：“六日晨早取井华水，藏以治病。”20世纪20年代陕西《怀远县志》：“六日五更，汲井华水贮器中，作酱醋不败。”20世纪30年代山东《禹城县志》，六月六日“取井水注瓮，谓其宜瓜菜”。这些关于风俗的记录都讲此日井水好。

六月六的井水，大都在清晨汲取。俗传其特点有：第一，可久存，贮有瓮中经年不坏，不腐败，不变质；第二，可酿造，用来做酱、做醋；第三，“宜瓜菜”；第四，可疗病，包括煮盐水“擦牙洗目”。

（九）七夕天孙水

七月七，周年刻度上一个平常的日子，在几千年的岁月里，被美丽动人的神话传说浸泡得韵味悠长。牛郎织女，一条天河，鹊鸟搭桥，相见时难别亦难……这一天的精彩时段在晚间，所以又叫七夕。七夕夜的故事在天宇，晴时看星星、看银河，倘若云遮雨落，就讲鹊桥相会滴下泪。七夕是女儿们的节日，大姑娘小媳妇一年一度要“乞巧”。头一天取河水、井水混在一起曝晒，七月七在太阳下浮针于水面，看水中的影子，那影子若是呈现出塔形、笔形，女人们便会乐得合不拢嘴，说是乞巧得了巧。

男人们在这一天里干些什么呢？他们不必为那个“巧”，去结彩缕、做方胜，去穿七孔针。他们也有事要做：汲井贮水。

天上、人间，令人缠绵悱恻的七夕传说，仿佛把这一天的井水也变成了传说。清代道光年间《西宁县志》说：七月七，“五更汲井华水河水贮之，以备酒浆、药饵，名曰‘七夕水’，经岁不坏”。同一时期的《钦州志》说：“七日，汲井华水贮以备酒浆，曰‘圣水’，久贮不生虫。”《苍梧县志》又记：七夕这天取河水或井水贮瓮，经久不变味，谓之“银河水”。民国时期的《阳江县志》则记，七夕“正午时，取新汲井水贮之，以备和药，经岁不腐，谓之‘神仙水’”。你看，七夕水、圣水、银河水、神仙水，七月七的传说真是要把井水也变成传说。

七夕水又有芳名叫天孙水。这见于清代屈大均《广东新语》：

广州人每以七月七夕鸡初鸣，汲江水或井水贮之。是夕水重于他夕数斤，经年味不变，益甘，以疗热病，谓之圣水，亦曰天孙水。若鸡二唱，则水不然矣。

有了这么多美誉的七夕水，需要尽早汲取。《广东新语》讲鸡初鸣才是“圣水”，千万别误了时辰，鸡鸣二遍“则水不然”，再不是“天孙水”了。按照《西宁县志》所记还要提前，“五更汲井华水”才可称“七夕水”。《增城县志》则记，七月七的井华水，要子夜时分汲取贮存才好。

在人们看来，七夕井华水具有优于平常井水的特点。首先是易贮，贮之于瓮，经年不腐不变味，并且贮的时间越长味道越甘。其次，清代《肇庆县志》说：“汲井华水贮之，能治病。”七夕井华水饮之有保健治病之效，可用来调药，做药饵。再次，如清光绪年间《曲江县志》所记，七夕“家汲井华水以作醋”。

关于七夕水的俗信，大约源自一种联想，即对于银河的联想。夏夜里星空灿烂，古人视星宇如河汉，称其为天河、银河，又有星河、明河、长河、秋河、绛河，以及天汉、星汉、云汉、天津等名称。这些名称均基于一点，那就是将星宇想象为一条河——天上的河。在古人的遐想之中，天河与地上的江河海洋相通，甚至还有定期航班。晋代张华《博物志》记录这样的传说：每年八月海渚有浮槎去天河，去而复归，从不失期。某人有奇志，带着干粮，偷偷搭乘前去。浮槎漂进天河里，沿河而行，见到了天宫，“宫中多织妇，见一丈夫牵牛，渚次饮之”。那个偷游天河的人，看到了织女，还和牛郎讲了话。在四川，则有人看到“某年月日有客星犯牵牛宿”，而这，“正是此人到天河时”。此人没有离槎上岸，随浮槎回到了地球。在这个故事里，人们想象天河有水有岸。讲牛郎织女、讲鹊桥、讲乞巧的七夕，做的都是天河的文章。同样，俗信七夕水好，汲井贮水，也是要沾一沾天河的水色波光，天河的神奇与仙气。

七月七，时处夏秋之交。它可能属于处暑节气，也可能在立秋以后。与七夕“天孙水”“神仙水”相比，立秋这天的井水虽然也受到人们的青睐，可是说法显得单调了。

旧时民间俗信，立秋之日的井水能治病。清嘉庆十年（1805）浙江《长兴县志》：“立秋日，俗以井水吞赤小豆七粒，谓可免疟痢之疾。”《杭州府志》记，立秋“以井花水吞赤小豆七粒，云可辟疫，犹沿宋时遗风”。这也是一个古老的风俗。

（十）腊八

岁时进入寒冬，腊八是各地风俗都有予以关注的节日，吃腊八粥、泡腊八醋等节俗广为流传。

如果说腊八粥、腊八醋关涉饮食之食，那么，1932年贵州《平坝县志》记腊八风俗，说的则是饮食之饮：

> 均于未黎明时到井汲水，以得第一挑为幸。相传井中有冒水泡，名曰“锦上花”，又曰“锦上添花”。

我国朝鲜族同胞有除夕捞龙卵风俗，届时家家早起，争汲第一桶井水，说是可以捞起井里龙卵，一年吉祥。贵州平坝民间的腊八习俗，与此有异曲同工之妙。天还未亮便去汲井水，抢得个第一是幸事。挑回家的是什么？是锦上添花——对好日子的祝福。井中的水泡，即是家家欢迎的“锦上花”。

腊八的井水似乎也格外金贵。贵州《镇远府志》记施秉县民俗，十二月初八“贮井水以俟明年下酱”。许多地方贮六月六的井水做酱。在贵州，人们看重腊八的井水。

腊月井水防疫，也是古人所重视的。《养生要论》说：“十二月腊夜，令人持椒卧井旁，无与人言，内椒井中，除瘟病。”饮用水的清洁卫生，关系重大。花椒有一种奇特的芳香，可以用来驱虫。由此，人们相信向井里投放一些花椒，能够起到洁净水质的作用。这样处理过的井水，因为融入椒味，喝到肚里防瘟疫。至于“持椒卧井旁，无与人言”云云，旨在渲染神秘的气氛，借以造成一种气氛的铺垫与内容的膨化，为“内椒井中”这一并没有多少含义的事情，注入些许玄机，增加若干分量。

这一风俗的“内椒井中”，同新年饮屠苏酒相比，尽管配方繁简不同，实质却是一致的。

五、井与神秘文化

（一）风水说中有眼井

充塞着迷信内容的古代神秘文化，风水说是重要的组成部分。风水家是化精华为糟粕的能手。风水理论对天人合一思想做了无限的夸张，从而变良为莠，由先秦以来关于天、地、人的宏观大思维，推导出谬误骗人的一支。这一支竟也形成了理论体系。人们选择和营造居住环境的真知，被它纳入囊中。纳入后，再掏出时已面目全非，饱经污染而一塌糊涂了。风水术用来为皇家勘寻陵地，用来选择城址，规划城池。风水说影响到府第豪宅的建造，时不时地还光顾寻常百姓的庄稼院。

风水术讲究地形地貌，评论门前、院后，有时不免要做水井的文章。

在古代，风水说唬人，有唬得一城人不敢打井的例子。清代屈大均《广东新语》说："惠州城中亦无井，民皆汲东江以饮。堪舆家谓惠称鹅城，乃飞鹅之地，不可穿井以伤鹅背，致人民不安。此甚妄也。然惠州府与归善县城地皆咸，不可以井。仅郡廨有一井，可汲而饮云。"当时惠州少井，除了地下水质的原因，还有风水先生的原因，即视惠州为鹅城，你要打井，他说你"穿井以伤鹅背"，破了风水要遭殃。整个惠州城，竟然只有一眼井。可是，也别太长风水先生的志气。说风水唬住全城人，毕竟有些水分，不那么实。一个不容忽视的情况是，城中地下水质欠佳，井水咸，不可饮，形成了居民以江水为日用的习惯。风水先生的忌伤鹅背之说，正是乘势开口，造成风水护“鹅”的假象，以壮自家声威。

惠州的不凿井，是风水术顺应当地水文而形成的特殊例子。在通常情况下，风水理论并不拒绝水井，而是将井作为全局的一个棋子。

以井镇水患，《玉泉子》：贾耽“在滑台，于城北命筑八角井以镇黄河。”这是个值得重视的例子。古人以厌胜之法防备水患，多在江河岸边铸铁牛。牛属土，土克水，这是符号一。铁为符号二，五行铁为金，金克木，而治水的龙恰恰属木。颐和园湖畔铸铜牛，取意正在于此。“凿八角井以镇黄河”，则是另一种遐想的产物。井口八角，取数八，合于八卦之数。在古人心目中，十二地支、十天干、八卦，都有平安驱邪意义。古人铸铜镜，常以十二生肖、八卦符号为饰纹，相信这样的铜镜能辟邪。在台湾地区，至今仍有民居门首悬挂八卦牌的风俗。八卦牌刻木为八角形，最外圈为九星符号，内里一圈刻八卦符号，中心为汉字。用来“镇黄河”的那眼井，井口不取圆形，为多边形又不取六角、七角而选择了八角，不正像一块八卦牌镶在大地吗？八角八面，八方所向，天地乾坤，坎水离火，震、艮、巽、兑，各就各位，看它黄水还敢决堤漫岸！只可惜，这一切都是基于一种美好的想象。谁能保证不会出现河水灌井的汛灾呢？八角井不过是一组符号，既无镇水消洪的回天力，也没有别的什么神力。因此，同铁牛镇水一样，凿井镇水患只能是一个美丽的梦。

旧时坊间所印《阳宅撮要》，辟有专门一章——井，集中讲述住宅中水井的位置。这部清代的风水书宣扬：“凡井于来龙生气旺方开之，则人聪明长寿。若在来龙绝气方开之，夭而愚顽。”说到方位，以十二地支论，“子上穿井出颠人，丑上兄弟不相亲，寅卯辰巳多不吉，不利午戌地求津，大凶”，等等。地支十二项，可以凿井者少，这反映了所谓“天干位上吉，地支位上不宜”之说。

所以，要兼讲天干。如旧时风水谣：“亥方有井，子孙大旺，人多聪明。壬方有井，发财旺丁，怪疾频频。癸方有井，黄金满筐。乙宫有井，女秀男俊。巽宫有井，财禄大享。巳方有井，小小功名。丙方有井，高官显名。”这说是吉方，其中壬方井既“发财旺丁”，又“怪疾频频”，吉中含凶。至于巽宫云云，八卦巽为东南。

围着井台、锅台转，是旧时妇人的人生天地。由此，古代有个文绉绉的说法，叫“执井灶”。井与灶，在词语中相提并论，但论风水却不可以相邻而置。《阳宅撮要·灶》：“井不宜在灶边，主耗财而淫。”水为财。灶边就是水井，取用方便，用量难免增大，此所谓“耗”。至于“淫”，不妨将该书井篇的一句话引为注脚：“穿井不宜在兑方，兑为少女，水主淫，宜动不宜静。”井近灶而“耗”而“淫”，不足信。然而，主张井、灶保持距离，倒也有些道理。因为，这有利于水源保护。风水理论的一些主张，以吉凶福祸的外衣吓人，实际上包装的是生活的经验。井灶之说，便是一例。

（二）废井不塞

唐代文学作品里常有关于废井的描写。薛用弱《集异记》：“不十数里，忽坠废井，井中有死者，身首已离，血体犹暖，盖适遭杀者也。”井，废在已枯，所以有井下的情节。类似的故事，谷神子《博异志》写到了一眼古井："又前走，可一二里，扑一古井中。古井中已有死人矣，其体暖。"这古井，是一未填塞的枯井。《集异记》另有一篇涉及枯井的故事，虎精脱下虎皮化为女子，独宿的男子"取兽皮衣，弃厅后枯井中"，二人结为夫妻，生育孩子。后来，故地重游，男人"往视井中，兽皮衣宛然如故"。

枯井已废却仍留在那里，这在古代是一种常见的情况。甘肃武威雷台汉墓，以出土铜奔马而名传遐迩。如今游人前去参观，在距墓道入口两米处，先看到一眼汉代古井——井深八米有余，薄砖砌成，井底无水。这是废弃却并未填实的古井。

因为废井生出的故事，唐代以前以后都很多。《左传·宣公十二年》载有一则枯井藏身的故事：楚、萧交兵之际，楚大夫申叔展向萧大夫还无社做暗示，先问"有麦曲吗"，再问"有山鞠吗"，还无社不解其意，两次摇头。申叔展又问："河鱼腹疾奈何？"这一回，还无社有所领悟，答："目于眢井而拯之。"意思是，看到枯井下有人，就请救我。申叔展说："若为茅绖，哭井则已。"枯井多，为了便于识别，申叔展让还无社在井上做标志。书中记："明日，萧溃。申叔视其井，则茅绖存焉，号而出之。"楚大夫申叔展，从一口废井中救出了萧大夫还无社。

枯井藏身，相传楚汉相争时刘邦也曾借此逃生，故事发生在荥阳，那口井被称为"厄井"。

东晋陶潜《搜神后记》，广陵人杨某"坠于空井中"，多亏了形影不离的爱犬报信，得以获救。宋代司马光《涑水记闻》，有僧黑夜急行，"走荒草中，忽坠眢井"，引出了一段人命案。明代小说《三国演义》"赵子龙单骑救主"一回书，追兵喊声四起的紧要关头，为了催促赵云上马，抱阿斗冲出重围，糜夫人"翻身入枯井而死"。赵云推倒枯井旁的一堵土墙，掩盖枯井。明代小说《包阎罗演义》第五回"盲井寻钗婢子欺心"，小包拯被骗下无水之井，险些遭到落石、落木砸脑袋的暗算——小说这样讲述包公出世，颇似有关舜的神话。

正面描述废弃之井，宋代诗人梅尧臣写过一首《废井》："堙废不知年，石栏苍藓涩。渴心空自烦，长绠曾谁汲。无复语沧波，坎蛙奚所及。"一口井淤塞了，荒废在那里，不知已经过了多少年，并没有填塞。井下的潮气，滋润着井栏的苔藓。

废井又叫丘井、眢井、盲井、枯井、空井，都是干枯的、废弃的井。

井既枯水，成了废物，留在那里如同陷阱，是随时都可能危及人身安全的隐患。挖井虽难塞井易，为何不填掉了事？废井不填，因为自古存此陋习，人们不肯掩了那枯井。唐代时，文学家杜牧对此习俗提出质疑，写了《塞废井文》。文章不很长，现援录全文于下：

井废辄不塞，于古无所据。今之州府厅事有井，废不塞；居第在堂上，有井废亦不塞，或匣而护之，或横木土覆之，至有岁久木朽，陷人以至于死，世俗终不塞之，不知何典故而井不可塞？井虽列在五祀，在都邑中物之小者也。若盘庚五迁其都者，社稷宗庙，尚毁其旧，而独井岂不塞邪！古者井田，九顷八家，环而居之，一夫食一顷，中一顷树蔬凿井，而八家共汲之，所以籍齐民而重泄地气。以小喻大，人身有疮，不医即死，木有疮，久不封即亦死。地有千万疮，于地何如哉？古者八家共一井，今家有一井，或至大家至于四五井，十倍多于古。地气漏泄，则所产脆薄，人生于地内，今之人不若古之人浑刚坚一，宁不由地气泄漏哉？《易》曰“改邑不改井”，此取象言安也，非井不可塞也。天下每州，春、秋二时，天子许抽当所上赋赐宴，其刺史及州吏必廓其地为大宇，以张其事。黄州当是地，有古井不塞，故为文投之而实以土。

杜牧写道：州府衙门中有水井，井废了，不填塞；居家宅院里有水井，井废了，也不填塞。水井废弃在那里，为了安全，或者围栏遮护，或者横木井口再覆盖以土。这无意中弄成了陷阱，时间久了，横木腐朽，反倒陷人至死。即使如此，“世俗终不塞之”。这是杜牧笔下的“现在时”，唐人记录唐时习俗。不塞废井，缘何成俗，杜牧问：“不知何典故而井不可塞？”杜牧分析，井虽被列入五祀，但在都邑之中毕竟不是大事物。盘庚迁殷，祭祀社神、谷神、祖先的庙宇尚可毁旧建新，为什么唯独水井不可以填塞？实行井田制的时代，八家共汲一井；现在每户一井，大户人家一家有四五眼井。井多使得地气露泄，地气泄则所产脆薄，生活在大地上的人有会受此影响，今人不像古人那样“浑刚坚一”，能说不是掘井太多泄露了地气的缘故吗？《易经》讲“改邑不改井”，讲的并不是不可以填井。

废井不塞，没有道理，杜牧要在黄州来一番移风易俗，先写《塞废井文》造一造舆论，随后就要挥锨掩井了。

（三）以井厌火的想象

晋代的温州人，在城中挖了二十八眼井，称为二十八星宿井。清代梁章钜《浪迹续谈》："《郡志》言郭璞扞城时，凿二十八井，以象列宿，今俱无可指名，惟城中有最著之井数处，或即在二十八井之中……一为东门内横井巷有大井，石阑内横刻'天宿'二字。"郭璞，《晋书》立传称他"洞五行、天文、卜筮之术"。他的一生，不断地弄一些天地玄虚的事。提出二十八宿井的点子，在他并不是难事。温州城里，被列入那个系列的水井，想必是分布于东南西北——就像天宇四象，或许还取星名相称谓。天体崇拜，古人礼奉二十八宿神，在铜镜上铸二十八宿纹饰，希望以此辟邪保平安。二十八宿井的立意，自然也在于此。

二十八井以外，取其数的四分之一，七星井也有讲究。清代《广东新语》说，包拯做端州太守时，曾凿井七眼，"城以内五，城以外二，以象七星"。这七星井，如寓七组星宿，当取北方玄武七星宿——其五行主水；如寓七颗星，当指北斗七星，勺星舀的，是琼浆玉液，也是水。

挖井取数选七，七星井云云，据说还在于禳火镇灾。民国旧派代表作家、上海人孙家振《退醒庐笔记》说：

七星井在邑庙新北门之内，光绪间城厢保甲总巡朱森庭大令璜所建，缘是处数年之间两遭大火，每次毁屋至三百余家，堪舆家以为火地，故辟地凿井七口以镇之。彼时自来水尚未建设，倘后再遇失慎可以汲水灌救，诚为法良意美。

井成后，近方虽有小火，然俱旋扑旋息，不复如昔时二次之甚，于是凡酷信风水者几无不归功于井。后因马路交通，市廛繁盛，七井占地甚巨，况以井水救火由人力汲取，不如自来水用皮带之便，爰为一律填塞改建市房，然近方仍无火患，可知厌镇之说不足凭也。

风水先生提出凿七星井以禳火灾。七星井对于防火的实际用处，不是镇住了所谓“地火”，而是遇有火警，便于就近取水，及时扑救。扑救及时，再没有大的火灾发生，相信风水的人将功劳归于七星井镇住了地火。这其实是一种张冠李戴——倘若挖的不是七星井，而是八井、九井，会怎样呢？那结果会比七井更佳。井多好灭火，七星井的功用只在于此。孙家振举例说，后来由于市政建设的发展，自来水比起井水更方便，七星井陆续被填以后，仍旧没有大的火灾发生——“可知厌镇之说不足凭也”。

是的，“厌镇之说不足凭”，然而此说却流行了几千年，成为井文化中一项令今人摇头的内容。

七井也可以是七眼井——在一口井上凿七个孔。比如，福建漳州古迹七星井（图 49），大口井上盖着大石板，石板上凿七孔，以应七星之数。井能汲泉，自有实用价值。可是仅就七孔而言，如此密集的井口，同时用来汲水，是很不方便的。可见其象征意义要重于实用价值。

图49　福建漳州大同巷七星古井

井的这种厌胜意义，不一定要凑数取“七”。以井作为代表水的符号，也可以以“一”任之——仍以井象征天上星，一井表示八星：井宿。例如汉代冥器陶井的意义。

在河南偃师，曾出土一件汉代冥器陶井，其井口方方，井亭遮盖，滑轮和一对汲水罐悬于井上。至此，可以说一句：好一口设施完备的井。可是，请先别急，好戏还在后头。据《中原文物》1999年第2期介绍，陶井井体四面均有印纹图案，比如其中一面画的是：一人疾走，左手持瓶，右手举长杆，身后跟着一只鸡。这显然是消防灭火的场面。图画之外，又有文字——“灭火东井”。

冥器随葬，是生者为亡者能够“升天”作出的安排。金银、玉器也好，瓷器、陶器也罢，有的象征意味深厚一些，有的则比较直白。东汉的冥器，磨坊、猪圈、厕所、水井、大灶，再加上锅碗盆勺，这样一组陶制模型，简直是为亡者搬去了一个庄稼院。这样的周到，因为很具体、很生活化，所以它们的象征意义反而不大，比较直白。

可是，河南偃师出土的那个陶井，就不同了。它所象征的，主要不在于为到另一世界去的墓主人准备饮用水源，甚至也不全在于表示井中有水，防备火患。它是一种厌胜符号。“灭火东井”，不是说此井居东，专备灭火；东井当是指天上井宿。井宿为二十八星宿之一，又称东井。古人将二十八宿分为四组，并附以五行五色之说，东方青龙属木、西方白虎属金、南方朱雀属火、北方玄武属水。井宿为南方七宿的成员。南方朱雀属火，古人却偏偏在其中选出四颗星，说它们是井——天上的水井。火中有水，谈天而说地的古人，企望的正是一种制约，一种制约中的平衡。标着“东井”字样的陶井，也就具了超越“凡井”的象征意义。送这样的陶井，所寄托的希望，是让灭火的水源伴随亡者，更是要让上路者带上厌胜之宝，平安走好。

当然，这应该说是现实生活的一种写照。生活在汉代的人们，以水井，以井星为禳火的符号，并且愿意让亡者带走这样的符号，由此才有了偃师出土的那个陶井。

对于这样的出土陶井，1933年出版的《中国明器》一书也有报道。当年，保存在燕京大学国学研究所的一件汉代陶井，上有“戒火东井”四字。显然，它与“灭火东井”陶井一样，都被用作禳火镇火的符号。

1994年8月，洛阳南郊东汉墓出土的陶井，长方形，井口呈井字形结构，四面有浮雕图画，画面各异。其中一幅为二兽相搏的情形（图50），图中右侧当为古人想象的司水之兽，与四川都江堰龙王庙砖雕相似。都江堰的司水兽，头略似龙，身形如狗，让人想到二十八星宿神像之一、井宿之神——井木犴（àn）。它可能是古人想象中麒麟类动物，传说孔子降生之前，有麒麟吐玉书于阙里："水精之子，系衰周而素王。"水精之子，指孔子。然而，"水精"与水沾边，看那都江堰砖雕图案，神兽吐玉书的同时，吐出了长长的水流。想象中的麒麟应为圆蹄，但砖雕所雕却是四爪着地。这就如同北京故宫天一门前的铸兽，虽称麒麟，却铸爪分明。

图50　洛阳出土东汉陶井的浮雕图案

其实，这是古人创造出的一种虬龙类神兽，名叫斗牛。斗牛与麒麟，又有着相类性。明清时官司服上标志品级的徽饰，叫补子。一品武官，明朝用斗牛，清朝则用麒麟。两者造型大同小异，区别之一即在是蹄还是爪。麒麟"吐"水精，斗牛虬龙属，而故宫天一门——乃至门内的钦安殿供奉玄武神，都表示对于厌镇火灾的祈望。总之，这些动物的形象都是与水相关，汉代陶井上的神兽，也属于同一类。

古人以丰富的想象，创造了许多并不存在的动物，并赋予多彩的文化内涵。发掘这些文化信息，对于了解中华传统文化、民俗古风，是件很有意义的事。

以水井作为厌胜符号，还有一种形式与植物相关。《宋书·礼志》载："殿屋之为员渊方井兼植荷华者，以厌火祥也。"修那样的井，主要不是为了汲取。栽了荷，于观赏之外，也还有深意。荷与井都被视为符号，代表水。水克火，古代的人们借以表示一种愿望：对于火的制约。清代时，扬州城内设水仓——备水器以防火患的地方。《浪迹丛谈》作者梁章钜为水仓撰联，有"金莲永免祝融灾"之句，也用莲为厌火符号。

荷与井，厌火符号的并用，还有一种形式，那就是荷纹陶井。据2000年第1期《华夏考古》介绍，这件汉代冥器陶井出土于河南济源。陶井方形，口呈井字，四面为莲花图纹并挂釉。

关于井与莲的想象，还被应用于建筑物之内——房屋棚顶，称为藻井、绮井，同样是以水克火的厌胜手段。汉代张衡《西京赋》"蒂倒匣于藻井"，注曰："藻井，当栋中交木方为之，如井干也。"晋代左思《魏都赋》："绮井列疏以悬蒂，华莲重葩而倒披。"天花板上凸出为覆井形，再画上水藻荷莲图案。藻井的调置，除了房屋的空间结构需要，显然有着符号功能：用水井加水生植物，表示克火之水。沈括《梦溪笔谈》载录藻井的另一名称："古人谓之绮井，亦曰藻井，又谓之覆海。"覆海之称好巧妙！明清故宫大殿前摆着巨大的水缸，是备用防火的，它有个响亮的名字：门海。屋顶的"覆海"，房前的

"门海"，一里一外，一上一下，异曲同工，妙就妙在那个"海"字。至此，藻井、绮井的符号意义还不显而易见吗?

以井厌火，一个美妙的想象，一个奇妙的想象。

（四）井符

一张纸——如果使用本身即是避邪符号的桃木板更好，或写上些成型、不成型的字符，或画上些稀奇古怪的图形，或字符、图形双加料：符箓，画符者宣扬它的法力，求符者奉它如神明，相信它可避邪、可驱魔、可退鬼、可消灾、可除瘟、可护身、可镇宅、可祛病、可顺产、可护生，等等。由此，神秘文化增加了一笔更加神秘莫测的油彩。

符箓形式也五花八门，有门上符、宅内符、床脚符、随身符等，迷信的人们自然也没有忘记水井，一张井符寄以厚望，希望它带来平安。

唐代传奇集《博异志》中有一篇"许建宗"故事，讲"书符置井"，不乏传奇色彩：

> 唐济阴郡东北六里，佐山龙兴古寺前，路西第一院井，其水至深，人不可食，腥秽甚，色如血。郑还古太和初与许建宗同寓佐山仅月余，闻此井，建宗谓还古曰："可以同诣之。"及窥其井，曰："某与回此水味，何如？"还古及院僧曰："幸甚。"遂命朱瓯纸笔，书符置井中，更无他法。遂宿此院。二更后，院风雨黯黑，还古于牖中窥之，电光间有一力夫，自以钓索于井中，如有所钓。凡电三发光，洎四电光则失之矣。

及旦，建宗封其井。三日后，甘美异于诸水，至今不变。还古意建宗得道者，遂求之，云："某非道者，偶得符术。"求终不获。后去太山，不知所在。

这是书符改善水质的故事。许建宗胸有成竹，他画了符箓，扔到井里，当夜便有电光在井口闪动，又仿佛有个大力士从井中钓出一物。转天清晨，许建宗封了井口。封井三日后，井水甘美，优于众井。故事虽然离奇，但仅就其情节发展来说，看上去倒也有些合理的地方。你看其治理的步骤，先清除致秽之物。这中间自然要有一番较量，力士从井中向外钓物之时，风雨电闪，正是烘托较量的激烈程度；随后封井，静养元气，扶植正气。甚至不妨设想，这是为了在井水激荡的较量之后，给井一段沉淀净化的时间。经这两个步骤，秽井变甘泉。郑还古觉得许建宗有道术，向他求教，得到的回答是"偶得符术"而已。故事结尾，许建宗去泰山，神秘地消失了。这是在告诉读者，那个许建宗自有来历，不是一个只会画符的人。

图字兼具的古代井符，如今仍有实物可寻。20世纪70年代，湖南衡阳的工程建设中，发现一批古水井，当地博物馆做清理工作，并将结果公布于1980年第1期《考古》杂志。在清理五代时期的一口水井时，出土符箓刻纹砖一块，砖上刻符既用图形又用字形符（图51）。井符上刻一神像，眉为八字状，身上纵书三排字，中间一排为"日"，两侧为"出"。值得注意的是，井符书"日"很多，达二十个。井属阴，日为阳，阴阳生克，于相互制约中达到一种平衡，这符合古人厌胜的思路。

图51　湖南衡阳五代时期水井中出土的刻纹砖

明代郑晓《今言》载，“天师四十二代孙”的张正常，洪武初年号称“真人”，其“有术，投符故永寿宫井中，有疾人饮井水辄瘳。诏作亭井上，名太乙泉”。一纸符箓，在人们心目中井水变成治百病的神水。那井也有了庇护、遮挡的亭子，还得了“太乙泉”的大名。只因天师后代、道教“真人”投了符，方可当此“太乙”。

画符书符之外，也念咒。明代郎瑛《七修类稿》：“北京苏州胡同有苦井焉。弘治间，正月旦日清晨，有术人汲其水，往甜井中易水而来，向井咒诅而下之，此井遂变为甜水。至今土人言之，亦奇也。”北京城里多苦井。苏州胡同偏偏有眼甜水井，人们不免要解说那个“甜”字。因为地下水脉的变化，井水由苦变甜，是可能的。可是，地下水脉怎么就变了呢？那是看不见、摸不着的事。神异其事倒来得容易，一人讲，众人传，结果是让很有学问的郎瑛在《七修类稿》书中写上句“亦奇也”。

（五）遇旱祷井与井蟹致雨

祈雨谒井是古时流传于许多地方的民俗。宋代梅尧臣《道次灵井》诗，“旱岁或来祠，弹弦属灵觋（xí）”，于不经意之中记录下宋时遇旱祷井求雨的风俗。清代计六奇《明季北略》记明末事例：那一年，旱、蝗双灾，草木尽，人相食。有号称“张真人”的道家人物路经无锡，地方官敦请祈雨，小见成效。之后，他入道观，谒神谒井：“谒三清，次谒井及关神，俱行四叩首礼。余如张睢阳诸神，不一揖也。”三清——玉清元始天尊、上清灵宝天尊、太清道德天尊，道教所礼奉的主要神灵。所以，那位张真人要先谒三清。而后，“谒井及关神”——关羽崇拜颇具世俗性，明代已开始走向极盛，关圣被民间视为百姓的庇护神，逢此灾难求其显一显灵。至于谒井，对祈雨来说，那四叩首更是直奔主题的礼奉。

向井求雨，将此说得神乎其神，这样的例子并不鲜见。再举清代方浚师《蕉轩随录》所记。该书“邯郸龙王庙铁牌”条：

> 《一统志》载：“圣井在邯郸县西北二十里高阜上，水与井平，其深莫测。水溢出北流，汇而为池，祷雨多应。”《邯郸县志》：“元祐二年（1087），乡人董社长辈建龙王庙，井居庙中神像前，遇水旱于此取祷，屡有征验。”井周径九尺有奇，井底堆铁牌，祷雨者请铁牌供奉之，雨应时而至。同治丁卯京师亢旱，会稽张霭堂农部在总理衙门行走，言于恭邸及各堂官，遂属霭堂亲往邯郸请铁牌至京，奉安都城隍庙中。未至时即阴云密布，礼成而甘霖大沛。畿南千有余里，旬日之间一律霑足。官绅士庶，罔不额手称庆。恭邸奏闻，皇太后、皇上圣心悦豫，命内务府制造金牌一面，龙旗、彩仗各一分，交该庙道士永远陈设。

依中国古代的阴阳之说，井为阴，很容易产生“祷雨多应”的想象。邯郸的那口井，处于高地之上，水位却能高到井口，井径九尺，井深莫测。总之，这是一口非同一般的水井。对其先有祷井致雨的传言，神异其事之后，北宋年间因井设庙，虽名为龙王庙，却以“井居庙中神像前，遇水旱于此取祷"，与其说礼奉龙王，不如说[illegible]井。清同治六年（1867）北京大旱，取铁井里的铁牌去京祷雨。天[illegible]凑巧，铁牌尚未到北京，已是阴云密布，于是，大气环流的施云布雨之功，也就记在了邯郸那眼神井的账上。

各地的祈雨风俗，往往将水井囊括其间。在东北，20世纪20年代吉林《农安县志》："岁旱，则集多人顶柳跣足，舁龙驾游行各处……遇井、庙辄跪拜焚香祭之，起时齐呼阿弥陀佛，声动天地。俗曰求雨。"《海龙县志》也说："迨至井泉、庙宇、溪泽、渡口，辄长跪祈祷。"祈雨的队伍遇庙便跪拜，并不管其司雨不司雨，颇有点逢神便烧香的味道；而遇井长跪祈求，似乎倒是文正对题的。

华北有此习俗。20世纪30年代河北《沧县志》：五六月间乡民祈雨，抬关羽塑像出巡，队前鸣锣开道，童子扮雷公、闪将、风婆、云童，扮龙公者驾车，扮龙母者推车，车上置大水缸，再后为赤兔马，为关帝像。这样的祈雨队伍，"逢井泉或路祭者，则击法器诵经，笙管和之"。在这时，队中僧人、道士是要活跃一番的。请了雷、电、风、云诸神，请了龙公龙母，请了公帝，出巡队伍的阵容虽然壮观，可是路过既非神灵又非偶像的水井，还是要诵经奏乐，奉上祈雨人们的虔诚。

华东有此习俗。余悦、吴丽跃主编《江西民俗文化叙论》载，铜鼓县棋坪乡有一眼泉神井，旧时是村民向泉神求雨的祭拜对象。旱时祈雨，祷告泉神之后，从井里汲水装在两只瓶子里，带回家中摆在神台上，每天烧香烧纸供奉。天阴降雨后，村民们还要再去祭祀泉神井，表示谢意。

[illegible]《万法秘藏》载“五方龙神祈雨法”，祈雨设坛，龙日龙时，[illegible]童男童女的唾液研墨调彩，画五方五色龙五条；再选属龙壮士[illegible]人，姓雷者一人，向五方取井水至坛场，分别注入五个大瓮中，东方井水之上悬东方青龙，南方井水之上悬南方赤龙，依此类推。随后，昼夜焚香，画符念咒。请五方圣水咒，东西南北中，分别祈龙降雨；比如，东方青龙：“东方龙神至圣至灵至神，感应圣通，千古灵及于今，感于上帝，应于下民。吾令请你符同圣水，驾雾腾云，俯坛知会，行雨济民，急急如律令。”这种祈雨仪式，繁文缛节，有许多细节的讲究。其实说来也简单，整个仪式要做足的文章，不过龙与水而已。祈雨的人要取东南西北中五方之水——选好五眼井，代表五方水，并与五方神龙供在一起，可谓备了圣水请神龙，再加上祈雨者的虔诚，人们只待大雨沛然，谢龙酬神了。

宋代洪迈《夷坚志》载有祈雨诣井的故事，故事中人们还把井蟹当成致雨的神灵：

> 福州长溪之东二百里，有湫渊曰龙溪，与温州平阳接境，上为龙井山，其下有大井，相传神龙居之。淳熙初年七八月之交，不雨五十日，民间焦熬不聊生。罄祈祷请皆莫应。士人刘盈之者，一乡称善良，急义好施予。倡率道士僧巫，具旗鼓幡铙，农俗三百辈，用鸡鸣初时诣井投牒请水。到彼处，天已晓。僧道四方环诵经咒，将掬水于潭，见一巨蟹，游泳水面，一钳绝大，背上七星，状如斗，大如丸弹，光彩殊焕烂。

遽涤净器迎挹之，蟹随之以舁者，才动足，云雾滃然乱兴，未达龙溪，雨已倾注。明日，遍迎往乡闾，观者拥塞，忽失蟹所在。甘泽霑足，众议送之归，彷徨访寻，乃在刘后园池内。又明日，始备礼供谢，复致井中。自后有所祈必应。

山以龙井为名，表明山下大井非同凡响。“相传神龙居之”，有趣的是，被求雨的人们视为灵物的却是井中一只蟹。故事讲，那年七月底八月初，已有五十天滴雨未见。乡人以各种形式祈雨，亢旱仍旧是亢旱。口碑很好的读书人刘某提议去向山下龙井求雨——“诣井投牒请水”。前去者有农人，也有道士、僧人、巫婆、神汉。摸黑集结出发，来到大井前，天已破晓。围着大井，僧人诵经文，道士念咒语。要就井掬水了，人们发现一只巨大的螃蟹游出水面。那蟹一螯大得出奇，背壳上有七颗大如弹丸的斑点，排成北斗七星形状，蟹壳仿佛放着光彩。连忙洗净器皿来装它。那大蟹稍微动一动螯爪，云雾已兴起，求雨的人还没回到乡里，大雨已沛然。第二天，人们持大蟹在乡村间，观看者堵塞了街道。就在此时，大蟹忽然不见了。众人商议，甘霖救旱全赖灵蟹，一定要找到它，把它送回大井里。在刘某家后园水池里寻到了那蟹。“又明日，始备礼供谢，复致井中”，举行了一个送蟹回井的仪式。

井蟹致雨，同水井致雨一样，也是旧时流传的俗信。“蛟潭雩祀稀曾讲，蟹井灵泉亦未迎”，宋代刘克庄《夏旱》诗，以蛟潭雩祀、蟹井灵泉并举，反映的也是这种求雨风俗。

宋代李觏《和育王十二题·灵鳗井》："田苗自枯槁，井鳗人所祷。若教龙有灵，此鱼何足道。"求龙不灵，"田苗自枯槁"。求鱼又能如何？人们对于灵鳗井的企望，其实还是对于治水龙的企望，只不过祷龙无验，便以见得着、摸得着的鱼，来替代看不见、摸不着的龙罢了。

（六）井眼井眼

传统文化留下许多相得益彰的文化对偶，水井与眼睛就形成典型的配对。它们之间扯不断的牵连，甚至达到哲学的层面，并非仅仅局限于形象上的互相比喻。

井与眼的密切关系，当然离不开类比联想。《世说新语·排调》故事：晋代有个高僧眼窝深陷鼻子高，丞相王导就此开玩笑，高僧反击说："鼻者面之山，目者面之渊。山不高则不灵，渊不深则不清。"眼与渊，对于这一类比提供支持的，除了两者共有的凹陷特征，还有一个重要因素——水。眼似秋水，目送秋波，是古人常说的话。平时眼睛亮晶晶，有时眼睛泪汪汪，都容易激发关于水的联想。

这些联想，一联便联到水井上去，并不显得牵强；更何况，由此及彼或由彼及此，还有一个其妙天成的纽带联结着：水井的量词正是那个"眼"！一眼井，两眼井，你说妙不妙？

附带来说水井的另一个量词：口。同为井的量词，"眼"与"口"有所不同。"口"通常指水井的整体，从井筒到井口，是完整的"一口"。至于"眼"，有时同于"口"——"一眼"即"一口"，有时则不同。比如，有那么一口井，井上盖着石板，石板上凿着两个汲水的井口，可以称它为两眼井，却不能说它是两口井。"一口井"与"两眼井”，区别在前者着眼于井的整体，后者说的是井湄、井孔。一些地方的地名，有“三眼井”“四眼井”，其实那三眼、四眼，往往是一口井，凿了三个“眼”、四个“眼”而已（图52）。

图52　安徽寿州古城内三眼井

与井“眼”相呼应，并使其更加形象化，有井沿的称谓：井湄——或者就径称井眉。《汉书·游侠传》引扬雄《酒箴》：“观瓶之居，居井之眉。”唐代颜师古注：“眉，井边也，若人目上之有眉。”井口似眼，井沿就像眼眉。关于井的想象，这是一个有趣的细节。

古人对于废井、枯井的称谓，选表示视力的字来组词，呼为眢井、盲井，也是由“井——眼”这一联想引发出来的。眢，《说文解字》释为“目无明也”。井无水，目失明，共用一个“眢”。盲井，见于明代小说《包阎罗演义》第五回“盲井寻钗婢子欺心”，小包拯被算计，要夺他的命，骗他下了无水之井——明代写书人称为

“盲井”。

关于井与眼，且让我们再从大处着眼。对于大地来说，水井像不像它的眼睛？很像。清代李光庭《乡言解颐》：“井为地眼，草为地须，东为地头，西为地尾……”井为地眼，大众的语言。苏轼《乞开杭州西湖状》：“杭州之有西湖，如人之有眉目，盖不可废也。”以眉目比湖泊，同水井为地眼当是同一思路。明代《西湖游览志》载，杭州“马院巷，宋建马院于此，内有马眼井”。南宋偏安杭城，朝廷修建了马院，教驹游牝，驯养马匹。马院内的水井，取名马眼井，可谓就地取材，俯拾而得。然而，井的称谓独独选中了马“眼”，应该说是观念起了作用。

井之“眼”还可以与龙挂钩。清乾隆年间《天津府志·学校志》：“龙眼，学前东西二井。”讲沧州的两口水井，以“龙眼”称之。

视觉是人类感觉世界的最重要途径之一。人们希望自己的眼睛永远雪亮，目光炯炯，明察秋毫，也企望老眼不昏花，眼疾能解除，失明能复明，由此产生了许多关于水井的神秘联想。唐代《朝野佥载》开篇就是这样的故事：

> 贞观年中，定州鼓城县人魏全家富，母忽然失明。问卜者王子贞，子贞为卜之，曰：“明年有人从东来青衣者，三月一日来，疗必愈。”至时，候见一人着青紬襦，遂邀为设饮食。其人曰：“仆不解医，但解作犁耳，为主人作之。”持斧绕舍求犁辕，见桑曲枝临井上，遂斫下。其母两眼焕然见物。此曲桑盖井所致也。

按照故事所述，魏全老母失明的原因，院中桑树弯曲的枝杈遮掩井口。工匠为了制犁，砍下了遮井的桑枝，水井再无妨碍，魏家老太太也就双眼视物如初了。卜者充满玄妙的指点，工匠的如期而至，并一无所知地触动玄机，都增添了故事的神异色彩。然而，故事情节的基本依托，应该说还是广为流传的俗信——人眼与水井的神秘关联。

这种神秘的关联，可谓源远流长。明代郎瑛《七修类稿》说："世俗以开井明目，塞井损目，累指其事而藉口于阴阳。予以泄地气，非所宜也。及读杜牧《塞废井》文，虽如予见，而损目之说，自唐为然。又观《神仙感遇传》，则亦神其事矣。"废井不塞，在唐代已形成一种陋俗。原因之一，在于俗信"塞井损目"。

非但如此，古人还说：污染水井也遭如此报应。《古今图书集成》引《录异记》："荆州当阳县，倚山为廨，内有刘文龙井，极深……有令黄驯者，到任之后，常系马于井旁，滓秽流渍，尽入于井中。或有讥之者，饰词以对。岁余，驯及马皆瞽。"当阳的这口井，据说曾有潜龙。黄驯来做县令，却不知爱惜水井，井旁拴马，脏水、秽物都弄到井里去。更可恶的是，有人指出不该污损水井，黄驯文过饰非，并不改正。一年后，黄驯和他的那匹马都瞎了眼——报应于眼目，此潜台词仍是井与眼的话题。

人们相信，特定时间的井水具有养目功效。周振鹤《苏州风俗》记，除夕夜封井，至初二或初三开井，"开井后，初汲水时，指蘸拭目，云能令目不昏"。以新春首汲之水擦拭眼睛，有益视力。

开井与明目，二者间的纽带还有更深层的文化含蕴。传统医学的病理分析，有"上火"之说。眼疾往往被归咎于"上火"，患者要服药败火——将“上火”这一病因清除掉。水井的民俗符号意义，正是以水克火。汉代的冥器陶井，井栏上常有“戒火”题字，说明汉代人眼里的水井既是实用物体，又是观念的符号。陈直《望都汉墓壁画题字通释》一文，借此解释汉墓壁画的瓦盆花叶图案，认为所绘植物为景天——又名戒火，壁画上的瓦盆景天，与写有“戒火”字样的陶井，具有相同的象征意义。

景天，明王象晋《群芳谱》载，一名慎火，一名戒火，一名辟火。入药“治大热火疮诸蛊寒热”，“除热狂赤眼头痛”。瓦盆景天，“戒火”陶井，在二者的相互印证中，可见开井、明目、俗信的文化依据。

（七）祝由方：借井去病

水井本该只是饮水之源，与神秘文化无涉。然而古代迷信盛行，水井也不能幸免。就说保健防疫，井作为饮用水源，水质如何关系重大。可是，古人却要神秘其事，种种说法做法，已远离饮水的卫生及保健。例如，北魏《齐民要术》卷三引《龙鱼河图》：

> 岁暮夕，四更中，取二七豆子，二七麻子，家人头发少许，合麻、豆著井中，咒敕井，使其家竟年不遭伤寒，辟五方疫鬼。

在新年黎明即将到来的时刻，数着数，向自家水井里丢些东西——包括家人的头发，同时对着水井念咒语。这与向井里扔花椒或浸屠苏药的风俗相比，有着质的不同，很难讲它还有多少卫生防疫的实际效用，几乎尽为巫术迷信的内容了。该书引录《杂五行书》，反映了此类俗信：“常以正月旦，亦用月半，以麻子二七颗，赤小豆七枚，置井中，辟疫病，甚神验。”

就像书画同源一样，医与巫在文明肇始时期也是同源的。古代的一些医药卫生习俗，往往有神秘色彩，正是远古时期医巫一体的遗风。祝由——以祝祷符咒治病的方术，长期存在于这种神秘文化的遗风之中。明代太医院十三科，其中之一即是祝由科。

20世纪70年代，长沙马王堆汉墓出土一批珍贵的古医书，其中帛书《五十二病方》是我国保存至今最古老的医学方书之一。此书所录，医药方与祝由方混在一起，约三百种。所涉及的五十二种病症，第十四种为“疣者”—— 一种突出于皮肤表面的乳头状良性肿瘤。帛书记录治疗疣病的方法共计七种，包括如下内容：

一方：以月晦日之丘井有水者，比敝帚扫疣二七，祝曰：“今日月晦，扫疣北。”入帚井中。

这是一个祝由方。方中“丘井”，马继兴《马王堆古医书考释》注解为“丘”“邱”古字通假，义为空，所据为《汉书·息夫躬传》“寄居邱亭”，颜师古注：“邱，空也。”此方告诉患者，在月份之末没有月亮的夜晚，到无人汲用的废井处，用旧笤帚搔拂疣瘤，需搔拂二七一十四次，并念祝由词：“今日月晦，搔疣北。”之后，将所用笤帚扔到井里。

这个井前搔疣的祝由方，显然是带有原始巫术特征的一种法术。其内容，有四点是重要的：一时间，月晦日；二地点，“丘井有水者”，在井前；三筥帚搔疣，并且用过后一定要扔到井里去；四念祝由词。井在此具有象征意义。井为地表之凹，疣为皮肤之凸。借凹治凸，在井前，用帚搔扫疣瘤，削凸似乎有了可以借助的神力。再将筥帚丢到井中，但愿筥帚把肤上的凸赘之疣，带到井凹深深之中，永无踪影。

敦煌遗书中唐代晚期医方卷子（编号伯2882），卷上写：“满日，取三家井水酱，令人大富贵。”逢月圆之日，汲取三家井水，做酱，可使人得大富贵。此卷敦煌卷子，既抄录药剂方，也录有祝祷符咒的祝由方。“取三家井水酱”该属于后者。

（八）井瓶莫沉

《墨子·非儒下》记丧葬招魂风俗：“其亲死，列尸弗敛。登屋、窥井、挑鼠穴、探涤器，而求其人矣。以为实在，则赣愚甚矣。如其亡也，必求焉，伪亦大矣。”墨子视其为陋俗，基于无魂的判断。他分析，为死者招魂，以为确有魂在，是愚昧至极的想法；如果不相信魂的存在，却煞有介事地做招魂的事，也太虚伪了。

招魂要站在屋顶大声高呼，即所谓“登屋”。《礼记·丧大记》“复有林麓则虞人设阶”，郑玄注：“复，招魂复魂也。阶，所乘以升屋者。”讲的是在屋顶招魂的风俗。《礼记》对于招魂者穿什么样的衣裳，由哪个方向上房，向哪个方向招魂，是喊亡者的名还是喊字，等等，都有规定。可是，与《墨子》所记相比，却仅限于“登屋”，并未涉及“窥井”“挑鼠穴”“探涤器”。登屋是向天招魂，而窥井、挑鼠穴是面向地下。至于探涤器，不妨理解为事关汲水器皿：井瓶。古人称死亡为下黄泉，窥井、挑鼠穴与此相关，自不必赘言；而井瓶，则靠着一根井绳，上上下下，入井底，出井来。如果说，古人的招魂风俗，登屋向天空之外，还有窥井向黄泉一说，那么，将汲井水瓶纳入招魂风俗，至少不是很费解的。

井瓶确实有一种符号般的意义。赋予井瓶吉凶征兆，是《易·井卦》的话题：“井汔至，亦未繘井，羸其瓶，凶。”意思是：汲水不得，反倒断了井绳，碎了井瓶，这不是好兆。

井瓶与黄泉，唐代元稹《梦井》诗以此为主线。这是痛悼亡妻之作，以沉井之瓶象征逝者：“沉浮落井瓶，井上无悬绠。念此瓶欲沉，荒忙为求请。”梦境中，诗人竭力挽住故人，以没有井绳牵系、掉在井里的水瓶象征亡妻。诗人梦想拯救欲沉之瓶，没能成功，只能够“还来绕井哭，哭声通复哽”。绕井哭，以倾诉哀痛，表达缅怀，同时也让人看到招魂风俗的影子——面向黄泉，呼唤亡故的亲人。《梦井》诗中“今宵泉下人，化作瓶相警”之句，更是直写井瓶沉下入黄泉，表示生死阻隔。

水井与黄泉，这种观念还见宋人作品。洪迈《夷坚志》录有一则梦井故事：李克己锐意功名，却总是心愿难遂，一次次落第。这一年，为了科考交好运，他祈梦于五显祠。祈梦得梦，梦中来到一处地方，“朱门紫府，门外一方井，琢石为阑，水清冷可爱。徘徊俯视，见天在水中，星月粲烛”。伸手就水洗涤，失足坠入井里。惊醒后，吓出一身冷汗。李克己琢磨梦中境界，一心将它解说为吉梦，为此还采用“井中清水之义”，改名叫“囦”。这个字与渊字同音。后来，这位李某小病而亡。有人说：“坠井者，盖示坠落泉途之兆。”有人错误地认为，梦兆没错，李某理解有误，错将凶兆当吉兆，从而改名，以致病丧，闹出悲剧。

这则故事宣扬解梦迷信那一套，不足取。所记“坠井者，盖示坠落泉途之兆”的说法，倒可与唐诗“今宵泉下人，化作瓶相憬”相互印证，帮助我们认识古代神秘文化关于水井的这样一种想象。

井泉与黄泉，使得井瓶具有了特殊的象征意义。尽管它是有神论迷信思维方式下的产物，我们还是要说：瓶莫沉，簪莫折，花好月圆。

（九）梦井

中国古代神秘文化的内容之一，是梦的禁忌与解梦。梦井自然也被纳入其中。

关于梦井的内容，上面已介绍了一首诗和一则志怪故事。古时的解梦书，对于梦井有许多说法。比如，敦煌遗书中有一部《新集周公解梦书》。此书托名周公，因循此类书籍的惯例。敦煌的《新集周公解梦书》分天文、地理、山林草木、水火盗贼、官禄兄弟等二十余章。对于梦井，有解为吉梦的，如“梦见穿井者，得远信”，“梦见穿井者，合大富”，“梦见视井者，得远信”。民间以水为财源滚滚的象征。敦煌风沙干旱，民风分外珍重水源。这不能不影响到解梦，同“梦见江湖海水，大昌”一样，梦中凿井、看井，也被说成吉兆。有解为凶梦的，如“梦见身井中卧者，大凶”；“向井树上坐”“井电相见”，都被说成是噩梦。落井为凶，容易理解。井旁有树，人坐其上，一是有落井的危险，二是不利水井卫生，所以此梦不吉。梦见井中有雷电迸出，远非平和之相，因此说它是灾异征兆，也容易理解。

这类解梦，借助了人们的联想，将本来并不存在因果关系的两件事，硬是扯到一起。

就着水井说吉凶，云遮雾罩，子虚乌有，有时不必借助梦的渲染。比如，唐代《酉阳杂俎·喜兆》列有这样一条：“将拜相，井忽涨水，深尺余。”社会生活，人事荣辱，与水井的涨落有什么关联？既无关联，水井又怎么可能成为那种“喜兆”的直观的标尺？

然而，古代迷信观念盛行，此类征兆故事总能被人们津津乐道。清代王士禛《池北偶谈》保留下这方面的材料：“何腾蛟，字云从，明末以御史抚楚。其先山阴人，戍贵州黎平卫，遂为黎平人。所居有神鱼井，素无鱼，腾蛟生，鱼忽满井，五色巨鳞，大者至尺余，居人异之。后腾蛟尽节死，井忽无鱼。”这位何将军，名腾蛟，字云从，名与字一并取自“龙从云”，意为蛟龙腾飞。神鱼井之说，该是由名字而来。“蛟”儿落生带来满井五色鱼，“腾蛟尽节死，井忽无鱼”，真可以说“蛟”来鱼随，“蛟”去鱼空。

这离奇的故事，至少有两方面值得注意：一是古代文化中鱼龙变化的命题。见井鱼而生发龙的联想，自古不乏其例。《太平广记》引《录异记》：“成都书台坊武侯宅南，乘烟观内古井中有鱼，长六七寸，往往游于井上，水必腾涌。相传井中有龙。”对于何氏“腾蛟”与井鱼的呼应，这正可以作为绝妙的注脚；二是古代神秘文化的征兆之说。何腾蛟故事中神鱼井的那个“神”字，其“神”恰在于此。

（十）井底藏燕的遐想

燕子候鸟，造巢于人家，秋去春归如有约。九九谚语说，七九河开河不开，八九燕来燕准来。春燕北归春天到，它被视为祥鸟。如果春归燕不归，盼燕的人家就不免犯嘀咕，觉得不是好兆头。为了能使燕子来，古人相信一种方术般的办法，往水井里扔梧桐木人。敦煌遗书伯2682《白泽精怪图》写着："燕不来入堂室，百井之虚也。取梧桐为人，男女各一，置井中，必来。"唐代《酉阳杂俎·羽篇》记有相同的内容："燕蛰于井底。旧说燕不入室，是井之虚也。取桐为男女各一，投井中，燕必来。"对唐代人说来，这已是古老的俗信，故言"旧说"。

对这一俗信，可作出如下解释："燕蛰于井底"，投一对木人，请它出来，飞归旧巢。这似乎并非敷衍的解说。

然而，为什么要用梧桐削刻的木人？桐人入井基于怎样的联想？仿佛又并不那么简单。比如，了解这种桐人，不应忽视与之相类的风俗物品——桃人、柏人。以桃人、柏人避邪的风俗，古时流传很广。桃人演化为桃符，桃符演变为如今的春联。梧桐人含类似桃人的文化意义，也是有风俗可以为证的。再如，水井、梧桐，在古代诗文中是形影相随的一对。这一有趣的现象，本书将在语言文学一节中讨论。梧桐人置井，是否着眼梧桐与水井的这种特殊关系？又如，燕子是吉鸟，梧桐是嘉木，自古又有"梧桐引来金凤凰"之说，以梧桐人引燕，是不是三者的混用？梧桐人置井以引燕归具有避邪的含义，可是这一民俗事项却不用桃人、柏人，而专有梧桐人，看来不是没有讲究。

至于燕与井的关系，下面的材料可供参考。依阴阳五行之说，十二地支子为北，属水，生肖鼠。以十二生肖为框架，扩编而成的二十八宿神像，对应于地支子的，是三项：女土蝠、虚日鼠、危月燕。也可以说，二十八宿中女宿的神兽是蝠、虚宿的神兽是鼠、危宿的神兽是燕——三者都属子，子为水。这或许是在燕与井之间，产生联想的纽带之一吧。

二十八星宿中有井宿，那是华夏先民设想的天国里的水井。燕与井的遐想，推溯其源，倘若置井宿于不顾，总让人有本末倒置、牵强附会之感。其实，井与燕的关联，正是与井宿牵扯在一起的。

古代二十八星宿神之说，井宿之神为井木犴。这是通常的说法，但也另有他说。宋代《埤雅》记，井木犴或作井木雁。犴之形，据说有些像犬，与雁完全不同类。因此，雁作井宿的神兽，大约并非沾了犴的光。也就是说，所以能出现井木雁的名堂，应是依靠雁本身的文化“实力”。井底藏燕，空穴来风。井木雁之说，不该忽视。

井底藏燕，生出许多的遐想。南朝刘敬叔《异苑》：“兰陵昌虑县郢城有华山，山上有井，有鸟巢其中。金喙黑色而团翅。此鸟见则大水。井又不可窥，窥者，不盈一岁辄死。”怪鸟巢于异井。在这段志怪文字里，那鸟虽不能说就是燕子，但羽色均为黑色；并且，“此鸟见则大水”——巢于井，也是有意味的。

宋代《墨客挥犀》则讲，龙王庙里有眼井，名叫豢龙井，相传曾有龙由井中飞走。后来，秀才马存醉入龙王庙，借着酒劲儿，向井中扔石头，要试一试井的灵异。不一会儿，“有金雀自井底飞出，至井口，化为烈焰”，把马存的须发烧个精光。马存大病一场，险些丧命。巢于井水之下的金雀，一旦跃出水井，竟会化成烈火一团。这当然也不过是古人的神秘想象。

传说中的龙，既有在天之象，也有潜渊之时。井下睡着龙，井中腾出龙，实现这种想象并不很困难。对于天高任飞翔的燕雀，要为它们设想井底的窝巢，设想它们栖息于奇异的水下世界，没有丰富的想象力，是难以完成的。

山西应县城，别称金凤城。相关的故事讲，唐朝末年这里的天王寺旁有眼井，井里飞出一对金凤凰。旧时应州八景，就有“凤井含辉”一景。这是水井与金凤的传说。

二十八宿神有个井木雁，井底藏着燕子、黑鸟、金雀、金凤，它们如同一组神奇的精灵。古人关于天地奥秘、窥探未知的遐想，放飞这一组精灵。由此，古代的井文化更添了几分神秘。

第四章 哲思文采

水井是古人对于生活质量的一种开掘，为了抵抗干渴的威胁，为了满足物质的需求，为了获取摆脱濒水而居的能力。这开掘，在创造事物的同时，也开掘着可供人们思想的材料，发现着它形而上的价值。由此，有了关于井的哲学思维。或者说，因为凿井、汲井，傍井而居，人们对于天地万物的哲学问答，增添了条条思缕。

文人墨客审美，将井纳入诗文。村姑野叟的传说，又为井营造出情节的王国。人们从一眼眼井中提升起来的，是清亮亮的泉水，也是哲思文采，瑰丽的想象。

一、井属阴

（一）六十四卦之一——井卦

华夏先民参天悟地、推演宇宙奥秘的智慧火花，永不熄灭地保存在《易经》里。《易》是远古哲学思辨的宝库。它的魅力，能让晚年的孔夫子沉浸于抽象思维的乐趣之中，手不释册，前简后简、后简前简地反复钻研，以致多次磨断编简的皮绳，留下“韦编三绝”的佳话。

《易》很深奥，但它对于天地宇宙的探究，却也包含了许多日常生活中司空见惯的事物，表述“形而上”，并不排斥借用“形而下”。其中典型的例子，就是六十四卦里有一井卦。

井卦䷯，卦形为巽下坎上。《说卦》：“巽为木，为风”；“坎为水，为沟渎”。坎水居上，巽木在下，卦形就很有意思。于是，由卦形生出诸多理解。比如，有说这是对井里汲水的描摹，“巽为木，汲水者以木承水而上”，明代来知德《易经集注》提到辘轳、井索和木桶。其实，比起辘轳来，古代用木桶汲井是后来的事。编排六十四卦之世，汲水的容器更可能是陶瓶而非木桶。但是，凿井用木，井底、井壁、井口呈井字形木的结构，倒是始自史前的发明。特别是有些古井，下部以井字形木结构做井壁，上半部圆形，以砖石砌井墙，让人联想巽下坎上的井卦——这不是颇有点巽木捧坎水的意趣吗?

再如，另有一种理解，认为井卦水居木上，表示树木得水滋润，为欣欣向荣之象。水润草木之象，取卦名为井，而不取江河沟渎，其构思立意大概在于井的平和，没有洪水泛滥之虞。这也就是井卦所派生出的那个古代词语——井养。

井卦，巽下坎上，异卦相叠。释《易》有“互体”之说，用于说井卦，清代尤侗《艮斋杂说》讲：

井象：坎，水也；巽木，桔槔也。互体离、兑。离，外坚中虚，瓶象。兑为口，泉口也。桔槔引瓶，下入泉口，汲水而出，井之象也。井以汲人，犹人君以政教养天下也。

互体又称互卦，《易》卦上下两体互相交错取象，组成新卦。具体方法是，原卦六爻，先取二到四爻，再取三至五爻，并由此引申，给出新解释。互体之说，不仅丰富了六十四卦的内容，还增加了《易》的神秘色彩。

就说井卦，取二至四爻，为离☲；取三至五爻，为兑☱。这就是所谓“互体离兑”。沿此思路的发挥是，离☲之形，上下阳爻——外坚，中间阴爻——内虚，称其“瓶象”。兑为口，《说卦》“兑为泽……为口舌”，并且兑卦一阴爻在上二阳爻在下，其形也可说成是“泉口”。再加上井卦的坎水和巽木——桔槔，就合成了一幅汲井的画面。桔槔系着井绳下的汲水瓶，进入井口，灌满水以后，由桔槔提升出井。至于“井汲以人，犹人君以政教养天下”之语，则是封建时代君君臣臣的说教了。

附带说来，井卦的巽下坎上结构，语言中又有“坎井”，“坎”字之为用，可见汉字之妙。八卦之一坎为水，卦形俨若一个水字。再看“坎”字，字义可指洼地浅坑，这是可能积水、出泉的所在。《庄子·秋水》的井蛙寓言，为蛙设计的生活空间是坎井。“井”前冠以“坎”，用来区别挖地深深的豪华大井，借以言其浅、言其陋。然而，这“坎”与那“坎”——《易·井卦》的卦象，果真没有一点关系吗？也未必。井卦有“井谷射鲋”之句，鲋是何种水生物？有说是鲤鱼，有说是小鱼，有说鲋就是蛤蟆，是讲张弓放矢射井蛙。还有新疆的坎儿井，“坎”字的选用，真可谓神来之笔。

井卦的“井养”之说，影响很大。同为与君王相关的话题，井卦言及人生际遇：“井渫不食，为我心恻。可用汲，王明，并受其福。”井已淘净，水已清新，却总是闲置在那里，便令人愤愤然，生出怀才不遇的怨言来。就此，“井渫”一词脱颖而出，沾《易》的灵光，带着特定的含义，走入传统语汇，表示人格修养、洁身自持等意思。

“井渫不食”，着实让古代一些文化人伤透了心。他们往往说不出“此地不留爷，自有留爷处”的粗话，就文绉绉地借用“井渫不食”之语。“建安七子”之一王粲，荆州依刘表之际，登当阳城楼，感叹才能不得施展，在《登楼赋》中写道：“惧匏瓜之徒悬兮，畏井渫之莫食。”上一句，“匏瓜”取自《论语·阳货》的“子曰”：不能像葫芦那样只是悬挂在那里，不为世所用。下一句，化用井卦。“井养而不穷”，《易》并不将它绝对化。井卦讲“井泥不食”，“井甃无咎”。汉代《风俗通义》的理解是“久不渫涤为井泥”，为用洁水，要经常浚井、淘井。“甃，聚砖修井也”，这样才能“井养而不穷”，达到“无咎”的境界。

先民在为水井专门设卦的同时，将关于井的审美价值取向确定下来，影响了汉语言文学几千年。这种审美取向，以色调来概括，是井卦未取明快、红火的暖色，诸如描绘那折射着艳阳、摇晃碎金的井。《易》取了冷色：“井洌寒泉，食。”洌为水清，无色；与“寒泉”互为表里，渲染出一派冷色调，以至于成为骚客咏秋的常用景物。对井的这种审美把握，在古典文学写井的篇章中随处可见。如宋代梅尧臣《秋思》开篇："梧桐在井上，蟋蟀在床下。"蟋蟀用《诗经》熟典，梧桐水井也是写秋的"通用件"。

六十四卦中与水井相关的，不止一个《井》。蒙卦䷃，坎下艮上，故有"山下出泉，蒙"的说法。《太平御览》的材料说："韩信将下赵，引兵方出井陉口，师患无井。筮之得蒙，知山下有泉焉。信遣将索水，见二白鹿跑地，有泉涌出。"这是至今在河北流传的传说，与虎跑泉为同一类型的民间故事。故事里嵌入得蒙的情节，恰到好处。

（二）井属阴

中国古代哲学提出阴阳的范畴。阴阳是世界对立的统一，万物都分阴阳。阴与阳，以色调论，明亮红火为阳，晦暗幽冷为阴。《易》以"井洌寒泉"概括水井的冷色调，正体现了阴阳哲学的判断：井属阴。

汉代蜀中，走出了个大学问家扬雄。他以乡情写《蜀王本纪》，记录下古蜀国君王的神话传说。其中广为流传的杜宇故事，天降与井出，两相对应：

> 有一男子，名曰杜宇，从天堕，止朱提。有一女子名利，从江源井中出，为杜宇妻。乃自立为蜀王，号曰望帝，治汶山下邑曰郫。

杜宇就是那个思故土而化鹃啼血的蜀王。神话渲染其出身不凡：首先，他本人“从天堕”，天神出世；其次，杜宇妻“从江源井中出”，不同凡响。两种神异匹配在一起，天与地的结合。于是，“乃自立为蜀王”，这是为蜀人所乐道的。

这个故事，恰好符合华夏传统的阴阳观念。《易·系辞下》：“乾坤，其《易》之门邪。乾，阳物也。坤，阴物也。”《易·说卦》也说：“乾，天也，故称乎父；坤，地也，故称乎母。”男为乾，女为坤，所以杜宇天降，其妻由井出。

女人与水井，似乎有一种不解之缘。例如唐诗，多有以水井写妇女的篇章。陆龟蒙《野井》：“朱阁前头露井多，碧梧桐下美人过。寒泉未必能如此，奈有银瓶素绠何。”李郢《晓井》：“桐阴覆井月斜明，百尺寒泉古甃清。越女携瓶下金索，晓天初放辘轳声。”曹邺《金井怨》：“西风吹急景，美人照金井。不见面上花，却恨井中影。”这类作品往往营造悲秋般意境。井水冠以“寒”，西风梧桐，冷色调与传统文化对女性的认定相呼应：阴柔。

白居易的新乐府组诗，有一首《井底引银瓶》，诗的主旨作者标在题目之下——“止淫奔也”。淫奔，指男女不遵礼教的自行结合，通常指女子到男方那里去。《井底引银瓶》采取对女子说话的口吻，所谓“寄言痴小人家女”。此诗开篇即言：“井底引银瓶，银瓶欲上丝绳绝。石上磨玉簪，玉簪欲成中央折。瓶沉簪折知奈何？似妾今朝与君别！”取两组事物——井和簪，均是从古代女性日常生活提炼出的典型事物。

白居易这首诗流传很广，以至于“瓶沉簪折”，甚至简缩的“瓶簪”二字，都成为表示夫妻分离的用语。元代著名杂剧作家白朴以此诗构思作品，便有了当代见诸舞台的《墙头马上》。剧情是，唐朝工部尚书裴行俭之子裴少俊，代父去洛阳选购花木，巧遇佳人李千金。两人一见钟情，李千金随裴少俊私奔长安，藏身裴家后花园，七年里生下一男一女，终被裴行俭发现。裴行俭怒斥“私奔”，“辱没了我裴家上祖”，要将李千金扫地出门。李千金争辩说：“这姻缘也是天赐的。”裴尚书先让人取玉簪：“问天买卦，将玉簪在石上磨做针一般细，不折便是天赐姻缘，若折了便归家去。”结果玉簪磨断。裴行俭又说：“再取一个银壶瓶来，将着游丝儿系住，到金井内汲水。不断便是夫妻，瓶坠簪折，便归家去。”结果是绠断瓶落井，裴少俊瞒着父亲，送李千金回洛阳。剧情的结局是裴少俊科举高中，夫妻团圆。但记忆是难以抹掉的，李千金堂堂正正重进裴家门，仍不免见物心惊：“只怕簪折瓶坠写休书。”

唐代元稹的悼亡诗，有一首《梦井》，也借井瓶写女子：“梦上高高原，原上有深井。登高意枯渴，愿见深泉冷。徘徊绕井顾，自照泉中影。沉浮落井瓶，井上无悬绠。念此瓶欲沉，荒忙为求请。遍入原上村，村空犬仍猛。还来绕井哭，哭声通复哽……今宵泉下人，化作瓶相憬……”元稹与韦丛，一对恩爱夫妻，相濡以沫，共同生活了七年。韦氏逝，元稹写了许多悼亡诗，《梦井》为其中之一。梦井就是梦妻。高原井深，汲水瓶沉浮井中，没有井绳能够拴住它。“今宵泉下人，化作瓶相憬”，井瓶是故人的影子，也是诗人梦幻中与亡妻实现心灵对话的纽带，或者说触媒。梦寻亡妻，诗人的情思来到高原，来到井边，“徘徊绕井顾，自照泉中影”，其井深深，情也深深。

井瓶汲水，急忙求请，遭遇的却是空村无人狗狂吠，只好“还来绕井哭”。绠断瓶沉，生死阻隔，梦中向井思亡妻，哭井即哭妻。《梦井》以水井汲瓶为象征物，寄托对亡妻的思念，有着深厚的文化背景：女为阴与井属阴，双双契合，形成“女人与井”的传统文化之结。

这一文化之结，唐朝诗人孟郊也曾采入诗歌，留下典故。《列女操》写道：“贞妇贵殉夫，舍生亦如此。波澜誓不起，妾心古井水。”夫死守寡，连再嫁的念头也不动，所谓心如古井，波澜不起。

后来，“古井”由形容一类人的心态，进而用来指代一类女人。晚清小说《二十年目睹之怪现状》第五十七回有段文字说：“路上行人，都啧啧称羡，都说不料这个古井叫他淘着……后来问了旁人，才知道凡娶着不甚正路的妇人——如妓女、寡妇之类——做老婆，却带着银钱来的，叫作‘淘古井’。”语言奥妙万端。“古井”本指守寡妇人，前面加一个“淘”字——虽然浚井是要这个“淘”的，但这里的“淘”有娶的意思，更有贪图女人钱财的含义。由于做这个“淘”的宾语，原本形容贞妇的“古井”，也变了味，变成了甚至包括娼妓的不必贞洁的“古井”。“女人与井”，这一文化之结是含有性暗示成分的，及至演成“淘古井”之说，这种成分也就表面化了。美国汉学家爱伯哈德《中国符号词典——隐藏在中国人生活与思想中的象征》（汉译书名为《中国文化象征词典》）一书，没有遗漏水井这一象征意义：“一个人想结婚但找不到新娘，人们就说他‘盼河望井’。在色情文学中，井象征着阴道。”

水井的这种文化蕴含，是认识一种生育民俗的钥匙。清代龚炜《巢林笔谈》言及这一古代风俗：

俗有“照井生”之语，出《后汉书·四夷传》：海中女国有神井，女子窥之辄生子。

龚炜记下清代民间“照井生”的俗信，并认为这一俗信与《后汉书》的记载有关——《东夷列传》写到朝鲜半岛一带：“又说海中有女国，无男人。或传其国有神井，窥之辄生子云。”这故事，应归于女儿国一类传说。窥神井而怀孕生养，这一传说的文化底蕴在于对水井的想象：井是女阴的象征。

旧时民风不乏这方面的例子。北宋张君房《云笈七签》载：四川金堂县道观南院有九井，“年三月三日蚕市之辰，远近之人祈乞嗣息，必于井中，探得石者为男，瓦砾为女”。三月当春之际，是祈求增丁添口的好时节。“祈乞嗣息，必于井中”，其实是古老的生殖崇拜的遗俗。从井中捞起石块，认为是将得儿子的征兆；捞得瓦砾，则兆生女孩——这又融入弄璋弄瓦的生育习俗。女孩之瓦未变；璋换石，因为玉、石同类，井里捞得一块石，也就是璋了。

重男轻女，求生男孩成为旧时生育风俗的重要内容。为此，一些有了身孕的妇女不免要到井边，去祈求对于孩儿性别的选择。方法是围着水井转三圈。南朝宋《异苑》说：“妇人妊孕未满三月，着婿衣冠，平旦左绕井三匝，映井水详观影而去，勿令婿见，必生男。”

这一俗信，出自《博物志》故事：“陈成初生十女，使妻绕井三匝，祝曰：‘女为阴、男为阳，女多灾，男多祥。’绕井三日，果生一男。”绕井每次要绕三圈，绕井的天数也取三。奇数为阳。同时围着水井转圈圈还有个方向问题，要“左绕”——男左女右，也被运用到这一俗信中。绕井时，口中要念念有词，以祈得子。

民间俗信中，井又可以代表“水”——金、木、水、火、土，五行之水。

土家族育儿习俗，孩子满月后要请巫师为孩子推论阴阳五行，若有所欠缺，就要寄拜祈求，以此补足。比如巫师讲孩子五行缺水，何处求“水”呢？人们讲，寄拜水井。寄拜要找古井或老井，将红纸剪的鞋子和寄拜帖贴在井上，烧香奠酒，母亲抱着孩子向井磕头，并给孩子取一个带“水”字的名字。经此一番寄拜，人们说古井赐“水”给孩子，孩子已是五行俱备，就可以防所谓“汤火关”对于孩子的危害了。在这一风俗中，井被用来做五行之水的代表。

有些地方，旧时曾有认干妈的习俗。为孩子找一个适当人选认为干妈，俗信可以使孩子得到保护。有时也认大树、碾盘、水井做干妈。认水井为干妈，往往是算命先生批八字的结果——八字之中“水”不足，井来补。仍是那一思路：用井来代表五行之水。

（三）平和：井水不犯河水

“井水不犯河水”，一句俗语传古今。然而，别较真。否则，不免就应了那句话，任何比喻都是蹩脚的。清代《乡言解颐》曾较真：“乡言井水不犯河水，不知地脉之潜通也。”的确，地下水沟通了河水与井水，它们并非互不相涉。“不知地脉之潜通”，此言虽合乎物理，但与语言的客观规律却是两回事。在语言的约定俗成的力量面前，敌不过“井水不犯河水”的老话，败下阵来。

俗语有言，“井水不犯河水”。此语所凝结的，不仅仅是人们对于水井的看法。

河水流动于河床，井水静处于井凹，除非河水漫上岸，井满溢水入河，二者各有各的存在方式，互不侵犯。这是其一。其二，井不犯河，河有时却要犯井，井的性格平和，溢水犯河是鲜有的事。而河有汛期，能发大水，赶上降水多的年份，说不定要耍耍脾气，使使性子，弄得大地泽国，洪水灌井。其三，与“井水不犯河水”对应，还有一句俗语“井水流不到河里边”。如清代小说《歧路灯》第八十四回：“你为你，我为我，井水流不到河里边。”

总之，人们讲“井水不犯河水”，却绝不讲“河水不犯井水”，这里包含着这样一层意思：井平和，省事，不会招惹别人。从大禹理水，到李冰父子修都江堰，历朝历代都视治水为大事，少不了要设专司此事的机构和官员。治水，主要是指治理江河、兴水利、防水患，往往并不在意掘了几眼井。水井平和，只造福，不添乱。

20世纪90年代重印的“民国丛书”有一册《周易杂卦证解》，讲到井卦：“《井》之义，不惟有水之井，亦不惟井田而后可谓之井。凡民之所居所恃以养者，皆井也，皆当定之使无动。兵之所过，政之所及，而使市井骚然，民散而之四方……于是井为邱墟，在民固有所丧，彼争城争地者，争焉而得邱墟，究竟亦何所得哉？”这段话，讲战争而模糊正义之师与非正义之师，显然不是正确的战争观。其借井卦立言，要表达的意思，则是一种“井养”充分的理想：社会应安定和平，人民应安居乐业。

井的平和，使它成为古人眼中的祥瑞之物。这就有古代“浪井”的话题。《广博物志》引《瑞应图》说：“王者清净则浪井出。”浪井应时而出，条件是“王者清净”，天下太平而不是战乱。

（四）“井者，法也”

“井，法也”，此语见于东汉应劭《风俗通义》。

以水井喻法制，是中国法制思想史独具特色的篇章。请读《后汉书·志·五行一》所记：

> 桓帝之末，京都童谣曰：“茅田一顷中有井，四方纤纤不可整。嚼复嚼，今年尚可后年铙。”案《易》曰：“拔茅茹以其汇，征吉。”茅喻群贤也。井者，法也……茅田一顷者，言群贤众多也。中有井者，言虽厄穷，不失其法度也。四方纤纤不整者，言奸慝大炽，不可整理。嚼复嚼者，京都饮酒相强之辞也。言食肉者鄙，不恤王政，徒耽宴饮歌呼而已也。今年尚可者，言但禁锢也。后年铙者，陈、窦被诛，天下大坏。

东汉桓帝末年，官僚士大夫与宦官集团之间斗争激烈，宦官诬告士大夫诽谤朝廷，致使二百余人被禁锢终身，是为第一次“党锢”。童谣的内容，以“茅田一顷”与“四方纤纤”的对立，影射当时的形势。“后年”指桓帝死后灵帝立，陈蕃、窦武起用一些被禁锢的士大夫，共谋诛除宦官集团，事泄，导致第二次“党锢”。童谣首句“茅田一顷中有井”，以茅比喻士大夫阵营群贤毕集，以井表示法度，所谓“井者，法也”。《后汉书·志·天文中》也有这类说法：“东井，秦地，为法。三星合，内外有兵，又为法令及水。”三星合，指永元五年（93）四月金星、火星、水星“俱在东井”。

井喻法度，其取义，可能与井田之井有关，如“井井有条”之类。然而，这更与井泉之井相关。请看“茅田一顷中有井”，童谣唱的分明，那井就是田中之井。

“井者，法也”，所取在于井水之平。《晋书·天文志上》讲二十八星宿井宿，沿用了这样的思路：

> 东井八星，天之南门，黄道所经，天之亭侯，主水衡事，法令所取平也。王者用法平，则井星明而端列。钺一星，附井之前，主伺淫奢而斩之。故不欲其明，明与井齐，则用钺于大臣。

东井即井宿，由八颗星组成。古人将世间朝野，万般景象移上星空，想象星汉间有帝王御苑也有百姓田园，星官各司其职。井宿被视为“天之亭侯”，亭侯为爵位名，如关羽曾被曹操封为汉寿亭侯；井星“主水衡事，法令所取平也”，井水波澜不兴，其水面较之江河湖海，更显其平。法令取平，以井水象征可谓最佳选择。因为以井宿表示法令公平，古人进一步联想：“王者用法平，则井星明而端列。”法制公平，井宿之星不仅星光明亮，而且诸星位置端正，排列舒展。唐代《黄帝占》称井宿代表“天府法令”，也取这种说法：“东井主水，用法清平如水，王者心正，得天理，则井星正行位，主法制著明。”世事影响天象，天上星宿成了天下法治的晴雨表，这是古代“天人合一”思维的产物。

二、天宇井星

（一）井宿·玉井·军井

茫茫天宇间，皓皓月宫里，一代代古人仰望天文，编织美丽的神话传说，借星空折映人间万象。人们没有忘记凿大地上的井，寻天上的星。于是，星宇有井，不仅有以井称谓的星，军井也作了星名。它们是世间井在天界的映影。

中国古代天文学的重要一页是二十八星宿。二十八组星官在四方天宇排成恢宏环圈，二十八宿中一宿以“井”命名。

井宿在双子星座。在井宿之西，古人还以“玉井”命名了一组星。相对于玉井，处在玉井星之东的井宿又称“东井”。井宿跻身二十八宿，名气自然很大，因此径称“井星”，并不会引起歧义。

组成井宿的八颗星，其相互位置关系略似一个“井”字。中国古代天文学命名星辰，以大地上的事物为“思想库”，天下有何事物，天上便有何星辰，对于井宿的命名也是如此。这就是说，不仅取名借助于“井”，而且将古代关于井的思想也融于这一星宿之中了。

古代有“天河”“银河”“河汉”“星河”“明河”等许多名称，那是将繁星如带视为一条星的河，是对于星宇的宏观把握。“星河”是对星空的统称，而不是将大地的一种事物，作为一颗星或一个星官的形象及称谓，嵌在星空。沿着这样的思路，可以说：天河并非河，井宿确是井。古人把日常生活里司空见惯的井移上天宇，为它找到一个相似的八颗星的组合体，并在指其为井宿的同时，展开了有关井、有关水的想象。

井宿不但形如井形，在古代天文学的构架中，它还拥有井的实质，即井星主水。《史记·天官书》："东井为水事。"在这五字的后边，因循着这一主题，似乎有续不尽的文章。《后汉书·志·天文上》称井星为天上的水衡官：

> 三十年闰月甲午，水在东井二十度……东井为水衡，水出之为大水。是岁五月及明年，郡国大水，坏城郭，伤禾稼，杀人民。

水衡本是人间实有的官职，水衡主水。"东井为水衡"，将井宿视为天上的水官。东汉建武三十年（54），水星出现在井宿附近，这被认为是将出现洪涝灾害的征兆。

"东井为水衡"，这在几千年里反复地被讲着，直说得"水衡"也成为井宿的别名。清代《事物异名录》"井为水衡"，所言即是。

东井主水，这还不够，古人进一步挖掘它的符号意义。有这样两件出土文物，它们均为汉代明器：一件是陶井，上面标有"戒火东井"四字；另一件也是陶井，标有"灭火东井"四个字。两件陶井，可以说是水井的模型，也可以说是天上井星的形象。这是请井星来做禳火、镇火的符号——天国之水灭火的威力该有多大，那就尽可以发挥想象力了。

地下水脉相通，水井连着江河、暗通大海，一只银碗掉落井里，可以在天涯海角找到它。古人说此，讲得跟真事一样。天上的井宿与银河，是不是也该有相通之脉？人们的想象，对此是肯定的。元代张雨《墨龙》诗："东井水与天河通，龙下取水遗其踪。"井宿连着银河水。

关于东井的想象，赋予岷山神奇的色彩。明代《蜀中名胜记》引郭璞《岷山赞》："岷山之精，上络东井。始出一勺，终至淼溟。"四川甘肃交界的岷山，为黄河长江的分水岭，由岷山淌下的水流虽然细小，却把岷江、嘉陵江送向远方。《荀子·子道》说："江出于岷山，其始出也，其源可以滥觞。"哲人荀况讲岷山以仅可浮起酒杯的水流，孕育了奔腾的江河。"滥觞"一词，也可以说是岷山"贡献"给汉语语汇的。岷山的发源地作用，被古人所推崇。表达这种推崇的方式，包括对它的礼赞，上引《岷山赞》可以作为代表。你看：它洒小小一勺水，就能汇成浩荡淼溟，奔流向海。这很壮观，但只是写实的笔触。再看古人天地合一的想象，拓开何等壮丽的空间："岷山之精，上络东井"——岷山滴水成江河，造化为什么能有如此奇功？人们翘望星空，像是窥得天地奥秘：岷山连着井宿，井星惠予天国之水，岷山才有发源之功。在这对于岷山的礼赞中，我们分明看到了古人心目中的东井之星。

星空之中，不止一"井"。前面曾提及井宿之西玉井。请看《晋书·天文志上》对井宿及其周边天区的描绘：

玉井四星，在参（shēn）左足下，主水浆以给厨……玉井东南四星曰军井，行军之井也。军井未达，将不言渴，名取此也……东井西南四星曰水府，主水之官也。东井南垣之东四星曰四渎，江、河、淮、济之精也。

这讲的是星空西南之隅，可谓多“水”的天区。有关井的名目即有三，井星、东井、军井；再加上“水府”与“四渎”——长江、黄河、淮河、济水之精，真可谓水之星荟萃。此外，《史记·天官书》说，井宿附近有钺星，“钺北，北河；钺南，南河”。唐张守节《正义》：“南河三星，北河三星，分夹东井南北，置而为戒。”这六颗星，又合称“两河”。

二十八宿中相邻的井、参两宿多“水”，由此，古人称井宿为天井星君，参宿为天水星君。

玉井四星，形若井形而得名，位置在参宿之南。古人想象，玉井星“主水浆以给厨”。以玉井为基准，向东南移，可见军井四星，《晋书》讲此星的取意在于“行军之井”。玉井是高级井，供达官贵人汲饮的井；军井是行军之井，军中士兵掘出来解渴的。

《尉缭子·战威》有言“军井成而后饮”，颇有关心兵卒、同甘共苦的意味。古人设计星的世界，玉井既备，军井亦置。“军井未达，将不言渴，名取此也。”玉井、军井，成双而设，不但把世间的等级制度写上了天空，同时也将体恤兵士的美好品德写在了星空。

（二）“井者，秦也”

李白的名作《蜀道难》写到井宿：“扪参历井仰胁息，以手抚膺坐长叹。”这是典型的李白式浪漫想象，高山入云天，甚至一路上伸手就可以摸到天上星辰——参，指二十八星宿的参宿；井，井宿。依据古代的分野之说，蜀属于参宿的分野，井宿为秦的分野。李白诗讴歌由秦入蜀一路上奇丽的山川，“扪参历井”正好是对应的星空。扪参历井，成为古代诗文典故。宋代时，邓安惠自翰苑出守成都，上谢表：“扪参历井，方知蜀道之难；就日望云，已觉长安之远。”

地理上，蜀与秦有着搭界的地面。二十八星宿中，参宿与井宿虽然分属白虎、朱雀，但两者也是相邻的。前者为白虎七宿最末一宿，西方而垂南，后者为朱雀七宿的第一宿，南方而偏西，一尾一首，可谓首尾相接。

由秦入蜀，李白吟以“扪参历井”，堪称诗的语言之花。“扪参历井”植根的文化土壤，则是古代的分野之说。

天上星辰与天下州郡，古人迷信其有对应关系，如《史记·天官书》所言：“二十八舍主十二州，斗秉兼之，所从来久矣。”二十八舍即二十八星宿，东方苍龙，角、亢、氐、房、心、尾、箕七宿；北方玄武，斗、牛、女、虚、危、室、壁七宿；西方白虎，奎、娄、胃、昴、毕、觜、参七宿；南方朱雀，井、鬼、柳、星、张、翼、轸七宿。《史记正义》引《星经》：“角、亢，郑之分野，兖州；氐、房、心，宋之分野，豫州；尾、箕，燕之分野，幽州；南斗、牵牛，吴、越之分野，扬州；须女、虚，齐之分野，青州；危、室、壁，卫之分野，并州；奎、娄，鲁之分野，徐州；胃、昴，赵之分野，冀州；毕、觜、参，魏之分野，益州；东井、舆鬼，秦之分野，雍州；柳、星、张，周之分野，三河；翼、轸，楚之分野，荆州也。”这就是所谓分野。与秦相关的星宿是井宿和鬼宿。

在古籍中，对于分野的记述有时小有差异。但是，井星却从来是连着秦的，——井宿的分野为秦地。《史记·张耳陈馀列传》“东井者，秦分也”，《汉书·地理志下》“秦地，于天官东井、舆鬼之分野也”，《晋书·天文志上》“东井、舆鬼，秦，雍州”，等等。

在井与秦的紧密关系中，还楔入一个人物：伯益。他既是秦人的祖先，又是神话传说里“始作井”的发明家。《汉书·地理志下》，先讲“秦地，于天官东井、舆鬼之分野也”，表述了秦的地界范围之后，紧接着讲秦人：“秦之先曰柏益，出自帝颛顼，尧时助禹治水，为舜朕虞，养育草木鸟兽，赐姓嬴氏，历夏、殷为诸侯。”柏益即伯益。这个伯益，在“井者，秦也”的分野模式中间，是不是担当着一种角色呢？

伯益或许并不是井的发明者。然而，当传说将首创水井的荣誉给了伯益之后，他就有可能在天上井与地上秦之间起中介作用。推论一，因为伯益始作井，又因为伯益是秦人祖先，所以让井星主秦。推论二，因为伯益始作井，又因为伯益是秦人祖先，所以在此一天区命名了东井星、玉井星。

此外，应有推论三：“伯益作井”的传说，很可能是“井者，秦也”的衍生物。就是说，因为井星主秦，又因为伯益是秦人的祖先，所以引发了古人的联想——发明井的人，不是伯益还能是谁呢？分野之说属于占星术范畴。

《史记》为张耳、陈馀立传，他俩本是患难知己，在群雄并起的秦末并肩协力，有所作为。后来二人反目，陈馀率兵袭张耳，张耳败走。楚项羽、汉刘邦，去投哪一方？张耳举棋不定。这时，“善说星者”甘公说话了：“汉王之入关，五星聚东井。东井者，秦分也。先至必霸。楚虽强，后必属汉。”五星聚东井，是说金、木、水、火、土五行星会聚于井宿附近。刘邦先于项羽入关灭秦的时候，五行星聚东井，“东井者，秦分也”，东井分野在秦，正是刘邦称霸天下的好兆头。张耳听了甘公之言，下定决心投刘邦。两大阵营择其一，何去何从关系着前途命运，张耳的抉择是很困难的。掂掂刘邦方面，曾有旧谊；量量项羽方面，项羽封他做常山王，待他不薄，并且这时项羽尚强，刘邦在项羽面前也得作出服软的样子。如此费斟酌的事，最终由占星家一锤定音，反映了那个时代占星术的影响力。

张耳的故事还没有完结。张耳投汉，又向刘邦提起五星聚东井的吉兆，请读《汉书·天文志》：

> 汉元年十月，五星聚于东井，以历推之，从岁星也。此高皇帝受命之符也。故客谓张耳曰：“东井秦地，汉王入秦，五星从岁星聚，当以义取天下。”秦王子婴降于枳道，汉王以属吏，宝器妇女亡所取，闭宫封门，还军次于霸上，以候诸侯。与秦民约法三章，民亡不归心者，可谓能行义矣，天之所予也。五年遂定天下，即帝位。此明岁星之崇义，东井为秦之地明效也。

依此记载，刘邦灭秦后约法三章的著名举措，也是受了五星聚东井的启发。在刘邦入秦的时候，出现了五星会聚于井宿的天象。前曾引《史记》甘公之语，说这是刘邦称霸的兆头。《汉书》所载，又作了进一步的发挥。金、木、水、火、土五星聚于井星，其中一星为主，四星随从。谁为主呢？张耳对刘邦说，四星是随木星即岁星运行于东井的。古人不仅将五行分配给五颗行星，还将五常仁、义、礼、智、信也分别赋予五星。张耳讲，岁星所主为义，因此以义取天下才符合天意。刘邦采纳了这建议，以义争民心，终于在楚汉之争中赢得胜利，建立西汉王朝。

修《汉书》的班固，记述这一故事之后，特别强调了一笔："此明岁星之崇义，东井为秦之地明效也。"其间的叙述逻辑是，先围绕着岁星崇义、东井主秦展开故事，再用所讲的故事来证岁星崇义、东井主秦。其实，刘邦以十万兵卒对抗拥有四十万大军的项羽，需要有正确的策略来弥补军事力量上的不足。刘邦以义取天下，而不以义则难取天下。就刘邦的帝王谋略说来，即使不曾有过岁星崇义、东井主秦的"启示"，他大概也知道如何与楚霸王争天下。君权神授、奉天承运，是封建时代习惯的思维方式。《汉书》把刘邦的以义取天下，说成得于井星天象的昭示，正是因循"奉天承运皇帝"的模式，渲染汉王朝上得天意。

这样的"奉天承运"的舆论，还拉孔子加入合唱。晋代《搜神记》的一则故事讲，鲁哀公十四年，孔子夜里作梦，梦见丰、沛之邦——那是刘邦诞生、起家的地方，有赤氤气升起。孔子就喊弟子颜回、子夏一起出门去看。三人驱车街上，遇到一个小孩在打一只麒麟。随后，故事通过孔子与小孩的对话，以及麒麟吐图卷，引出神秘的预言：

孔子曰："汝岂有所见乎？"儿曰："吾所见一禽，如麋，羊头，头上有角，其末有肉。方以是西走。"孔子曰："天下已有主也，为赤刘，陈、项为辅。五星入井，从岁星。"……麟向孔子，蒙其耳，吐三卷图，广三寸，长八寸，每卷二十四字。其言赤刘当起，曰："周亡，赤气起，火耀兴，玄丘制命，帝卯金。"

麒麟吐图卷，让玄圣的孔丘颁布天命：皇帝刘姓。记录孔夫子言行的《论语》以及先秦诸子书中，均不见类似记事。这显然是后人附会的故事，很可能是借鉴了《史记》的有关内容编造出来的。

行星聚东井的星象，还出现在《晋书·天文志中》：东晋义熙九年"三月壬辰，岁星、荧惑、填星、太白聚于东井，从岁星也。东井，秦分。十三年，刘裕定关中，其后遂移晋祚。"仍说"从岁星"，但五缺一，是四星会聚，也未见所谓"崇义"的说法。井宿一带的这样的图景，被附会为东晋王朝灭亡的征兆。

《南史·宋本纪上》说到义熙九年（413）四星聚东井，"至是而关中平。九月，帝至长安。长安丰稔，帑藏盈积，帝先收其彝器、浑仪、土圭、记里鼓、指南车及秦始皇玉玺送之都；其余珍宝珠玉，悉以班赐将帅"。四星聚东井，刘宋的开国皇帝刘裕平了关中，九月去长安大有所获，"十月，晋帝诏进宋公爵为王，加十郡益宋国"。司马氏的天下开始被刘宋政权分去南方半边天。

分野之说用来附会改朝换代的大变故，也用来附会帝王命运、刀兵水火。于是，为"井者，秦也"增加不绝于史的话题。《汉书·天文志》："孝文后二年……四月乙巳，水、木、火三合于东井。占曰：'外内有兵与丧，改立王公。东井，秦也。'"水星、木星、火星出现在东井星附近，占星者依"东井，秦也"之说，行其占卜之术。《晋书·天文志中》："穆帝永和八年十二月，月在东井，犯岁星。占曰：'秦饥，人流亡。'"东晋司马聃做皇帝时的这次占星，占的是饥荒，因月在东井，所以说挨饿逃荒的人在秦地。

有趣的是，这种迷信的说法并未将自己的领地囿于占星，甚至地上的水井也成了"东井，秦也"的说辞。《南史·陈本纪下》记，陈后主建业城破之际，带着张、孔二宠妃藏身于景阳宫井内，被隋兵搜出：

> 隋文帝闻之大惊。开府鲍宏曰："东井上于天文为秦，今王都所在，投井其天意邪。"……三月己巳，后主与王公百司，同发自建邺，之长安。

陈叔宝匿身于井而被俘，有人借题发挥说：陈叔宝井里藏身表现了一种天意，因为天上井宿分野为秦地，长安正是隋朝都城。你看，这不是以天下之井去附会天上井星的分野之说吗？后来，陈叔宝被送往长安——井星的分野之地。

（三）井星神像：井木犴

天上星辰，被说成是天国星神，二十八宿名单也就成了神仙谱。二十八宿神有名有姓。就说井宿。宋代《迎神赛社礼节传簿》——民间酬神演戏的节目单，以东汉二十八位功臣称谓二十八星宿，井宿为姚期。因为传统戏曲的搬演，姚期其人的知名度还是很高的。在明代戚继光编撰的兵书《纪效新书》中，井宿神的名字叫徐贯。明代程君房《程氏墨苑》画有二十八宿神像，其中井宿为一端正儒雅形象（图 53）。可是，《迎神赛社礼节传簿》所描绘的井宿却是另种模样："其宿人形，牛头马面，赤衣赤冠，白裙朱履，右手执犁（梨）杖而立。好食熟物。"宋元时代山西祭祀演剧，舞台上会出现这样的井宿神形象。

图 53　明代《程氏墨苑》井宿神像

二十八宿与十二地支所标方位，有对应关系；而二十八宿本身，又七宿为一组，分出了东南西北，所谓四象——东方苍龙，西方白虎，北方玄武，井宿所处的南方七宿，古人将它看成一只巨大的飞鸟。《晋书·天文志上》说："自东井十六度至柳八度为鹑首，于辰在未，秦之分野，属雍州。"除了分野，还讲到井星的方位，"于辰在未"。以十二辰标示方位，子午贯北南，卯酉居东西，午之侧即为未，南方偏西是未的方位。井星在天空的位置，《晋书》讲"自东井十六度至柳八度为鹑首"，它在星际间的相对位置是"鹑首"。

"鹑首"，朱雀七宿的头部。朱雀七宿共五十九星，被想象为横于南天的一只红色大鸟，井宿八星是那鸟之首。由此，古诗中将井宿称为"井冠"，唐代卢仝《月蚀诗》："南方火鸟赤泼血，项长尾短飞跋躠（xiè），头戴井冠高逵枿（niè），月蚀鸟宫十三度。"诗吟朱雀七宿，其色红艳，其形生动，井宿八星被想象为鸟冠。

上面说了，二十八宿与十二地支方位有对应关系。由此，十二地支与十二生肖的那一套动物符号系统，被二十八宿所效法，使得井宿星神拥有了一个动物形象的标志，这就是井木犴。

二十八星宿神的阵容是：东方七宿，角木蛟、亢金龙、氐土貉、房日兔、心月狐、尾火虎、箕水豹；北方七宿，斗木獬（xiè）、牛金牛、女土蝠、虚日鼠、危月燕、室火猪、壁水貐（yǔ）；西方七宿，奎木狼、娄金狗、胃土雉、昴日鸡、毕月乌、觜火猴、参水猿；南方七宿第一个是井木犴，其余为鬼金羊、柳土獐、星日马、张月鹿、翼火蛇、轸水蚓。

这一组星宿神，名称均三字。首字取星名，中间取字于日月和五星即所谓"七政"或曰"七曜"，尾字取动物做神像。二十八神像以十二生肖为骨架，增饰而成。明代李诩《戒庵老人漫笔》探讨生肖源流，涉及二十八宿神：

> 二十八宿分布周天以直十二辰，每辰二宿，子午卯酉则三，而各有所象。女土蝠，虚日鼠，危月燕，子也；室火猪，壁水貐，亥也；奎木狼，娄金狗，戌也；胃土雉，昴日鸡，毕月乌，酉也；觜火猴，参水猿，申也；井木犴，鬼金羊，未也；柳土獐，星日马，张月鹿，午也；翼火蛇，轸水蚓，巳也；角木蛟，亢金龙，辰也；氐土貉，房日兔，心月狐，卯也；尾火虎，箕水豹，寅也；斗木獬，牛金牛，丑也。天禽地曜，分直于天，以纪十二辰，而以七曜统之，此十二肖之所始也。

显而易见，这是在十二生肖的基础之上，增添相类似的动物，凑齐二十八种。比如，隶于地支子下的女宿、虚宿、危宿，以子鼠为"基准"，扩充而得女土蝠，古人以为蝠为鼠所化，由蝠再扩展至燕。二十八宿神的取象，鸡与雉、乌，狗与狼，猴与猿，蛇与蚓，虎与豹等，都是这一思路的产物。

至于"井木犴，鬼金羊，未也"，十二生肖未属羊，不需赘言。拓展为二十八宿神，属未的还有犴——井木犴。犴是一种什么样的动物呢？清康熙年间钦定《星历考原》讲二十八宿神："未宫鬼近中宫，故为羊之本象，井居其旁，则取犴为羊之类以配之。"鬼金羊、井木犴都属未，依照二十八宿神总体构思，二者应取相类的形象。

描述犴的模样，晋代郭璞注《子虚赋》讲："犴，胡地野犬也，似狐而小。"通常认为，犴即北方的野狗，形如狐而黑嘴。依此，与羊相比，其体形体量还是有近似之处的。明代戚继光的兵书《纪效新书·旌旗金鼓图说篇》，载二十八星宿旗，其中井木犴绘为狮子狗模样（图54），也还算有依据。

图54　明代《纪效新书·旌旗金鼓图说篇》二十八星宿旗井宿图案

二十八宿旗又是帝王出行的仪仗——卤簿所备旗帜，其中自然少不了井木犴。《宋史·仪卫三》载"大驾卤簿"制度：次前部马队，分十二执二十八宿旗，其中第六队有奎宿、井宿旗帜各一面。《元史·舆服志二》记卤簿用旗样式："井宿旗，青质，赤火焰脚……井宿绘八星，下绘犴。”这是在大场面时派用场。

皇帝的卤簿，被民间祭神演剧风俗移用，二十八宿神亮相于迎神赛社的舞台，这就有了上面言及的《迎神赛社礼节传簿》，明代万历二年（1574）抄本，1985年在山西潞城县发现。这是当年大规模祭祀演出的节目单。依这一《迎神赛社礼节传簿》所记，二十八宿神形象，在整个演出期间逐一登台值日。例如“第二十二天星井木杆（犴）姚（铫）期为列卫大将军，授封安城（成）候（侯）”，说的是井宿神。但是，关于井木犴的扮相，《迎神赛社礼节传簿》所记却是“牛头马面”，红衣白裙，红鞋红帽，拄着梨木杖，伫立于台上。

井木犴究竟该是怎样的形象，真是要看人们如何漫想了。昆明人将井木犴想象为独角牛的样子，以铜铸之，旧时供奉在井宿祠里。昆明城一些地方地势较低，容易受到洪涝的困扰。城里有条盘龙河，河边有条金牛街，过去就常受到汛水威胁。如今，金牛街已是一片高楼了，独角金牛——井木犴作为文物景观，仍被精心地保留在河边一座亭子里。导游书上讲，当年为把水怪孽龙镇住，人们在河旁铸造一个大铜犴，并建井宿祠来安置。铜犴长两米有余，“其形似牛，独角伏地，昂头视水，起足作欲斗状”，传说它能治水。

古人谈天说地，将井宿视为司水的星官。昆明大铜犴，即源于此说。铸形若牛——金牛降蛟镇洪水，这是一个符号；金牛顶上铸独角，似牛而非牛，实际上是在金牛降水的符号之上，再叠加另一符号——独角，那支独角造就了金牛模样的井木犴。

至于《迎神赛社礼节传簿》中井木犴的名姓，则是以历史人物相附会。铫期是东汉王朝打天下的功臣。他与同时代的另外二十七个功臣，被说成是上应星宿、辅光武帝刘秀中兴汉王朝的人物。此说的渊源，《后汉书》已见。《后汉书·朱景王杜马刘傅坚马列传》论曰：“中兴二十八将，前世以为上应二十八宿，未之详也。”一句“未之详也”，留下分外广阔的想象空间。这篇论曰又讲：“永平中，显宗追感前世功臣，乃图画二十八将于南宫云台。”东汉的第二朝天子刘庄，追念跟随光武帝再建汉朝的功臣，在云台绘中兴二十八将画像。那画廊的“群英会”，很可能也是“群星会”，两者间的距离大概没有半步之遥。“前世以为上应二十八宿”，有这样的传说作基础，在那个时代，神异其事既不难，做得令人眼花缭乱也是容易的。

东汉光武帝刘秀，与数字“二十八”有奇缘。《后汉书·光武帝纪》，刘秀决计起兵推翻王莽，“时年二十八”，此其一。其二，刘秀称帝前，有人奉《赤伏符》：“刘秀发兵捕不道，四夷云集龙斗野，四七之际火为主。”四七之际，指从汉高祖到刘秀起兵，二百八十年。有此符瑞，刘秀顺水行船，上答天神，下塞群望，即皇帝位，开始了东汉王朝的纪年。其三，还有二十八将与二十八宿之说。

以上三条，或可视为“前因”，或可视为“后果”，都与《赤伏符》中“四七之际火为主”的谶语有关。四七的乘积，使得二十八星宿为东汉王朝的神秘文化所借重。推翻新莽、改朝换代的大事变，刘秀手下带兵打仗的将领自然多多。然而，多也不取，少也不要，只选“中兴二十八将”，正是为应和代表君权神授的“天之数”。

用“中兴二十八将”比附二十八星宿，附会于井宿的是铫期。在二十八将里，铫期是为数不多的几个为后世百姓所熟悉的人物之一。《后汉书》为铫期立传，记其骁勇，刘秀称帝前拜为虎牙大将军，即位后封他安成侯。他重信义，将兵征伐，不事掳掠。做朝臣，“忧国忧主，其有不得于心，必犯颜谏诤”。从戏曲说唱学历史的民众，知道其人，传讲其事，靠的是戏出里的姚期。姚期即铫期。搬演他的故事，《姚期》《斩姚》《姚期绑子》《打金砖》成为传统剧目，《打金砖》又名《二十八宿归天》。

二十八将与二十八星的附会，人归星名下，是随意组合还是有意配对，这是个有意思的话题。让铫期得井宿之位，他的性格、他的作为，与“井者，法也”的文化符号意义，与《易·井卦》养育天下的思想等有没有一些关联呢？应该看到，这二十八对附会之中，至少有一部分，古人是有构思有立意，赋予了内涵的。

（四）翻禽演宿井木犴

为二十八星宿配上动物形象，再加上五行七曜，中国古代的神秘文化因此又增神秘。需要有个名目，就称其为禽星。用来算命，就叫翻禽演宿，或叫飞星演禽，与“四柱”“八字”一道，成为蒙人的把戏，做了古代术数的组成部分。

小说《醒世姻缘传》第六十一回“狄希陈飞星算命，邓蒲风设计诓财”，描写术士算命行骗的故事。“江右高人”邓蒲风，在龙王庙门口高悬“飞星演禽”的幌子。狄希陈惧内，心里想着“若是命宫注定如此，我只得顺受罢了”，便要请那邓蒲风“推算一推算”，看是否命中注定怕婆。邓蒲风先问狄希陈的八字，然后一通念念有词。又问狄夫人的八字，还是一通念念有词。七拐八绕，当邓蒲风摸到了脉——面前这个男人惧内，结论也就有了："你的五星已注定，是该惧内的。"狄希陈还不甘心："老丈原说是禽堂五星，烦你再与我两人看看，禽是甚么？只怕禽还合的上来，也不可知。"这是请求再来一番演禽。邓蒲风眼见自己的捕风捉影已得计，当然不愿意坐失这"扩大战果"的良机。他又是一通掐指寻文的煞有介事，然后说：

了不得，了不得！这你二人的禽星更自利害！你这男命，倒是个"井木犴"。这"井木犴"是个野狗，那性儿狠的异常，入山擒虎豹，下海吃蛟龙，所以如今这监牢都叫是"犴狴"。你是个恶毒的主禽，凭他是甚么别的龙、虎、狼、虫，尽都是怕你的。谁想你这个令正不当不正，偏生是一个"心月狐"。这"井木犴"正在那里咆哮作威，只消"心月狐"放一个屁，那"井木犴"俯伏在地，骨软肉酥，夹着尾巴淋醋一般溺尿，唬这么一遭，淹头搭脑，没魂少识的，待四五日还过不来。

书中描写，邓蒲风的一席话，说得狄希陈"只是点头自叹而已"。那一通胡诌，确也有惑人的地方。男人命属"井木犴"，受克于妻子命中的那个"心月狐"，所以惧内是命中注定的——若说是推理，倒也明了：恶狗怕臊狐。井木犴虽是"入山擒虎豹，下海吃蛟龙"性狠野狗，但敌不住臊气哄哄的心月狐放个屁。别看骗人手段高明，《醒世姻缘传》的这段故事，其实不是在为翻禽演宿张目，而是让算命先生出丑。故事接下来讲，邓蒲风以“回背法”蒙骗狄希陈，说是能治“心月狐”的凶悍，狄希陈上当。这正如此一章回标题上写的，“设计诓财”。邓蒲风捉弄迷信星命的狄希陈，足足七七四十九天，然后一走了之。

有关此类翻禽演宿迷信，民间流传有“三世相法”，二十八宿各有说法。同属未的井宿与鬼宿，鬼金羊“多计较，人才好出众”，井木犴则是“有权柄，爱自己待人”。

将二十八禽星作为一个序列系统，与十二辰序列错综相排，从而扩大演禽的容量。以井木犴为例，“子入江湖花柳地，踏花拾翠赏芳名”，这是逢子；“丑宫平地逢鸦至，灾危难逃又生惊”，与逢丑是大不相同的。

讲角木蛟，“未宫井里昂头出，天地山河显一场”；讲亢金龙，“未宫井里昂头出，自然发达显威耀”。在二十八宿与十二地支的关系中，井宿与未地支相对应，因此有“未宫井里”的联想。

清代蒲松龄《历字文·二十八宿值日吉凶歌》，内容涉及“角木蛟吉”“亢金龙凶”“氐土貉凶”“房日兔吉”“心月狐凶”等说法，将井木犴归类为吉，其歌诀是：“井星造作旺蚕田，金榜题名第一先。埋葬须防惊卒死，忽癫疯疾入黄泉。开门放水招财帛，牛马猪羊旺莫言。寡妇田塘来入宅，儿孙兴旺有余钱。”

《历字文·二十八宿值日吉凶歌》所言吉凶，主要着眼于建房耕作、婚姻嫁娶和丧葬等事项，其中不少涉及开门放水。“井木犴吉”

也讲这些内容，说的是：逢井木犴当值，一是造屋耕作的好日子，二是开门放水招财进宝，六畜兴旺，三是可以娶亲。又说，有一条要小心，亡者入土须避此日。尽管说得煞有介事，却不过是想当然而已。

这一类迷信的说法，旧时蒙骗过不少人。如今时代不同了，它再没有什么市场了。

三、语言文学

（一）金井梧桐入诗篇

水井入诗篇，“金井”“玉栏”“银床”，有时如同画境一般。

园林里的井，宫廷府第中的井，注重景观效果，往往装有雕饰华美的井栏，这样的井入诗，古人愿用“金井”之类的字眼。南朝费昶《行路难》：“玉栏金井牵辘轳。”玉栏当指雕花石栏。井栏既为石，井湄、井壁与之匹配，也该是石砌。金井云云，因玉栏而用夸饰之词，不必坐实。李白《长相思》“络纬秋啼金井阑”句，清人王琦注：“金井阑，井上阑干也。古乐府多有玉床金井之辞，盖言其木石美丽，价值金玉云耳。”

井上的辘轳也有美称。唐代李商隐《无题》写幽闺中失意的爱情：“金蟾啮锁烧香入，玉虎牵丝汲井回。”玉虎，用玉石装饰为虎状的辘轳。由于辘轳的华美，使得井绳也具有了典雅之美。称其为丝，不仅出于细腻的笔触，还反映了诗人的一种感觉。

金井之金，在古典诗文中带给水井一种角色，使它连着赋秋、吟秋笔墨，牵着感秋、伤秋情怀。如李白那首《长相思》，络纬是鸣秋的虫，它在井旁叫着。清代《冷庐杂识》录《菩萨蛮》：“愁虫琐碎啼金井，离人渐觉秋衾冷。”秋虫鸣秋井。

金井再配以梧桐，咏秋的诗词大增其色，如唐代李贺《河南府试十二月乐词》写九月“鸦啼金井下疏桐”，王昌龄《长信宫词》“金井梧桐秋叶黄”，南唐冯延巳《抛球乐》词“飘尽碧梧金井寒”，宋时道潜《江上秋夜》诗“井梧翻叶动秋声”，裘万顷《早作》“井梧飞叶送秋声”，黄公度《悲秋》“寒声初到井梧知”，清代《冷庐杂识》载女子《七夕》诗“梧桐金井露华秋”，等等。

蒲松龄小曲《离了家乡》，写游子思乡，从“正月里，梅花焦”“二月初二是花朝”，十二支小曲逐月唱下来，直至“腊月天，岁尽已冬残，行人都回还”。各月都选代表性景观物候，其中有：“七月里，到秋间。听寒蝉，桐叶飘飘，下井栏……”

金井梧桐，成了写秋的常用熟典。秋吟梧桐，因为一叶知秋说的是梧桐树飘落下叶片。至于金井，按照古代阴阳五行之说，金为西，色白，主秋。

秋风萧瑟，由悲秋而伤感，水井被染上这种感情色彩，成为古诗词描写闺怨情思的常用“道具”。唐代陆龟蒙《井上桐》：“美人伤别离，汲井长待晓。愁因辘轳转，惊起双栖鸟。独立傍银床，碧桐风袅袅。”写到了辘轳和井栏。曹邺《金井怨》：“西风吹急景，美人照金井。不见面上花，却恨井中影。”对井照面而生怨，写的是闺中情怀。

明代《西湖游览志》载，南宋的宫殿元代改为寺院，故宫的井还在。僧人止庵《故宫井》诗："上有千尺桐，下有千尺井。风吹井上桐，零落井中影。"四句诗全在水井、桐树上着笔，却也别有一番意境。僧若是在怀古，或许在吟咏沧桑之感；僧若是向禅的，则似在埋怨多事的风。古井无波，不是很好吗？偏偏树欲静而风不止。总之，只一桐一井，便营造出一种气氛，供读者去联想、体味。

水井、梧桐，对于古代文化所结成的这一对子，宋代梅尧臣《和永叔桐花十四韵》于有意无意中，给出另一种诠释。诗中写道："湛湛碧井水，其上有梧桐。春随井气生，白花飞蒙蒙……桐既无凤皇，井岂潜蛟龙。乃知至神物，未易饮人逢。"水井与梧桐对举，凤凰与蛟龙对举。凤凰非梧桐不栖，水井里潜着蛟龙，两者都是古人熟知的传说。井引龙，树招凤，却原来水井梧桐是这样的好事成双。

井之情思，还泛着思乡涟漪。李白《静夜思》："床前明月光，疑是地上霜。举头望明月，低头思故乡。"井床圆月的画面，对沉浸在怀恋故乡的情感里。清代赵献《月夜泛湖》诗："金陵遥映千山白，玉影平分万井圆。"万井圆，井池月影，颇具"千里共婵娟"的意境。

井上的苔藓，在诗人笔下获得了意韵。南朝的鲍照登广陵城，有感于繁华衰飒之变，写下名篇《芜城赋》，有"泽葵依井"之句。阴湿的井壁，成片的莓苔附着其上。李白喜欢南齐诗人谢朓，他去凭吊谢公故宅，特别注意到那荒废的老井："荒庭衰草遍，废井苍苔积。"苔藓斑驳，时光已悠悠，景物已荒凉。

写景物，井体现这样的意境。清代孔尚任《桃花扇・题画》："明放着花楼酒榭，丢做个雨井烟垣。"雨井烟垣，入目景象好荒凉，在花楼酒榭的对比映衬之下，还得加一个“更”字。

描写水井的名篇，一首通俗之作，通篇俚语口气。据明人所辑《谑浪》，唐代有个名叫张打油的人，曾作《雪诗》：“江上一笼统，井上黑窟窿，黄狗身上白，白狗身上肿。”此诗写大雪，虽无“独钓寒江雪”的意境，但写景状物却也形象逼真，诙谐风趣。其以井写雪，妙在质朴而真切。雪漫大地白茫茫，唯有井口不存雪，一眼井恰似一个黑窟窿，白与黑，面与点，对比强烈而自然。如果说打油诗算得上一种诗风诗体，那么这首“井上黑窟窿”就是别具一格的“经典”之作。

唐代贾岛《戏赠友人》诗：“一日不作诗，心源如废井。笔砚为辘轳，吟咏作縻绠。朝来重汲引，依旧得清冷。书赠同怀人，词中多苦辛。”在文学史上，贾岛苦吟是出了名的。这首诗向友人剖露为诗之辛苦，以水井做比喻。先讲文思诗心要时常调动和激发，不可一日荒废，荒废了就会失去激情的波澜和灵感，如同废井无波。再将吟咏比作井绳，笔砚比作辘轳，并且以引绠汲井得清泉，比拟创作过程与收获的欣喜。贾岛的这首诗，托井言志，借井抒怀，涉及水井的诸项事物，可以讲是物尽其用、“井”尽其才了。

（二）坐井观天的蛙

“人人都夸天好大，见了青天又害怕。跳出井口担风险，不如仍坐井底下。”华君武题画的打油诗。作于1988年的漫画《井底蛙》（图55），借用井蛙的寓言，在主题上作了新的拓展——这已不是囿于一孔、坐井观天的形象，而是不能适应空间的解放，情愿禁锢思想、束缚手脚，以避风险的形象。

图55　漫画《井底蛙》

井蛙寓言，仿佛是生长了两千多年的常青树。

与江河湖海相比，井缺了潮流波浪，也就少了声响。流泉叮咚，在山间拨响动听的琴弦。井水不能。恬静的井，无声无息地汪在那里，风吹无波，好像在恪守远离嘈杂的圣洁。文人墨客的敏感，意识到这里的别致，可以是一片广阔的思维空间，于是，来为井的恬静配上点什么。取悠悠飘井畔的叶子——金井梧桐，叶片飘飘，植物与水井之间的动、静相谐，表现一种意境。也没忘记选上个动物，是蛙，让这快活的小精灵，去亲近平和、老成的井，去同它耳鬓厮磨，于静谧之中蹦跳游水、敲响蛙鼓，如同在白纸上画几笔淡淡的水墨。

这水墨画绝不追求微言大义，更非图谶天机，若说尚有些许内涵，那就要请井底之蛙表演坐井观天的功夫了。

庄周首开其端。《庄子·秋水》说："井蛙不可以语于海者，拘于虚也；夏虫不可以语于冰者，笃于时也。”时空的局限，不可逾越。井蛙的局限在于空间，和它谈论大海，很难；夏虫的局限在于时间，对它讲述冰冻，也难。

庄子似乎还不肯轻易放过这样一个绝妙的话题，就在同一篇里，他为井蛙设计了大段表演，“井之蛙”一场重头戏：

有一天，浅井之蛙对东海之鳖说：“我多么自在快乐啊！出井口，可在井栏上跳跃玩耍；入井去，可在井壁破砖上休息。跳到水中，井水浮腋托起我的头。沉入井底，井泥不过没了脚面。环顾左右，水中的游虫、小蟹和蝌蚪，没有谁能像我这样自在快活！一壑之水为我所有，这占据浅井的快乐，真是天大的快乐呀！东海之鳖，你干什么不经常来这浅井中看一看呢？”受到井蛙的盛情邀请，海鳖便要进井体验一番。鳖左足还未跨入浅井，右腿就已被绊了一下。鳖犹豫了，退却了。海鳖对井蛙说：“千里之远，不足以举其大；千仞之高，不足以极其深。夏禹之时十年里有九年洪涝，而东海之水并不因此有明显的增加；商汤之时八年里有七年大旱，东海的水位不会因此而降低。浩瀚的水量，不因时间的推移而改变，不因降雨的多少而增减，这是东海最大的快乐。”浅井之蛙听此一席话，惶惶然，惊讶地，茫然地，一副若有所失的样子，以往总是自我感觉良好的那种心情，再也找不到了。相比之下，囿于浅井的蛙，眼光也确实浅了些。

庄子编织这则寓言，说明陶醉于“用管窥天，用锥指地”，指望着用一管一锥来测量苍天大地，不是显得眼界太窄小了吗？埳井也作坎井。《荀子·正论》：“浅不足与测深，愚不足与谋智，坎井之蛙，不可与语东海之乐。”《晋书·郭璞传》：“鹇鹡不可与论云翼，井蛙难与量海鳌。”

这则经典般的寓言，奠定了井蛙的鼎鼎大名。沿着这一思路，许多人的创作使井中蛙的形象不断地充实丰富起来。

苏轼《辨道歌》：“吾恨尔见有所遮，海波或至惊井蛙。”与井蛙的对举的事物，取波涛海洋。元好问《论诗三首》用井蛙，却赋予别一形象：“坎井鸣蛙自一天，江山放眼更超然。情知春草池塘句，不到柴烟粪火边。”这井蛙挺自信，且有赖以自信的实力——能够鸣出风格才情，鸣出一片天地来，为诗坛添一道风景，有何不好?

井蛙不只活在寓言中，不只是用来诠释观念思想的符号，井蛙走出寓言，编织自己的故事，展现多姿的形象。

元杂剧《包待制智勘〈后庭花〉》，王翠鸾住店，被店小二夺了性命，弃尸井中。王翠鸾的鬼魂遇到书生刘某，以一首《后庭花》词，将案情透露给人间，其中有“不见天边雁，相侵井底蛙”之句。如果说，这只是暗示沉冤井中，没什么情节的话，那么，元末明初陶宗仪《南村辍耕录》中的蛙狱，则充当了断案故事的主要角色：

> 卢伯玉文璧，至正初尹荆山日，忽有一蛙登厅前，两目瞠视，类有所诉者。令卒尾之行。去县六七里，有废井，遂跳入不出。既得报，往集里社，汲井，获死尸，乃两日前二人同出为商，一人谋其财而杀之。掩捕究问，抵罪。死者之家属云，其在生不食蛙，见即买放。岂一念之善，为造物者固已鉴之。蛙能雪冤，良有以也。

由井至县，相距六七里，对于蹦跳而行的蛙来说，不是近路。蛙蹦了个来回，为了给井中那个被害者讨还血债。这个奇异的故事，蛙为何做了主角？故事中说，死者从不吃蛙，见有卖蛙者，他即买下放生。这是故事本身的前因后果，且不去管他。倘若我们将整篇故事视为一颗果子，那么这颗果子并非无根、无蒂，而是挂在枝头，有树为本的。在传统文化中，与井关系最密切的动物当属蛙。形成这一景观，与其说是形象的写实，倒不如说是形象的哲思。在某种意义上可以说，有这种文化景观作背景，才有杜撰义蛙故事的灵感。这也表现为一种因果关系。

这个故事被移入明代小说《包孝肃公百家公案演义》，改造为包公勘案故事——“究巨蛙井得死尸”。故事说，浙西某县城里的葛洪素不杀生，曾将一水缸的青蛙全部放生。后来，一个经商的伙伴图财害命，把他推入深不见底的废井中。一年后，包拯路过此地，有蛙惹得包拯注意，“两目圆睁，似有告状之意”，最终也是引人到井，“那蛙遂跳入井中不复出”。包公断定“井里必有缘故”，即唤乡里管事者，找人下井探取，得尸体，颜色未变。包公问清案情，惩办了凶手。井中案，蛙举报，在古人那里，蛙与井的特殊关系，为这想象提供了内在的逻辑。

同样是这种内在逻辑的作用，民间创作了青蛙娃娃的传说。流传于广东的传说故事讲，一对夫妇生下一个青蛙，这个青蛙娃娃不仅会像人一样走路，还会说话，聪明伶俐，夫妇俩很喜爱他。有一天，皇帝的玉玺丢了，到处张贴告示，说是谁能找回玉玺就让谁做驸马。青蛙娃娃说，我知道玉玺在哪里。他把父亲带到皇宫的一眼水井前，自己跳到井里。青蛙娃娃找到了玉玺，皇帝未食言，将公主许配给他。花烛之夜，青蛙娃娃脱下蛙皮，变成了一个美男子。蛙与井的特殊关系，成为这一传说中情节发展的纽带。

天津民间，旧时有金蟾泉的传说。金蟾泉在天妃宫，井水清洌，又称妈祖泉。井旁有碑记铭牌，铭文说："濒于海，水咸涩，民多疾。祈于天妃，乃夜闪祥光，降彩雨，遗金蟾入井，泉方灵，水清甘洌，润泽众生，辅济漕运，福主三津。"天津的水文环境，井水水质往往欠佳。天妃宫的井水口感好，便有了金蟾的传说。金蟾入井，咸水变甜，人们还将这传说故事与妈祖崇拜联系起来。

蛙与井的特殊关系，派生出刘海戏蟾的传说，更可谓井文化奇葩一枝。

刘海戏金蟾，那蟾蜍三条腿，相传打由井中出。清代孟籁甫《丰暇笔谈》说，苏州贝宏文家以贸易为生，累代行善。这一年，有个自称阿保的男子找上门来，自荐为仆。贝家雇用了他。他干活勤快，有时一连几天不进食也不饥饿，给他工钱也坚辞不受。一天，阿保"汲井得三足大蟾蜍，以彩绳数尺系之，负诸肩背"，并且欢欢喜喜、蹦蹦跳跳地对人讲："此物逃去，期年不能得，今寻得之矣。"这件事很快传开了。人们都说刘海蟾在贝家，争先恐后地前往贝家去看。来人聚得很多，只见阿保背着金蟾，谢过主人，从院子里冉冉升空而去。

关于刘海，关于金蟾，民间另有一种解释。安徽民间传说，蒙城县西关外有口刘海井。相传刘海贫苦出身，与母亲相依为命，以卖菜为生。一年天旱，家家水井见底，唯刘海家井水如常。月光夜，刘海见一个美丽的姑娘在井旁摇辘轳，汲水浇园。上前交谈，两情依依。原来姑娘是天宫瑶池的金蟾，因溅湿了王母娘娘的衣服，被贬到下界孤井，由玉石翁看管。刘海要搭救金蟾，金蟾姑娘给了他一条如意带。刘海拉倒了城隍庙门口的玉石翁，得到了一枚闪闪发光的金钱。刘海把金钱拴在如意带的一端，跑到井边，用系着金钱的如意带将金蟾救出苦井，结成百年之好。当年那口水井，人们就叫它刘海井。

刘海，五代时人，道号海蟾子，据传曾得吕纯阳传授秘法。刘海戏蟾的传说，是在他的名字间加入一个“戏”字，如清代《通俗编》所指出的：“海蟾二字号，今俗呼刘海，更言刘海戏蟾，舛谬之甚。”他本叫刘操，号海蟾。刘海蟾变成刘海戏蟾，明显的虚构故事，但民间还是津津乐道。这不仅因为“蟾”——蟾宫折桂，科举有成，“金”——彩线金钱，财源相系；与这些吉祥符号一样大受欢迎的，还有刘海的形象——那个“戏”字，“戏”也是“喜”：童趣少年，快活喜气（图56）。

这样的年画挂在居室，从图案到寓意，都让人觉得受看。传统年画又将刘海与和合仙同画一幅，喜气之上更叠加以和气。刘海戏蟾之说还源于如下传说：刘海蟾曾遇一道人，向他要鸡蛋十枚，钱币十枚，在桌几上钱、蛋相间地累叠为高塔之形。刘海蟾惊呼危险，道人意味深长地对他说：“人居荣乐之场，其危有甚于此者。”刘海蟾大悟，易服从道，手持串着金币的彩线，戏耍蟾蜍。

图56　四川绵竹传统年画表现刘海戏金蟾传说

刘海戏金蟾的传说，其渊源可以追溯至晋代《拾遗记》所录“神异之国”传说。这是一则神井故事。频斯国的来访者讲，有一处可容万人的石室，壁上刻着三皇之像，相传伏羲画卦之时留下篆文，又传为仓颉造字之处。在这神奇的石室旁，有神井：

> ……丹石井，非人之所凿，下及漏泉，水常沸涌。诸仙欲饮之时，以长绠引汲也。其国人皆多力，不食五谷，日中无影，饮桂浆云雾，羽毛为衣，发大如缕，坚韧如筋，伸之几至一丈，置之自缩如蠡。续人发以为绳，汲丹井之水，久久方得升之水。水中有白蛙，两翅，常来去井上，仙者食之。至周，王子晋临井而窥，有青雀衔玉杓以授子晋。子晋取而食之，乃有云起雪飞。子晋以衣袖挥云，则云雪自止。白蛙化为双白鸠入云，望之遂灭。

这是一眼仙人汲饮的神井，红石所甃。神井有三奇：一奇奇在极深，井水沸腾。二奇在于汲井之绠，仙人以长发连接为长绳，汲取丹井之水。三奇是“水中有白蛙，两翅，常来去井上，仙者食之”——首先，蛙色白，古代以白兔、白鹿、白龟等为祥瑞物；神井白蛙之白，也属此类。其次，蛙有翅，是神蛙。再次，常来去井上，仙人喂它食物，此之奇，不正可见刘海戏金蟾的影子吗？再看前两奇。神井极深、神井水沸，不如此，又怎么能配上仙人汲饮、神蛙栖游呢？仙人所用井绳，是用丈长的头发连接成绠的——这奇特的绠绳，不就是刘海戏蟾所用彩绳的原型吗？

刘海戏金蟾，其情节构思源于这则神井故事，当是没有疑问的。

从先秦哲人寓言中的井中蛙，到后世传说故事刘海戏金蟾，古人将井蛙的文章做得很足。

（三）“短绠汲深井”：语言之花

阐述“太盛难守”，“出头（众）的椽子先烂”，《墨子·亲士》举出一大串例子，西施的悲剧出在貌美，吴起被车裂是因改革有成，等等。以下的比喻很生动：“甘井近竭，招木近伐，灵龟近灼，神蛇近暴。”水甜的井先被汲干，美好的大树先被砍伐，能兆吉凶的龟先被火灼，能致雨的神蛇先被人们暴晒求雨。在这井、树、龟、蛇四项比喻之中，前两者的使用频率更高一些。如《庄子·山木》“直木先伐，甘井先竭”，《文子·符言》“甘井必竭，直木必伐”。树成材而招致砍伐，甜水井而先被汲干，这里不是说人与物的关系，而是讲人与人的关系，反映了超群的、杰出的或具有人格个性的人所面临的巨大社会压力。

水井与汲井，古时日常生活离不开。语言从中升华哲言警句，往往质朴中包含着深刻、传神、精到，给语言带来张力。《荀子·荣辱》有句话：“短绠不可以汲深井之泉，知不几者不可与及圣人之言。”讲浅学不足以悟深理，短绠深井，多么形象。换个语言环境，这短绠、深井的反差，还能表示其他。清代纳兰性德《与韩元少书》：“才单力弱，绠短汲深。”这是自谦客气之语。宋代梅尧臣在淮水受阻，舟行不前，写《释闷》《释滞》，记心绪。《释滞》诗句“穷山远道车折轴，深井渴汲绠不续”，化用短绠深井的老话，表现的却是另一种意思——极言困境与无奈，与《荀子》里讲短绠深井的着眼点大不一样了。

《淮南子》以井设譬的例句，不一而足，并且都生动有趣。如《淮南子·说林训》：“解门以为薪，塞井以为臼，人之从事，或时相似。”《淮南子·修务训》：“若夫以火熯井，以淮灌山，此用己而背自然，故谓之有为。”前一条，卸下门板当柴烧，填了水井做舂米之臼，只顾当前务急，并非长远之计。后一条，烧火不能烘干水井，就像不能指望淮水浇灌高山，办事总要考虑客观物理。《淮南子·原道训》说：“井鱼不可与语大，拘于隘也。”这就如“夏虫不可与语冰”，说明难以逾越的局限。类似语义，还有《淮南子·主术训》的“坎井无鼋鼍者，隘也。”坎井，很浅的水井；鼋，巨大的鳖；鼍，江中的鳄。“坎井无鼋鼍”，与当代俗语“花盆里长不出万年松”讲的是同一意思。《淮南子·览冥训》又有“寄汲不若凿井”之句，书中先讲了个故事：射日的后羿向西王母请得不死之药，被妻子嫦娥偷吃而奔月，后羿未能成仙还丢了老婆，于是“怅然有丧，无以续之”。为什么会这样？因为“不知不死之药所由生也”，不死之药是他求来的，而不是他配制的。故事讲过，书中概括出精彩的语句：“乞火不若取燧，寄汲不若凿井。”依赖别人不如自己动手，要实现自主的人生，就要将命运掌握在自己手中。

该掘井时早动手，临渴掘井难免窘态。《敦煌曲子词·禅门十二时》：“善因恶业自相随，临渴掘井终难悔。”只讲此语的比喻，悔也无用，悔什么？干渴难耐之时后悔早该凿井。

凿与浚，唐文宗用来构成一个精到的比喻："穿凿之学，徒为异同。学者如浚井，得美泉而已。何必劳苦旁求，然后为得邪？"穿凿附会，空自标新立异，不是好学风；要像淘浚旧井那样，以获得清亮泉水为目的，不做徒劳无功、于事无补的死学问。

民谚俗语借助有关井的事物表情达意，往往生动。元末明初陶宗仪《南村辍耕录》卷二十九记录了一组俗语："人欲娶妻而未得，谓之寻河觅井；已娶而料理家事，谓之担雪填井；男婚女嫁，财礼奁具，种种不可阙，谓之投河奔井。"三种情况，三种情态，全都借井设譬。"寻河觅井"——渴求之急，"担雪填井"——无尽无休烦心中起急，"投河奔井"——另一种急，心有余而力不足也着急。这段俗语后来由郎瑛《七修类稿》再录，有些变化："未娶时，越河跳井；既娶，则担雪填井；娶久多生，不能养育，则投河奔井。"与陶宗仪所记相比，郎瑛讲的三个层次更具内在联系。其中，多生难养，"投河奔井"云云，将婚姻家庭生活的另一个重要方面也补上了。郎瑛评论这段俗语："此言虽戏，皆深致于理也。"

清代王有光《吴下谚联》录俗语"瓦罐不离井上破"，并写道：

陈仲子居于陵，抱罐李下，汲井灌园。楚使见之，言于楚王，聘治楚国。仲子辞。使者曰："吾观子灌溉之勤，百卉繁殖，异日治楚，当如此园矣。"仲子曰："然。吾为人灌园，常忧旱，不汲则不能救，汲之则此瓦罐不得离于井。蔬果诚荣矣，而罐恒破，吾治楚，楚之民，国之蔬也，而王实井。不汲则不能救，汲之则吾不得离于王。民诚荣矣，而吾恐为之罐也。敢辞。”

这是一个很有意思的比喻。楚民如生长在园圃里的菜蔬和果树，楚王如水井，如若应聘治楚，必“常忧旱”，这就要汲水，而汲水便离不开井——要围着楚王转。伴君如伴虎，园子得到浇灌而欣欣向荣，“瓦罐不离井上破”，我可能要做那个被井壁碰碎了的陶罐。

据《汉书·陈遵传》，“扬雄作《酒箴》以讽谏成帝”，以汲瓶比喻：“子犹瓶矣。观瓶之居，居井之眉，处高临深，动常近危。酒醪不入口，臧水满怀，不得左右，牵于缫徽。一旦叀碍，为瓽所轠，身提黄泉，骨肉为泥。”陶缶之类，傍井而置。离井近，未被使用时，处高临深；被用来汲水，又有破碎的危险。那陶瓶由井绳牵着，提升时碰到井壁，弄不好要粉身碎骨的，所谓“身提黄泉，骨肉为泥”。

宋代庄绰《鸡肋编》记俗谚两则，“巧媳妇做不得没面馎饦”和“远井不救近渴”，陈道师以这两句俗语入诗：“巧手莫为无面饼，谁能留渴须远井。”依然不失大众熟语的风采。

俗语“井淘三遍吃甜水”，讲的是井也是人，说的是事也是理。见20世纪30年代《淮阳乡村风土记》。同年代河南《获嘉县志》记民间语言，“只有桶吊井里，没有井吊桶里”。说理也很生动。表示违反常理，则说“水井落在吊桶里”。《水浒传》第二十一回：“我只道吊桶落在井里，原来也有井落在吊桶里。”

《艺文类聚》引《风俗通义》民谚：“庐里诸庞，凿井得铜，买奴得翁。”庞俭家贫寒，父出走。庞俭随母亲四处漂泊，后居乡里，凿井挖出铜钱千余万，过上了温饱生活。庞俭买奴，引到家里的竟是自己的父亲。老两口相认，夫妇如初。庞俭及儿子，后来都做了官。

清代宝坻人李光庭《乡言解颐》记歇后语："王胖子跳井——下不去。"悬身井半，用来说那个"下不去"。山东歇后语："砘骨碌吊在井里，直是一个眼子到底。"砘骨碌为石料凿成，圆盘状，中间一孔。井状一眼，砘骨碌也一凿眼，此语见蒲松龄俚曲《富贵神仙》。《红楼梦》第三十回丫鬟金钏对宝玉说了一句歇后语："金簪子掉在井里头，有你的只是有你的。"为了这句话，金钏付出了生命的代价，"含耻辱情烈死金钏"。对于投井的金钏来说，"金簪子掉在井里头"成了谶语。

（四）童谣与民歌

载歌载舞《小放牛》，一问一答，对唱赵州桥，脍炙人口。江南民歌也可见此样的形式。问："屋里双双是什么？院里双双是什么？街里双双是什么？井里双双是什么……"答："屋里双双老两口。院里双双鸡和狗。街里双双骡马走。井里双双绳和斗……"井绳、水斗，居家必备的日用品。

旧时日常生活离不开水井。民歌、童谣歌唱熟悉的事物，自然要唱一唱水井。

河南新乡流传的歌谣："大麦穗，节节高，俺娘不好我心焦。清早起来去打水，未到井边泪先抛。婆家井，阶台高，望见娘家柳树梢……"当地俗语，患病说为"不好"。这支歌谣唱的是出嫁之女，思归不得归。场景置于井台，因为操井灶是农家媳妇的日常活计。井台高，高得望见娘家柳树梢，是民歌常用的夸张手法。

民歌的开头，往往用起兴手法。借井起兴，不乏饶有趣味的例句。如河北《高邑县志》所录歌谣：“井里开花骨朵长，两三岁的孩子没了娘。从小跟着爹爹睡，光怕爹爹娶后娘……”虽作起句开头，“井里开花骨朵长”颇具形象，念起来也上口。

浙江气象谚语：“雨打黄梅头，田岸变成沟；雨打黄梅脚，井底要开坼”，“黄梅寒，井底干”。井底开坼和井底干，均表示干旱，很形象。

（五）“四支八头”井字谜

安徽亳州这地方，以古井闻名。相应的故事也多。相传，孔子周游列国至此，见一妇人在打井水，就上前求一点，解解渴。妇人把扁担往井口上一放，站在井旁说：“我这样一摆，是个啥字？猜对了，才给你水喝。”孔子是个有学问的人，还能被这难倒？他不假思索地答道：“井上放条扁担，该是个中字。”妇人摇摇头：“不对，是个仲字。你没看见我在井边站着吗？”不得了呀，如此文化之乡。孔子感到此地不一般，一打听原来住着个人称老子的大学问家。孔子便停下来，向老子请教。亳州的“问礼巷”，就是这样留下来的。

这个传说，可以归入物谜之中。

在古代谜语里，井字谜是很有名气的。有首字谜诗：“二形一体，四支八头，二八三八，飞泉仰流。”谜底猜一个“井”字。四句谜面，前三句说的是字形。“二八三八”用了加法和乘法，二八三八合为五八，五八四十，“井”形如四个“十”。

昔时诗文用典，常搬用这一字谜。如宋代《邵氏闻见后录》引《食梨诗》:“西南片月充肠冷，二八飞泉绕齿寒。”二八飞泉，压缩了“二八三八，飞泉仰流”两句诗。

同一制谜思路，请看金代李冶《井字谜》诗:“四十零八个头，一头还对一脚。中间全无肚肠，外面许多棱角。”全在字形结构上作铺陈，免去了“飞泉仰流”之类字义暗示。

清代张祥河《岁除三祀诗和钱心壶院长·井》:“井星上熊熊，井田下庚庚。《易》义养不穷，王政于以行。吾斋居其眉，玉虎牵银罂。吏退静无事，辘轳时有声。岁除祀童子，果饵席地呈。一八与四八，界字飞泉清。多汲不为损，少汲亦不盈。亮哉李尤铭，执宪何邪倾。”诗中先写与井相关的事物，如天上井宿、古代井田，《易经》的井卦。居其眉，眉即井湄。玉虎牵银罂，是对辘轳与汲水容器的诗化描写。平日里，清闲的时候，院子很静，窗外传来辘轳提水的声响，颇有空山鸟啼的意境。如今除夕到了，要祭祀井神童子，果品糕点席地奉祀。“一八与四八”，为“井”字字谜。多汲少汲两句，用《易经》语义。

陕西民间不规范造字，胡朴安《中华全国风俗志》引《延绥镇志》，诸如“水”与“土”合为上下结构之字，字义同“漫”;“门”内加“身”，字义同“钻”——水在土地之上为漫，身入门中是钻。这种会意式的俗字，还有“井”内加“人”，其义同“瞎”：人入井也。

唐代的《传奇》，以井谜入小说，“栏中水”是井的谜面。井的谜语，被用来结构小说的情节：

唐长庆中，有处士马拯性冲淡，好寻山水，不择险峭，尽能跻攀。一日居湘中，因之衡山祝融峰。诣伏虎师，佛室内道场严洁，果食馨香，兼列白金皿于佛榻上。见一老僧眉毫雪色，朴野魁梧，甚喜拯来。使仆挈囊，僧曰："假君仆使，近县市少盐酪。"拯许之，仆乃挈金下山去，僧亦不知去向。俄有一马沼山人亦独登此来，见拯，甚相慰悦，乃告拯曰："适来道中，遇一虎食一人，不知谁氏之子？"说其服饰，乃拯仆夫也。拯大骇。沼又云："遥见虎食人尽，乃脱皮，改服禅衣，为一老僧也。"拯甚怖惧。及沼见僧，曰："只此是也。"拯白僧曰："马山人来云，某仆使至半山路，已被虎伤，奈何？"僧怒曰："贫道此境，山无虎狼，草无毒螫，路绝蛇虺，林绝鸱鸮，无信妄言耳。"拯细窥僧吻，犹带殷血。向夜，二人宿其食堂，牢扃其户，明烛伺之。夜已深，闻庭中有虎，怒首触其扉者三四，赖户壮百不隳。二子惧而焚香，虔诚叩首于堂内土偶宾头颅者。良久，闻土偶吟诗曰："寅人但溺栏中水，午子须分艮畔金，若教特进重张弩，过去将军必损心。"二子聆之而解其意，曰：寅人，虎也；栏中，即井；午子，即我耳；艮畔金，即银皿耳。其下两句未能解。及明，僧叩门曰："郎君起来食粥。"二子方敢启关。食粥毕，二子计之曰：此僧且在，我等何由下山？遂诈僧云，井中有异。使窥之。细窥次，二子推僧坠井，其僧即时化为虎。二子以巨石镇之而毙矣。二子遂取银皿下山。

两个姓马的人，相遇于衡山祝融峰。他们得知所借宿的佛寺中，那个号称伏虎师的老僧为虎精所化。深夜，老虎来撞他们住宿的佛寺食堂的门。在极度恐怖之中，他二人焚香叩首，祈求于堂内塑像。塑像吟诗，其中一句“寅人但溺栏中水”，暗示该把那个变化为老僧的虎精，推到井里去。

（六）井与泉

山泉叮咚，泉可以指自然流出的地下水。《南史》为袁粲立传，说此人负才尚气，当官不像官，独步园林，诗酒自适，逍遥自得而悠然忘返是常有的事。我行我素，不肯压抑个性的袁粲也感到外界的压力，以致有一次对随从左右的人说：“昔有一国，国中一水号狂泉，国人饮此水无不狂，唯国君穿井而汲，独得无恙。国人既并狂，反谓国主之不狂为狂，于是聚谋共执国主，疗其狂疾。火艾针药，莫不必具，国主不任其苦，于是到泉所酌水饮之，饮毕便狂，君臣大小其狂若一，众乃欢然。我既不狂，难以独立，比亦欲试饮此水矣。”醒人井、狂人泉，宁愿饮泉而狂，袁粲借此发牢骚。

泉与井，在《南史》这段故事里区别得分明。“国中一水号狂泉”，这是自然存在的泉水；“国君穿井而汲”，水井为人工挖掘。

宋代苏洵卜葬亡妻，来到武阳安镇。丛山远来，山势高大，其余脉分两股，回转环抱。两山之间泉水出，在山脚蓄为大井，可供百余户人家日用。苏洵问泉旁居民，都说这泉叫“老翁井”。由是，“作亭于其上，又甃石以御水潦之暴”——泉，益发成了井的模样。苏洵写下《老翁井铭》：“涓涓斯泉，坌溢以弥。敛以为井，可饮万夫……”流泉敛为井，这是严格意义上的水井吗？文学家和老百姓都不计较它。

苏洵之子苏轼也遇到类似情景。他的《雩泉记》讲，常山“有泉汪洋折旋如车轮，清凉滑甘，冬夏若一，余流溢去……琢石为井，其深七尺，广三之二。作亭于其上，而名之曰雩泉”。这覆以井亭的雩泉可以说是由泉而井，亦泉亦井。

然而，古人讲泉，有时却分明说的是井。

“短绠不可以汲深井之泉”，《荀子·荣辱》之语。长度不足的井绳，汲不到深深井泉，此处泉即井中水。

甘肃的酒泉，写入战争史的古城。关于它的得名，有民间传说讲，汉代卫边的将军打了大胜仗，得御赐美酒一坛，将军没有独享，而是豪爽地将酒倾倒于泉，与三军将士共同畅饮个痛快。于是，那泉水就叫了酒泉，那地方也有了鼎鼎大名。然而在汉代人的笔下，酒泉之泉其实是一眼井。《太平御览》引《三秦记》：“酒泉郡中有井，味如酒也。”这应是酒泉名称的来历，早于汉朝将军传说。

湖北天门竟陵镇北门外，相传是唐代“茶圣”陆羽在故乡汲水煮茶的地方。相应的古迹为“三眼井”，又称“文学泉”。一物两名，前者是民间称井的习见叫法，后者则是近于文称雅号类型的命名。呼为井，称以泉，指的是同一眼古井。

宋代文人张天骥，逃避官场，养鹤云龙山下，并在山顶建起放鹤亭，苏轼写了《放鹤亭记》。亭南有眼水井，原叫石佛井，明代天启年间改名饮鹤泉，在称谓上向放鹤亭靠拢。这饮鹤泉，明明确确是眼井。

清代小说家蒲松龄别号柳泉。山东淄川蒲松龄故居景区，柳泉是一眼水井（图57）。

图57　淄川蒲松龄故居景区的柳泉

清代《广东新语》记，兴宁有一水井，“味甚甘，饮之多寿”，名叫寿泉井。井即泉，泉即井，“泉”“井”并用。

天津天妃宫内一眼井，原本紧靠财神殿，称为财润泉。井中水位挺高，井口为圆石板，凿出正方形，恰似古币造型——钱圆孔方。早年间当地的民俗，以铜钱入井，讨“沾财运”的口彩。这眼井的名称，“财润”谐音“财运”，很妙；不叫井而称泉，也妙——“泉”“钱”谐音，古人以“泉”称谓钱币，甚至以“白水先生”称之；再加上井位靠着财神殿，这眼井便有了令人津津乐道的话题。如今俯视井内，仍可见念旧俗的人丢下的纸币，浮于水面。

名井可以取“津”字，如成都望江楼薛涛井，旧名玉女津；可以用“甃”字，北京天坛有眼祈年井，只供皇家祭祀用。咏此井的诗句“只有天坛古甃好”，古甃即古井。

（七）“海井”之井

“井”字的应用，没有局限于“水”，有“火井”“冰井”“矿井”“油井”等。“井”成了凹形的称谓——在地表戳个窟窿，往往就可以名之以“井”。

我国先秦时期已有冰窖。挖穴地下，如井，藏冰，称冰井。北魏郦道元《水经注·河水五》记，山东武阳“城西门名冰井门，门内曲，中冰井犹存”。城门内有冰井，城门由此得名。《诗经·豳风·七月》“二之日凿冰冲冲，三之日纳于凌阴”，描写冬季凿冰窖冰的劳作。《水经注》说冰井，言及这两句诗：“置冰于斯阜，室内有冰井。《春秋左传》曰：日在北陆而藏冰，常以十二月采冰于河津之隘，峡石之阿，北阴之中，即《邠诗》二之日凿冰冲冲矣。而内于井室，所谓纳于凌阴者也。”

墓坑称为井。旧时湖南等地丧葬礼俗，在安葬棺材入进前，堪舆者执一雄鸡站在墓井中，用嘴咬破鸡冠，滴血于墓井的五方五位，即所谓“掩煞”。随后将鸡上抛，鸡飞腾跳出墓坑，称此鸡为跳井鸡。

因凹而“井”，是着眼于形的称谓，如果在凹形之外，形神兼顾地使用“井”字，就更具韵味。请读宋代周密《癸辛杂识·海井》所录的传说：

> 华亭县市中有小常卖铺，适有一物，如小桶而无底，非竹，非木，非金，非石，既不知其名，亦不知何用。如此者凡数年，未有过而睨之者。一日，有海舶老商见之，骇愕且有喜色，抚弄不已。叩其所直，其人亦驵黠，意必有所用，漫索五百缗。商嘻笑偿以三百，即取钱付驵。因叩曰："此物我实不识，今已成交得钱，决无悔理，幸以告我。"商曰："此至宝也，其名曰海井。寻常航海必须载淡水自随，今但以大器满贮水，置此井于水中，汲之皆甘泉也。平生闻其名于番贾，而未尝遇，今幸得之，吾事济矣。"

"海井"所以名"井"，主要不在于它形如小桶，而在于它好似一个魔术道具——能将海水淡化。航海者带上它，满眼汪洋简直就成了取之不尽的淡水。比如说，一盆咸咸的水，将"海井"放在其中，再从"海井"中舀出水来，尝一尝：咸味全无。

淡化海水，对于征服大海的人们，是一个古老的梦想。唐代《酉阳杂俎·鳞介篇》讲到井鱼："井鱼脑有穴，每翕水辄于脑穴蹙出，如飞泉散落海中，舟人竞以空器贮之。海水咸苦，经鱼脑穴出，反淡如泉水焉。"在这一传说里，人们设想的也是海水的淡化。

宋人笔记中的"海井"，无疑是这类幻想的最高境界。"海井"之井，贵在其神——它如陆上的水井一样汲而不竭，因为面对大海，它就是一台海水淡化装置。

（八）井铭与井联

一眼老井，一口新井，给它取个文雅的名字，为它写篇铭记，这井就沾了文化的气息，成了文化载体。

说那井里的水好，以“玉乳”名之，让人听了就想着只可细品，仰脖便是一大碗的喝法，怎么对得起“玉乳”二字？南宋陆游《入蜀记》写到丹阳这眼玉乳井，“井额陈文忠公所作，堆玉八分也”。文忠公即陈尧叟。据考证，井额当为其弟文惠公尧佐所书。宋代《渑水燕谈录・书画》：“陈文惠公善八分书，变古之法，自成一家，虽点画肥重，而笔力劲健，能为方丈字，谓之堆墨，目为八分。凡天下名山胜处，碑刻题榜，多公亲迹。”玉乳井是载入唐代《煎茶水记》的名井，水好、名好，井额又用书法名家的墨迹，可谓相得益彰。

井的题名，往往付诸井栏。清代戴文俊《瓯江竹枝词》：“宋代名泉铁井阑，阑边卅九字犹完。此邦金石难成志，权当前朝钟鼎看。”温州的这口井，井栏铁铸，上有宋元祐年间的两次题名。这些铸字，大约是采取金文字体，古色古香，人们视若钟鼎文字。

一眼古井，题上名号或者赞美的话，井为字的依托，字添井的精彩。一道景观，因此多了话题。清代王初桐《济南竹枝词》：“太甲荒陵古井前，井栏镌字不知年。游人若到开元寺，瀹茗还需甘露泉。”注曰：“《皇览》：商太甲陵在历山，冢旁有甘露井，石镌‘天生自来泉’五字，乃古铭也。”古井称甘露，井名已是赞誉，井栏上一行“天生自来泉”的古代铭刻，更增古井古意。

为记井而镌于金石的文字，还有井铭。铭是一种文体，以言简意赅为特点。唐代柳宗元曾为广西柳州撰写井铭。柳州原本缺井，居民日常取水很多不便。柳宗元前去任刺史，凿井以供民需。井成，柳宗元写了井铭："盈以其神，其来不穷，惠我后之人。噫！畴肯似于政，其来日新。"短短23字，讲到井泉源源不竭，讲到今人后代，并且由井及政，表达了日日新的祝愿。此铭收入《柳宗元集》。

南京有口景阳宫井。南朝最后一个亡国皇帝陈叔宝，带两个妃子藏身于井中，做了隋军的俘虏。此井后人又称其为辱井。宋代欧阳修《唐景阳井铭·跋》："景阳楼下《井铭》，不著撰人名氏，述隋灭陈，叔宝与张丽华等投井事，其后有铭以为戒。……其铭文隐隐尚可读处，有云'前车已倾，负乘将没'者，又可叹也。"朝代兴替，君王荣辱，兴衰存亡的历史当中，自有应该记取的道理。井铭在警示，以辱井为戒。

自然，井铭并不一定非要如此庄严、沉重。成就井铭篇什的，也可以全由游戏笔墨。明代郎瑛《七修类稿》载有一则《销铅井铭》："井之泉，清且凉，井上之客迂且狂。呜呼！酿井之水兮其毋长。"这是记几位意趣相投的狂放之人，一次井畔聚会的狂欢。郎瑛书中介绍其事：

银圹之傍，米树之下，有井焉。井之西，隙地丈余，可容三五道士。尝具饮，洗番铅之盏，列哥窑之盘。果则苏州之核，蔬则楗桥之笋。客有善为酒戏者，饮一杯，则下其盏井中以为乐。郡治西湖，为杭州民之胜赏，故钱帛咸于湖费焉，因号曰“销金锅”。余谓兹井曰“销铅”可也。复铭之曰：“井之泉，清且凉，井上之客迂且狂。呜呼！酿井之水兮其毋长。”

银圹为厕，米树为桑，番铅之盏指锡饮器，哥窑之盘指篾裂器，苏州之核说的是盐豉，犍桥之笋即芦菔。宴饮的人为了取乐，每饮尽一杯酒，便将锡杯扔到井里去。销铅井的戏称，是由“销金锅”生发出来的——西湖为游览胜地，杭州人在这里花掉许多金钱，视湖若锅，所谓销金的一口大锅。西湖销金，此井沉下铅锡酒器，所以那些畅饮取乐的人，称其为销铅井。

生活五彩纷呈，反映为文学，自应缤纷五色。柳宗元的井铭折射着惠政，辱井的井铭立意于“前车之覆，后车之鉴”，而销铅井的那段铭，不过记述尽兴的畅饮而已，倒也真切地录下一个场景，不失生活的原汁原味。井连着多彩的生活，才有井铭的不拘一格。

井铭在井泉上做文章，读来照样富有趣味。南昌有口贡院井，清乾隆年间，布政使彭家屏在贡院中掘井，挖出一块明万历九年（1581）的石碑，其上铭文：“天一地六，涌珠泻玉。金干四维，丹砂千斛。漱润涵芳，源深泽渥。用汲王明，并受其福。”这其实是一篇井铭。古代天人合一的大思维，参天悟地，有“天一生水”之说，“地六”也是水的符号。此铭开篇四个字，即引入天地玄妙。“金干四维”比喻井栏，古人写井之高贵，常以“金井”称誉。“丹砂千斛”，水井丹砂是道家的崇尚，据说常饮丹井水可以保健长寿，乃至成仙飞升。这样一篇井铭，赞美其井，体现着传统文化关于水的想象。

文学是客观世界的反映，先有景，才有文。然而，岳阳楼坍塌了再修，以至于今楼远非古楼，但《岳阳楼记》却一字未改地印在《古文观止》里；没有那篇《醉翁亭记》，能有几人知道青山秀水之间那么一个小亭子？因此应该讲，岳阳楼、醉翁亭，建筑依靠美文而闻名，那楼那亭可以几经修建，造型漂亮，但它是活在美文名篇之中的。没有范仲淹、欧阳修的传世文章，那楼那亭或许早已湮没，即使还立着，也绝非今人心目中的样子了。

水井与井铭，也存在这种情况。井是铭的前提，铭延续了井的生命，一篇井铭保留下一眼古井。

在广西，“梧州古迹，以冰井为最”。此井的名气之大，应该归功于唐代元结为它写下一篇井铭：“火山无火，冰井无冰；唯彼泉源，甘寒可凝。铸金磨石，篆刻此铭；置之泉上，彰厥后生。”冰井之冰，相对于附近的一座所谓火山而言。元结的井铭，为冰井树了碑立了传，开始了一种文化的赋予。由于唐人井铭的影响，宋时当地立起“双井碑”，题咏也多。这种文化积淀，还包括建了座庙，以井名为庙名，就叫冰井寺；建了亭子，叫漫泉亭。清末文人金武祥《粟香四笔》说：“井故有亭，曰漫泉亭。乾隆时李少鹤观察诗《序》，以为宋绍兴间太守任君所建。亭久圮。府、县志或云在寺后，或云覆井上。近世乃于寺内建亭当之，失其旧矣。井离寺数百步，复隔小涧。城内外汲水者，跐过于道，风雨烈日，苦无憩止所。”井铭本有刻石，至明代已佚。清代时，人们根据《全唐文》、地方志，补勒碑石。井亭也是塌了又建，并且由于年代久远，亭址在哪儿都成了需要探讨的问题。你看，围绕着这眼古井，历代的物质投入、精神投入，成为一个文化积淀的过程。处在这一过程前端的，不仅有那眼井，还不可缺少地有那篇铭。

井名镌栏，井铭勒石，要写足井的文章，不妨修个井亭，再赋名目，题额刻楹。

为井配亭，既覆井、护井，又增了景致，便于进一步挖掘井的文化内涵。通常是先有井，后筑亭。比如，曲阜颜庙的陋巷井，是表现“一箪食，一瓢饮，在陋巷，人不堪其忧，回也不改其乐。贤哉，回也”的古物。这眼井，可以说是为颜庙点题的景物。宋代时增设井亭，取名乐亭。陋巷井、乐亭，两相呼应，全面地表现孔夫子激赏颜回的那句名言。乐亭是后建之物，但它像是对陋巷井的补充和诠注，恰到好处地与古井结成完美的组合。乐亭之妙，主要妙在它的题额——亭立在那里，就如同一块井栏、一通碑石，提供了刻字铭文的载体，乐亭功能在于亮出一个“乐”字。

井额、亭匾之外，还延展出楹联。成都望江楼，一眼古井连着唐代女诗人薛涛，井联将她与杜甫对举，兼咏杜甫草堂：“此间寻校书香冢白杨中，问他旧日风流，汲来古井余芳，一样渡名桃叶好；西去接工部草堂秋水外，同是天涯沦落，自有浣笺留韵，不妨诗让杜陵多。”四川邛崃，当年“文君当垆，相如涤器”的地方。文君井、古琴台，连同这样一副楹联，让人发思古情怀：“井上疏风竹有韵，台前古月琴无弦。”

（九）井名成了地名

一个村落，倘若只一口水井，不取井名也罢。如果村东、村西都有井，不免有了东井、西井之称。在城市，一条胡同、一个里巷，即使共用一口井，不必为区别此井彼井而取名，里巷之外的人说起井来或许还是要指名道姓——如明代《西湖游览志》“睦亲坊，今有睦亲井尚存”，睦亲井得名于它的所在地睦亲坊。

水井的称谓，取数为名，如一眼井、双井、三眼井、四眼井，这样的名称一般比较质朴，只是给一个代号，区别此井彼井。井名用得长久了，往往凝为地名。宋代诗人黄庭坚作品中多次出现双井地名。他是洪州分宁（今江西修水）人。分宁双井产名茶，黄庭坚有《双井茶送子瞻》，以家乡的双井茶馈送苏东坡。另一首《赣上食莲有感》，黄庭坚深情地写道：“吾家双井塘，十里秋风香。”

这种情况，南北皆然。清代计六奇《明季北略》：“李自成，陕西延安府米脂县双泉堡人。双泉堡，大镇，东西街口有大井二，故名。”双泉即是双井，两眼大井成了地名。

井的命名，也可以是相当考究的，可以是有含义、有意韵的。比如，成对的水井，以数取名叫双井，这样的井名、地名很多。若是追求诗意，称为鸳鸯井，也不稀见。鸳鸯井必是双井，如果井形有所变化，便更有了说道——按照古代文化符号，方为阳，圆为阴，方井圆井，阴阳联袂，称为一对“鸳鸯”，绝不牵强。古代的浙江金华人，将三眼之井想象为状若莲花，并以此称之。如今，在繁华街道旁，还可以寻到那一组已弃用的老井，井石上依稀可见“莲花井”刻字。

甜水井——着眼于水质的名称，这是另一种各地多有采用的地名。敦煌城东北方向，有个地方名叫甜水井。甜水井附近的汉代遗址，20世纪60年代曾出土五铢钱、铜镞、铁剑等文物。

从城镇村寨到胡同里弄，地名沉淀着文化。王家村、李家庄以聚落家族取名，记录着村落的发展史。甘肃的嘉峪关、山东的解宋营，或为长城关隘，或是守海兵寨，反映着军事史。云、贵开发史上重要一笔是集市促进了乡镇的形成，在云南集期凝为地名，牛街、马街、鼠街；在贵州集期也化为地名，牛场、羊场、马场。云南人称集市为街，贵州人称集市为场，当年以十二生肖纪日，所以留下许多动物地名。凝于地名的文化蕴含，往往是甲乙丙丁择其要，或者说选择了最具特点的内容。

情同此理，地名多“井”，体现了井文化的历史地位。在大西北靠近沙漠的地方，地图上标着不少“井”字地名，乱井、石板井、甜水井、周家井、谭家井、红柳丘井，它们同黑泉、西渠、清水堡、冰草湾这样一些地名一起，表示着同沙漠干旱的对峙抗争，表达着生命与水、生存与水、聚落与水的主题。

四川的一些地方，井盐开发有着悠久的历史，其对当地政治、经济、文化产生过巨大影响，这里地名多“井”，甚至有的地方径以盐井为地名，包括重庆以北的盐井、现称盐源县的盐井和邛崃西北的盐井坪。

（十）十景八景选古井

古代的许多宫殿，更有不可计数的民居塌倒在悠悠时光之中了。它们没能经受住风吹日晒、水浸火燎的考验。水井面对生存考验，却显示出很大的优势。井的优势在其凹。风风雨雨，兵燹（xiǎn）雷火，抹平了那么多突凸地表的殿堂、高耸入云的楼阁，也填平了一眼眼伏凹于地面的井。然而，如若选择适于保存的姿态，伏凹毕竟比突凸要好。由此，一些古井保存下来。

在山东历城，相传是神话中五帝之一虞舜生活过的地方。当地人自古引为美谈，指双井为舜井，还建了舜祠。到了金代，诗人元好问前去凭吊，只见满眼废墟，写下《舜泉效远祖道州府君体》诗："丧乱二十载，祠宇为灰烟。两泉废不治，渐著瓦砾填。蛙跳聚浮沫，羊饮留余膻。"这是纪实之笔。二十年战乱毁了舜祠，庙宇变成了瓦砾。一对舜井虽也近废，但却仍有井蛙蹦跳，有羊饮水。如果整修，水井会比祠庙容易些。元好问写道："我欲操畚锸，浚水及其源。再令泥浊地，一变清泠渊。青石垒四周，千祀牢且坚。"掏去填塞物，淘浚通源泉，砌石墁台，水井"一变清泠渊"，又是一双好井。

与元好问这首诗一样，许多凭吊古迹的作品所讲述给读者的，往往是遗址上仅存的古井。

长沙有汉代文学家贾谊故宅，旧址水井为贾谊所凿。杜甫吟此井："不见定王城旧处，长怀贾傅井依然。"此井因此又名"长怀井"。这口两千多年前的古井保存至今，成为吸引游人的名胜。此古井（图58）并列双井口，如今水脉仍旺。

李白《姑孰十咏》，有一首《谢公宅》："荒庭衰草遍，废井苍苔积。"南齐宣城太守谢朓的故宅，宅废井仍在，人称"谢公井"。组诗的另一首《桓公井》："桓公名已古，废井曾未竭。石甃冷苍苔，寒泉湛孤月。秋来桐暂落，春至桃还发。路远人罕窥，谁能见清澈？”据《一统志》，桓公井为晋代桓温开凿。至李白前去，已有四百年。

图58　长沙汉代贾谊井

唐代邵谒《汉宫井》：“辘轳声绝离宫静，班姬几度照金井。梧桐老去残花开，犹似当时美人影。”唐代人凭吊汉宫遗迹，古井犹存，于是想象代哥续《汉书》的才女班昭，当年曾对井照面。

徐州古名彭城，是传说中寿仙彭祖的封地，城里自然少不了彭祖遗迹。唐代皇甫冉《彭祖井》诗：“上公旌节在徐方，旧井莓苔近寝堂。访古因知彭祖宅，得仙何必葛洪乡。”彭祖井印证彭祖宅，另有一个原因：彭祖观井传说宋代已流传，苏轼曾在文章里写到它。彭祖故事中有井，遗迹之井更有了特殊意义。

古井饱经沧桑，见证着逝去的岁月。它的存在和它的内涵，都浓缩着文化韵味。于是，归纳一方景致，列十景八景之类的雅事，常青睐于它，选它入围。

陕西户县草堂寺，1500年历史的古刹。寺西北有一眼古井，井口水气中上升，在夕阳的辉映之下，如霞彩缭绕，向长安城南飘去。这成为“关中八景”之一——“草堂烟雾”。

安徽当涂古称姑孰。《当涂县志》记“姑孰八景”，有牛渚春涛、龙山秋色、太白遗祠、元晖古井等。明代时，当地一位读书人写《姑孰八景赋》，其中赞颂那眼列入名胜的古井：“元晖古井，一鉴天开，清冷之泉，源源自来，溉沃渴旱，洗涤炎埃。”

安徽天柱山又名潜山，人们津津乐道的有十处景观。《潜山县志》说，天祚宫前九井，河西之风，每夜由此起。这便是“潜山十景”之一，叫作“九井西风”，很富诗意。

江西南昌，汉初筑起豫章城。清代的“豫章十景”，其中“滕阁秋风”，为江南名楼滕王阁景致；因井为景，有“洪崖丹井”和“铁柱仙踪”，十景占了两景。这两处，都与道教传说相关，前者是洪崖先生得道处，后者为许真君铁柱井中锁蛟龙的地方。

清乾隆年间《天津府志》载“天津八景”“青县八景”“沧州十景”等七组景观，其中三组选了水井。青县城东有古井，“投瓦砾于中如击钏磬声，音韵铿锵，悠然远听”，这成为青县的八景之一，名叫“古井金声”。沧州有眼八角井，是天旱求雨的地方，列入此地十景，称“龙池新雨”。南皮的八景，则包括“龙井晴云”一景。《天津府志》七组景观，选入水井的占了三组，这比例应该具有一定的代表性，不妨作为文化观井的一个视角。

四、井的传说

（一）九井神话

在中国上古神话里，最瑰丽、最高贵的水井，要算昆仑山上天帝都城中的水井了。请看《山海经·海内西经》的描述：

> 海内昆仑之虚，在西北，帝之下都。昆仑之虚，方八百里，高万仞。上有木禾，长五寻，大五围。面有九井，以玉为槛；面有九门，门有开明兽守之，百神之所在。在八隅之岩，赤水之际，非仁羿莫能上冈之岩……昆仑南渊深三百仞，开明兽身大类虎而九首，皆人面，东向立昆仑上。开明西有凤凰、鸾鸟，皆戴蛇践蛇，膺有赤蛇。

广八百里，高万仞，极言昆仑山之宏伟。这是“百神之所在”——众神之都，天帝在下方的城邑。后羿射日，英雄豪杰。没有后羿的本事，休想上得这昆仑。那里不愧为天神之都，景物也足以壮观瞻。生长着一种谷物，名叫木禾，其高入云，其粗要五个人张开双臂才能围拢。还有那“身大类虎而九首，皆人面”的开明兽，有吉祥的凤凰和鸾鸟。这一神话讲到了水井。“面有九井，以玉为槛”，天神都城的每一面有九眼井，井栏为玉石雕饰。城门也是每面九道门，门前由开明兽守卫。此外，这段《山海经》文字中，上面引文省略掉的，还有手持“不死之药”的巫师。

先民们以奇异浪漫的幻想创造了神话。可是，这幻想却离不开生活。《山海经》对于百神都城的描述，没能完全摆脱人世间的影子。其高其大，非百神而高不可攀，以此强调天上人间的距离感，这容易想象。此外，还有哪些想象呢？九头神兽把守九门，讲的是太平安宁。巨大的木禾，讲的是谷物粮食。玉栏九井，讲的是饮用水源。凤鸟连同开明兽，既讲趋吉也讲避邪。再加上“不死之药”讲长生不老的追求，先民们生活中所要面对的主要问题，安居、饮食、吉祥、长生，都讲到了。昆仑神话里的“百神之所在”，其实就是生活在现实中人们的理想王国。

在编织这样一个理想王国神话的时候，实际上是面对诸多生活素材，需择要、需取舍的。“面有九井”得以中选，跻身于“百神之所在”，应该说反映了水之井本身的实力——人们幻想美妙的境界，这境界的组成仅仅有限的几个名额，就给了它一个位子。这样看，昆仑九井神话的认识价值之一，就是从一个侧面反映了水井在远古生活中的重要地位。

对于中国井文化研究，《山海经》提供了这样一份独特的材料。《山海经·中山经》也两次提到水井。其一，“超山，其阴多苍玉，其阳有井，冬有水而夏竭”。另一，“视山，其上多韭。有井焉，名曰天井，夏有水，冬竭”。两处的井呈季节性变化，超山井冬水夏涸，视山井则正相反，夏水冬涸。

昆仑神话里的“九”——九门、九井、九头的开明兽，其取数是具有文化含金量的。“九”为最大的奇数。在中国传统文化中，偶数为阴，奇数为阳。“九”作为最大的阳数，被浸染了神秘文化的色彩。“面有九井”，而不取十井或八井、七井，原因正在于此。

九井的神话，还与神农、老子有牵连，可证九井并非随意拾取的数字。

神农为中国神话的大神之一，是传说中的炎帝。《搜神记》说：“神农以赭鞭鞭百草，尽知其平、毒、寒、温之性，臭味所主，以播百谷，故天下号神农也。”由渔猎走向农业，是人类社会发展史上的一大进步。神农传说便反映着农业文明的曙光。民间传说神农的出生地在古随国，即后来的随县。《后汉书·志·郡国》南阳郡注引《荆州记》：“县北界有重山，山有一穴，云是神农所生。又有周回一顷二十亩地，外有两重堑，中有九井。相传神农既育，九井自穿，汲一井则众井动，即此地为神农社，年常祠之。”《寰宇记·随县》记：“厉乡西有堑，两重内有地，俗谓神农宅。中有九井，汲一井，八井震动，民多不敢触。”神农作为反映农业文明的大神，在传说中有着相应特征。神农尝百草，神农“人身牛首”，“神农之时天雨粟”，“神农既育，九井自穿”，这些传说都烙着早期农业的印记。

关于神农的神话，包含着一段水井的传说，是顺理成章的事情。这不只是因为农业需要灌溉，还在于农业比渔猎更需要定居，而定居的生活才有了打井的需要。

神农之井有三奇。神农诞，井自穿——这不凿之井，在古代很有些说法：被视为帝王符瑞的所谓“浪井”，据说即是不凿自穿的。井随神农来，这是第一奇。随神农而出现的水井，不只一眼，而是九眼——成为井群，偏偏数字为“九”，这是一奇。还有一奇，九井之间互有感应，在一眼井里汲水，其余八眼都动。可以讲，传说里的井之奇，正契神农之神奇。井数为九，也是这神奇的有机组成。

再来说老子九井的传说。

河南鹿邑县为老子故里，老子祠庙始建于汉代。《太平御览》引《濑乡记》：“老子庙中有九井，汲一井，余井水皆动。”《濑乡记》为三国时代古书。关于老子九井，唐代《酉阳杂俎》所记，更带上了浓重的宗教色彩：“李母，本元君也。日精入口，吞而为孕，三色气绕身，五行兽卫形。如此七十二年，而生陈国苦县赖乡涡水之阳，九井西，李下。”老子，姓李，名耳，字聃。道教奉其为太上老君。相传他在母亲腹中孕育72年，落生于李树下，便指树为姓。李树旁的重要环境标志——表示神人之神的，便是那里有九眼水井，即所谓“九井西，李下”。这九井，与神农九井一样，也是互相感应的，在一眼井中汲水，另八眼井都有动静。

九井互动之外，还有关于水温的传说。南朝《殷芸小说》：“襄邑县南八十里曰濑乡，有老子庙，庙中有九井。或云每汲一井，而八井水俱动。有能洁斋入祠者，须水温，即随意而温。”井中水温，随人意念，但有个前提，须“洁斋入祠”。这又为九井传说增一奇。当然，这只是一种传说，用来渲染古代圣人老子的神奇色彩的。

老子被尊为神灵，这九井传说是担得起的。

（二）井出鳖灵

水井神话，还有井出鳖灵的传说。

汉代扬雄，蜀人记蜀事，《蜀王本纪》中记有望帝杜宇化为啼血杜鹃的神话故事。故事说，杜宇由天降，其妻井中出。杜宇自立为蜀王，治蜀百余年后，天下有变。取而代之，使得望帝化鹃啼血的那个鳖灵，是个与井相关的神话人物。请读扬雄记录的传说："望帝积百岁。荆有一人名鳖灵，其尸亡去，荆人求之不得，鳖灵尸随江水上至郫，遂活。与望帝相见，望帝以鳖灵为相。时玉山出水，若尧之洪水。望帝不能治，使鳖灵决玉山，民得安处。鳖灵治水去后，望帝与其妻通，惭愧，自以德薄，不如鳖灵，乃委国而去，如尧之禅舜。鳖灵即位，号曰开明帝。"

哪有井的故事？有的。《禽经》引《蜀志》："时荆州有一人，化从井中出，名曰鳖灵。"井出鳖灵的故事也在民间流传，为《四川民间故事选》所收录：

有一年，在现在湖北的荆州地方，有一位名叫鳖灵的人，据说是一个井里的大龟。从井里出来刚变成人就死了。据说，那死尸在哪里，哪里的河水就会西流，所以他趁着西流水，从荆江沿着长江直往上凫……鳖灵凫到越岷山山下的时候，突然活了，而且跑去朝拜望帝……鳖灵治水成功，杜宇禅位，鳖灵继位为丛帝（又叫开明氏）。后来丛帝居功自满，不体恤百姓。隐居西山的杜宇化成杜鹃鸟飞到蜀宫御花园高叫："民贵呀，民贵呀！"

《中国民间文化（第二集）》载尹荣方《杜宇、鳖灵神话的原型研究》认为，荆人或是井人的误传，蜀地方言“荆”“井”音同。鳖灵由井中出而变人，自可称“井人”。文章认为，杜宇禅位鳖灵，是暖季被寒季代替的喻指。

说起来，杜宇、鳖灵，并不费解。《华阳国志》卷三《蜀志》：杜宇“教民务农”。杜宇以善于种植而为蜀人所拥戴。但是，他在洪涝灾害面前却显得束手无策。鳖灵水族，正能治水。鳖灵理水，大功告成之后，也就取而代之了。鳖灵传说为什么特别要加上井生这一笔呢？这大约是因为与四渎五湖、百川大海相比，井最平和，只供汲取，绝不为害。出自井中的鳖灵，是带着祥和走入治水故事的。

在古蜀国的国都郫县，民间传说鳖灵是携夫人同出井中的。相传，人们为纪念鳖灵，挖了一圆一方两口井，称为鸳鸯井——依照古时的阴阳之说，圆为阴，方为阳。在方井中汲水，圆井里水动；在圆井打水，方井水也动。

民间故事还讲，魏晋时期，名列“竹林七贤”的山涛，来到郫县做县令，发现鸳鸯井之水可以当酒喝，并试着用竹筒装酒，别有一种清香。由此，造就了一种特产：郫筒酒。这算是鳖灵神话的副产品吧。

古人对于虎的崇拜，也借水井说故事。

明代《隆庆海州志》记连云港传说，东海地方曾多虎患，每年都要将一男孩送庙中，祭虎神。这一年，有崔生自告奋勇，带上狗肉美酒，去祭虎神。崔生把酒肉摆上供案，然后躲在房梁上。半夜时分，有怪物到。崔生偷窥，是一妇人。其脱衣食肉饮酒，直吃得醉卧酣睡。崔生从梁上下来，取其衣看，正是虎皮，于是抱虎皮出庙，扔到水井里。天亮时，妇人醒来，彷徨不能去。发现崔生，大惊，哭泣着，求崔生把衣服还给她。崔生推说没看到。妇人便求做崔生的妻子。崔生与她夫妻双双把家还，三年里生了两个儿子。这期间，乡人再不必祭庙，不复有虎患。这一天，妇人又问起当初的衣服，崔生据实以告。妇人去水井捞出，虎皮如新，随即穿到身上，化虎而去。崔生也不知所终。后来，人们奉崔生为山神，那座祭虎的庙也就成了祀山神的地方。

这“人兽婚”的传说，反映了古代崇虎风俗。故事情节很多怪异，而丢在井中的虎皮经过三年仍保持原样，正配得上这神奇的传说。这一传说，见于唐代薛用弱的志怪小说《集异记》。崔生名韬。小说中的情节描写是，多年后，崔韬故地重游，窥枯井，见虎皮衣宛然如故，从井中取出，其妻披衣化虎，吃掉了崔韬和他的孩子。

（三）井井联通

杨贵妃有本事争得三千宠爱于一身，身享的特权也就很多。其中最典型的，不是骊山温泉洗凝脂，而是杜牧过华清宫感慨万千的那种事：“一骑红尘妃子笑，无人知是荔枝来。”《新唐书·杨贵妃传》说：“妃嗜荔枝，必欲生致之，乃置骑传送，走数千里，味未变，已至京师。”爱吃荔枝并不犯歹，动用国家公文递送系统，则非享特权者而不能。妃子笑，不仅因为珍果到，那笑含着狡黠——有谁知道十万火急驿马来，却是无关军国事，只为荔枝鲜。

封建社会的特权，大臣也有份。同是驿路，晚唐名相李德裕曾用它运水喝，称为“水驿”。苏轼《琼州惠通泉记》言及此事：

唐相李文饶，好饮惠山泉，置驿以取水。有僧言长安昊天观井水，与惠山泉通。杂以他水十余缶试之，僧独指其一曰："此惠山泉也。"文饶罢水驿。

李德裕，字文饶。他喜饮常州惠山泉水，手中又有宰相重权，便"置驿以取水"。多亏有位僧人出来相劝，并且劝得也颇为得法，只说是地下水脉通千里，从长安昊天观之井汲出的，就是惠山泉。李宰相要试试僧人的话，备了十种罐装水，将它们混杂在一起。僧人从中品出昊天观井水，并故意说它是惠山泉。李德裕信服了。此由，"罢水驿"——"一骑黄尘宰相笑，窃说惠山泉水来"的一页歪史，翻了过去。

这段故事，也见于《太平广记》引《芝田录》。李德裕置驿递水之事，引起人们的议论，有僧人来谒，称"水递事亦日月之薄蚀"，并称"京都一眼井，与惠山寺泉脉相通"，井在昊天观。李德裕笑其荒唐，不相信。经僧人的一番啜尝、辨析，"德裕大奇之"，不再千里运水。

井与井的相通，既被想象为水脉的通联，甜水、苦水自然也就各成系统。古代的北京，井为重要的饮用水源。挖井很多，但水质甘甜者却少。城里城外，有数的那么几眼甜水井，东一眼西一眼的，在北京人的屈指可数之间。一代代人这样传来传去，传出名堂来。人们讲，那些甜水井的分布，形如一只大蜈蚣：城里王府井街的大甜水井胡同的那口井，是蜈蚣的头；安定门外上龙大院的上龙、下龙两口井，是蜈蚣的须；丰台十八村，每村有口甜水井，这十八井是蜈蚣的脚。这便是蜈蚣井传说的内容，甜水井不仅一脉相通，而且被想象出编组图形。至于何以成此图形分布，传说故事讲：有个神仙佬到茶馆喝茶，有感于茶水味苦，从衣袖里掏出一只金眼金须、十八条腿的金头蜈蚣来，放它腾空而去。不久，甜水井便依次出现了。

井井相通，在各地民间传说中颇多，可以归为水井传说的一种类型。

南昌万寿宫铁柱井，因许真君锁蛟龙于井中的故事而闻名遐迩。相传，此井远通四川。《锦州志》说："旌阳丹井在县堂右，相通洪都铁柱宫。许旌阳为令时，夜从此中而归，诘朝仍视事，人罕有觉者。出入以手按石甃，遗有掌痕。"许真君，名许逊，道教四大天师之一，相传为东晋南昌人，曾做四川旌阳县令。在江西，许真君斩蛟、锁蛟的传说广泛流传。川蜀便有此传说来呼应，讲旌阳县衙内的丹井与南昌万寿宫井相通，许真君在旌阳当县官，还要忙乎江西那边斩蛟理水的事，来去往返以两井为通道。人们还指着井湄说，井沿石上留下了手掌磨出的痕迹呢。

井通远山。合肥教弩台，曹操所筑。台上水井，井口高出街道屋脊，人称"屋上井"（图59）。晚清翰林院典簿王尚辰，合肥人。他的诗《教弩台僧索补井亭旧偈》，诗题下注文：相传此井泉眼通蜀山。

这一传说，着眼于解释"屋上井"的高水位。其想象，大约借助了水平原理，甚至不妨讲或许还借助了虹吸原理。支持这一想象的前提，就是合肥水井通蜀山的遐想——在此遐想之中，地下水脉成了虹吸管。

图59　合肥教弩台台上水井，井亭匾额“古屋上井”

杭州净慈寺运木井的传说更是广为流传。清代学者梁章钜曾采风净慈寺，并在《归田琐记》和《浪迹丛谈》书中两次言及此事。西湖净慈寺的僧人讲，宋嘉定年间，道济大师主持兴建净慈殿，所需栋梁木材采自远方，由运木井中运至，一根一根地从井中提出，直到木材已够用。最后到的一根，再没有人提它出井，所以井中留着一根大木。

这段济公故事，民间传说增了情节：净慈寺遭火灾，重建却无木料，长老一筹莫展。济公大包大揽，声称三天备齐木料，但却不见动作，整天酒醉酣睡。到了第三天，济公喊：木料到了！说是已由四川募得木料，寺里的醒心井与蜀水相通，只管去吊。人们在井边搭起辘轳，从井中吊起一根根木料。吊到七十根，有人喊了声“够了”，那根木头就卡在井中，再也吊不出来。醒心井，人称“神运井”（图60）。

图60　杭州净慈寺运木井亭新匾

神运井的故事，其来有自。明代《南中纪闻》载：东林寺，远公募造，木植俱从一小池中浮出，号出木池，遗址尚在。清代俞樾《茶香室四钞》摘录这则材料，并评论说：“缁流附会之说，亦有自也。”就是说，暗河运木井口出的故事，在明代即已构思完成了。

以上三则传说，江西、安徽、浙江水井通远方，所通都讲的是蜀地。下面这段故事，蜀地水脉还通到了江苏。清代储树人《海陵竹枝词》，记江苏海陵事："北山开化古禅林，旧迹苍茫不可寻。几处辘轳争晚汲，成都井水竟湮沉。"作者自注："北山寺有卓锡泉，其始祖王屋禅师系蜀人，病思蜀水，乃以锡杖卓地，经宿泉成，饮之真蜀水也。今泉废。"远在江苏，思乡心切，一心想喝四川的水。杵地成井，自是传说故事常见的好手段。喝那井里的水，竟然纯正的川味，井泉水脉，如此相通，比起传说里上天入地的神奇事，你会觉得承认文学拥有这样的虚构故事的权力，是件赏心悦目的事。

将井井相通视为水井传说的一种类型，可归入这类传说的，还有井河相通、井湖相通、井海相通。

先说井通江河。唐代段成式《酉阳杂俎》的故事讲：

景公寺前街中旧有巨井，俗呼为八角井。元和初，有公主过，见百姓方汲，令从婢以银棱碗就井承水，误坠碗。经月余，碗出于渭河。

在长安落井的碗，一个月后出现在渭河。人们想象，地表下的暗河连接着水井与远方的河流。《太平御览》引《浔阳记》："龙窟有深潭，有人于此水边洗碗，忽浪起水长，便失碗。此人后见此碗置城里井边。"与段成式所讲故事相比，《浔阳记》来了个"逆向思维"。然而，两者表达的意思却是一致的，这就是：地下水源不是静止的、孤立的，而是网络通联的。

再说井通大海。明末清初，写有《西游补》小说的董说，在他的

《楝花矶随笔》写道："鱼爷井在琼州文昌县，泉与海通，中有大鱼，头白，人呼之即出。"井的水脉连着海，通来了海中游鱼。

广东有何姑井传说，载于清代屈大均《广东新语》一书：

> 井在增城会仙观，其深不可测，水比他水重四两，味清甘，人多汲之。何仙姑去时，脱履其上，故井上有亭曰："存仙。"吾疑井脉通罗浮，仙姑当时从井中潜出，见于罗浮麻姑之峰、令人取其遗履井上，盖以水府为解也。浮丘为朱明门户，有珊瑚井。井者朱明门户地，地道四通，以一窍为往来之所自。此井如之。人见以为井，不知其为洞天也。

屈大均说，井的深处为洞天世界，水井不过洞天的入口前厅而已。《广东新语》还记水井通海的传说："东莞海月岩侧有石井，深六七尺，窥之辄见风帆来往。或有诗云：井底风帆人尽见，非关倒影海中来。"俯身井口，真能见到船帆影、航行人吗？如果井中影影绰绰泛动着光影的话，那应该不是船行大海及水手船夫的影子。

将螺壳对准耳朵，似能听到涛声阵阵，那是一个美丽的错觉。这种错觉效应也可以作用于视觉器官。于是，海月岩深深的水井，如同把纸屑变成彩图的万花筒，在水影摇晃之中，变幻出帆船、水手。大海螺的涛声、海月岩水井的帆影，都是靠了人们美妙的想象力，才得以形成的错觉——充满着诗意的错觉。浪漫主义民间文学所创作的许多传说，虽出事理之外，却在情理之中，它们不都是诗吗？

（四）海眼奇谈

井井相通，井与江、河、湖、海相通，这玄思遐想，一根藤本三根蔓，另一蔓便是小小一眼井，攥着大海，锁着大海——井，陆地上的“海眼”。

这样的话题，且由天津的天后宫传说开始。

打从福建莆田兴起的妈祖崇拜，本是有关大海的崇拜，因为海事多难，航海者敬奉海上女神，以求心理慰藉。这一崇拜，随元代的漕船北上天津，在大直沽落脚立庙，在三岔河口建宫奉香，妈祖称天妃、天后，称娘娘，为津沽古俗注入重要内容。保佑水上航行的娘娘，后来被人们赋予驱灾祛病、送子降福等多方面的崇信，天后娘娘兼司海眼——遏止一口井的井喷，也就是顺理成章的事了。于是民间传说，天后宫娘娘坐着一口井，那井是海眼。海眼通海，喷涌起来，大地汪洋。因此，一方平安，系于娘娘座下，那天妃宝座是万万动不得的。即便在古代，这恐怕也是姑妄言之、姑妄听之的事。尽管如此，若不是非常时期，大概不会有人去搬神像、看井眼的。就有个红卫兵冲进天后宫造反，把娘娘像拽倒——那是以一棵巨大的枯树为主干塑造的，立地扎根很牢，娘娘座下，没井。

30多年以后，当地《今晚报》旧事重提，在读者中引起反响，《也说天后宫“海眼”》《“海眼”趣说》随之见诸该报副刊。一位地质学工程师的见解无疑是有说服力的：沿海城市的地面，不大可能处于海平面以下，因此即使留有一个井口样的海眼，也没有那么大的压力把海水压上来。

至此，“海眼”如果是个谜的话，我们早已将谜底揭开。然而，它的子虚乌有，并不影响它的文学价值。作为民间口头文学，这类奇异的井的故事自有情感内涵，自有让人津津乐道的艺术魅力。这里再拿出一些篇幅，给“海眼”以展示的空间。

“海眼”传说，不少地方都有流传。

宋代东京城安远门上方寺有井名“海眼”，相传泉源通海，径以“海眼”相称。元末上方寺毁于战乱，海眼井也无存。

苏州虎丘山风景区一口古井，井旁有宋人吕升卿题字“憨憨泉”。相传井名取自人名，有个名叫憨憨的盲和尚，为了挑水上山，吃尽苦头，后来掘地出泉，双目复明。此井又名“海涌泉”，传说井通大海。

明成化年间《山西通志》载金代元好问吟金凤井诗：“此地曾云海眼开，古今人喜畅奇哉。”那也是一眼享有海眼传说的井。

北京民间有满井的传说，说是安定门外东土城边上有一眼奇井，井身高出地面，井水平着井口，称为满井。满井之所以如此，相传是因为当初掘井时，一锹挖到了海眼上。挖开海眼闯了祸，井水涌出，成泛滥之势。紧急之下，多亏了白胡子老头将一口大铁锅锅底朝上扣下去，扣住了海眼，才避免了大水汪洋。人们传说，海眼虽被扣在铁锅下，可是毕竟已被挖开，所以形成满井奇观：水位高高。

上海也有此类传说流传。清代秦荣光《上海县竹枝词》咏静安寺井：“方亭栏护顶觚棱，一井泉深水涌腾。昼夜沸生鱼蟹眼，底通海眼说何凭。”作者自注：“涌泉在静安寺前，昼夜沸腾，俗称海眼。甃石为井，作亭其上。”竹枝词的作者要问一句：“底通海眼说何凭？”其实，底通海眼何需凭，一个美妙的想象，足矣。至于静安寺，井里涌泉，昼夜沸腾，更是漫想的触媒，“所言不虚”了。

（五）柳毅传书

洞庭湖中君山上，一棵大橘树旁，有一眼石井，相传这就是柳毅井——柳毅传书进龙宫的入口处（图61）。因为守着棵大橘树，柳毅井又叫橘井。井很深，不见底。井水水位也奇，据说无风之日与洞庭湖面持平，刮东南风时井水高出一尺，吹西北风时水位下降一尺。

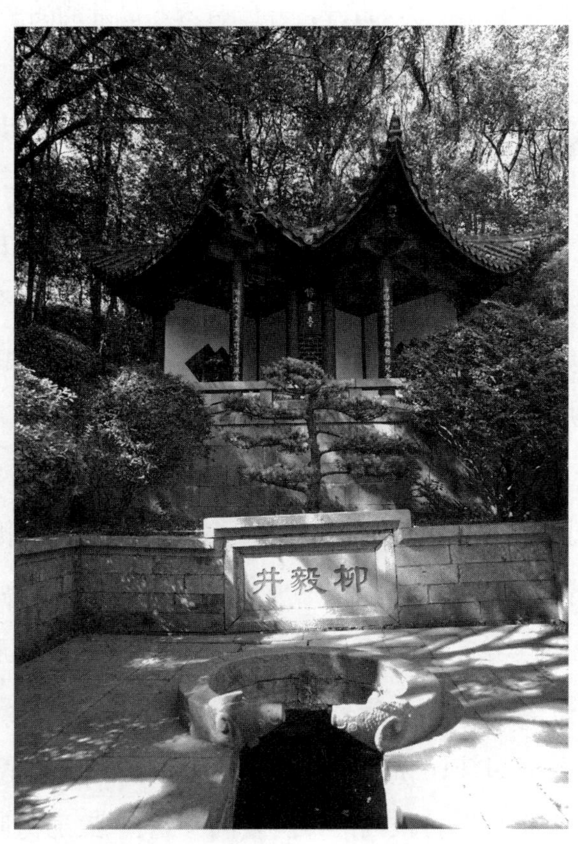

图61　湖南岳阳洞庭湖君山柳毅井与传书亭

柳毅井源于唐代李朝威创作的传奇故事《柳毅传》。故事讲，湖南人柳毅赴京赶考，落第而归。经泾阳，遇一牧羊女，自言是洞庭湖龙君之女，嫁于泾河龙王的次子，受到夫家的虐待。洞庭龙女托柳毅捎书信给洞庭龙王。柳毅将龙女家书送达洞庭湖龙宫。洞庭湖龙宫得知龙女遭罪，皆恸哭。洞庭龙王之弟，钱塘龙王闻讯，杀了泾河龙王次子，救回龙女。洞庭龙王答谢，并愿将龙女许给柳毅，柳毅婉拒，他说自己“始以义行之志，宁有杀其婿而纳其妻者”？柳毅离开龙宫。几年后，两度亡妻之后，柳毅娶了洞庭龙女。《柳毅传》描写，柳毅后来与龙女一道，携子归了洞庭龙宫，成为水神。在苏州，玄妙观里至今供奉着柳毅神像。

柳毅传书为唐代故事。柳毅井大约并非唐井，至少李朝威撰写《柳毅传》时并没有设计橘井通龙宫的情节。元杂剧搬演柳毅故事，尚仲贤的剧本也没涉及柳毅井。李朝威笔下的情节是柳毅持书信来到洞庭湖畔，依照龙女所教的办法，找到了社橘——一棵大橘树，“易带向树，三击而止”。不一会儿，有武夫出现于水波间，柳毅要求去见龙王，“武夫揭水指路，引毅以进”。一切圆满，柳毅离开龙宫，书中写他“复循途出江岸”，原路而归。总之，并未见有井作为水下龙宫的出入口。到了元代，杂剧《柳毅传书》的情节有所发展，龙女告诉柳毅：“俺那洞庭湖口上，有一座庙宇，香案边有一株金橙树，里人称为社橘。你可将我这一根金钗儿击响其树，俺那里自有人出来。”与唐传奇相比，不过是多了一根金钗，用为敲击大橘树的道具。元杂剧结尾，龙女得嫁柳毅，与柳母一家人同回洞庭龙宫，走的也不是“井道”而是彩虹：“天际秋虹起。婆婆，就请登桥……但觉的两耳畔波涛响，早过了扶桑。”

然而，柳毅故事在民间流传的过程中，人们觉得应该有一眼井，充当水下龙宫的出入口，这井便出现。尽管文人的小说原作无井，百姓认为应该有，柳毅井就被附丽出来。

岳阳君山的这眼柳毅井，井壁雕了巡水之神，那是依据小说中水神引路情节创作的。离井五米有一斜道伸向井中水下，传说柳毅由此走向洞庭龙宫，道旁两壁雕虾兵蟹将。

柳毅故事的流传，带来一种文化现象：柳毅井不止一处。

在江苏吴县东山镇东北翁巷村，有眼柳毅井，连同龙女庙、白马土地庙。按理说，柳毅传书搭救的是洞庭湖龙女，本于江苏的太湖无涉。但是，柳毅的故事太感人了，濒太湖而居的古人，宁可不避沾光掠美之嫌，也要在自己的家乡为柳毅故事设置个落脚点。吴县的人们世代相传，那井是柳毅井，你看：不是还有座龙女庙吗？并且讲，当年柳毅骑白马而来，白马土地庙就是拴马的地方。太湖边的石壁，也被纳入传说——柳毅叩壁，叩开了湖下龙宫的大门。“太湖版”的柳毅传说，至迟明代已经创作出来。在这里，柳毅井边立着石碑，为明正德五年（1510）题刻。

（六）幻想世界中的时空隧道

井之凹，浅者不足丈，深者下挖十数丈不在话下，但再深也有个限度。

井之凹，深入地底，为想象力提供了纵横驰骋的天地。这天地，没有疆域。

上天、入地，人类对于突破空间局限的两大幻想。这幻想，因为水井之深而有了切入点、突破口。

在幻想世界中，井洞是可以深至无底的。《西游记》中有个陷空山无底洞，为金鼻白毛老鼠精洞府。妖精摄去了唐僧，要与他成亲。嫌洞中水不干净，差人去汲“阴阳交媾的好水”——井水。无底洞颇似眢井，状其景致，吴承恩用了“珠渊玉井暖韬烟”的句子。洞中妖王的称号“地涌夫人”，地涌者，井泉也，同样透露了个中消息。无底，极言其深。

南朝《殷芸小说》录有一则井通仙境的传说。故事讲，嵩山北麓有个巨大的穴洞，晋朝时一人坠下，因为有食粮充饥，他在底下摸黑而行。走了十多天，忽见光明。只见那里草屋一间，两位仙人对坐着在下围棋，棋盘旁摆着一杯白酒。坠者上前，诉说自己的饥渴，仙人让他喝杯中酒。坠者喝下后，顿觉气力增加了十倍。接下来，是缘井而出的情节：

> 棋者曰：“汝欲停此不？”坠者曰：“不愿停。”棋者曰：“汝从西行数十步，有一井，其中多怪异，慎勿畏，但投身入井，当得出。若饥，即可取井中物食之。”坠者如其言。井多蛟龙，然见坠者，辄避其路。坠者缘井而行，井中有物若青泥，坠者食之，了不复饥。可半年许，乃出蜀中。因归洛下，问张华。华曰：“此仙馆。所饮者玉浆，所食者龙穴石髓也。”

嵩山的穴洞虽深，洞底还有更加深入地下的井。那井里边藏着蛟龙，蛟龙对缘井而行的人很友好。井里状若青泥的石髓，吃了后再不饥饿。这井由地处中原的嵩山直通到川蜀，坠者在井中走了半年，终于重见天日。在这则故事里，古人想象地下有仙人所居馆舍，漫长的通道，连着地上凡间与地下的仙人世界。

殷芸所记，尚是对于现成物体的利用——缘井而行者只是得到仙人的指点，循井走了一遭。唐传奇《博异志》所记传说则进一步发挥想象，讲的是挖井千尺，进入另一天地的故事：

房州竹山县阴隐客，家富，庄后穿井二年，已浚一千余尺而无水，隐客穿凿之志不辍。二年后，一月余，工人忽闻地中鸡犬鸟雀声。更凿数尺，旁通一石穴，工人乃入穴探之。初数十步无所见，但扪壁而傍行。俄转，会如日月之光，遂下。其穴下连一山峰，工人乃下于山。正立而视，乃别一天地日月世界，其山傍向万仞，千岩万壑，莫非灵景。石尽碧琉璃色。每岩壑中，皆有金银宫阙。有大树，身如竹有节，叶如芭蕉，又有紫花如盘。五色蛱蝶，翅大如扇，翔舞花间。五色鸟大如鹤，翱翔乎树杪。每岩中有清泉一眼，色如镜，白泉一眼，白如乳。工人渐下至宫阙所，欲入询问。行至阙前，见牌上署曰："天桂天宫"，以银字书之……门人执之引工人行至清泉眼，令洗浴及浣衣服。又至白泉眼，令与漱之。味如乳，甘美甚。

> 连饮数掬，似醉而饱。遂为门人引下山，每至宫阙只得于门外而不许入。如是经行半日，至山趾，有一国城，皆是金银珉玉为宫室，城楼以玉字题云“梯仙国”。工人询曰：“此国何如？”门人曰：“此皆诸仙初得仙者，先送此国，修行七十万日，然后得至诸天，或玉京、蓬莱、崑阆、姑射。然方得仙官职位，主箓、主符、主印、主衣，飞行自在。”工人曰：“既是仙国，吾国之下界？”门人曰：“吾此国是下界之上仙国也。汝国之上，还有仙国如吾国，亦曰梯仙国，一无所异。”

这段题为《阴隐客》的传奇故事，有些像地心旅行记。作者想象，人们立足的大地是可以挖穿的。在他的故事里，一眼井挖了两年，向下千余尺仍不见水。再向下挖掘，挖井人听到地下传出鸡犬之声，并且从一石穴进入了梯仙国境界。所谓梯仙国，作者将其设想为准仙界，初得仙道者在此修行圆满，然后才能进入正式的仙境。既是仙国，为什么处于下界？回答是“吾此国是下界之上仙国也”。依此漫想，地下先有梯仙国，其下有凡间。这样，天地之间就被描绘为至少五层境界。大地为凡间，其上有准仙界的“梯仙国”，再上是天宇仙界；大地之下，另有凡间及处于地表之下的“梯仙国。”

那幻想的地心世界，还是动物、植物的乐园。因为故事以挖井为引子，所以，特别描写了奇异王国里的地下泉。其清泉如镜，洗浴浣衣；白泉如乳，饮之甘美，似醉而饱。清、白二泉，一为洗涤用水，一为炊饮用水，用途不同。这样的漫想，不妨说包含着对于现实生活中合理使用井水问题的照应。

那口挖到地层深处的无水井结果如何，故事也做了交代。故事中，地下王国的陪同人员告诉来访者，来此虽顷刻，人间数十年。挖井工人没能原道返回，而他在地上寻找当年的那口井时，“惟见一巨坑，乃崩井之所为也”——当年挖井人家，“已三四世矣”。古人对于天国仙境的时间、空间，有着许多精彩的想象。这段故事的不少情节，就是依据那些想象编写出来的。

类似的掘井事，不加幻想，会是另一番情形。唐代《酉阳杂俎》记，开成年间，长安记兴坊的王乙掘井，超过通常深度一丈多，仍未见水。井匠忽听下方有人语及鸡声，很是喧闹，近如隔壁。井匠害怕了，不敢继续下掘。此事上报，街司申金吾韦处仁将军认为事涉怪异，下令填塞废掉。

挖掘之深，既已超常，井匠的心理压力就大，难免紧张、恐慌。超深之处，地层情况、声音传导也可能不同寻常。在这种情况下，下井的人产生幻听是可能的。于是，幻觉导致了怪异。其实，由这类的幻觉到幻想妙思，仅隔一步之遥。那篇《阴隐客》故事的由头，不也是掘井超深吗？

宋代志怪小说《括异志》讲，黄河边一个护堤的监埽，为护防洪堤射杀了一只大龟。龟在阴间告状，那监埽随即病死，被押到阴官面前受审。监埽述说缘由，被判为无罪。阴官令押解者将其送回，“行十余里，若坠眢井，遂寤”，复活了。想象中的阴阳两界，由一井形通道相连。所以“若坠眢井”，很是形象。

（七）包公祠旁——廉泉

包公祠旁的廉泉（图62），有通石刻《香花墩井亭记》，撰文者为晚清合肥举人李国蘅。廉泉的来历，正在这篇碑文：

> 壬寅之夏，城市酷热，同人邀游于城南之香花墩。维时荷芰盛开，香风徐送，寻凉至此，信可乐也。既而周历回廊，见祠之东南，甃以石。询诸包祠裔，言为井，湮废久矣。闻昔有太守来谒祠，启石汲饮，头忽痛，复堙如故。是说也，余窃疑之。夫井养不穷，闻其说矣，岂有养人而转以病人耶？爰命从人开井汲泉，煮茗自饮，味寒而香烈，饮毕无异，遍饮同人，亦无异。目而笑谓诸君曰，当日太守饮之而头痛者，

图62　合肥包公祠廉泉

何哉？或者尔时太守头当痛，适饮井泉，误归咎于井欤？抑或孝肃祠旁之井为廉泉，不廉者饮此头痛欤？是未可知也。祠裔目余饮井泉，乞修井，并构亭其上。余商之丁君映垣，属董其役。越三月，工竣日，为文记之，并述其原由，以告之饮此泉者。

井亭“廉泉”匾额，井畔《香花墩井亭记》石碑，将合肥包公祠旁一口井包装在传说中。井挺古，井口石深深地凹下井绳的磨痕。相比之下，传说的故事倒显得年轻。碑上的刻字告诉人们，贪官喝包祠井水头痛如箍的传说，起于光绪二十八年（1902）。那广为流传的故事，源自不经意间的闲谈。

当时，合肥举人李国蘅消夏到此，见井久废，扣着盖子，向包家后代询问缘由。回答是，听说从前有个太守来谒祠，启石汲饮，突然头痛难忍，匆忙盖井而去，从此没人再揭井盖。李国蘅不以为然，让随从开井汲泉，煮茗共饮，大家都没有异常的感觉。举人便讲，那位太守闹头痛，或许是他来此之时正该患头痛病，恰巧饮了井水，归咎于井；或者，因为包公清廉，祠旁井泉也向廉不向贪，不廉者饮水下肚要头痛？谈笑间，包公后人请举人捐资修井建井亭。善事告竣，李国蘅写井亭记，镌碑立井旁。

世上不可能有专令贪官头痛的井水。一句茶余笑谈，被敷衍成“廉泉”的传说，至少靠了两条。其一，世上贪官，百姓切齿，刺它一下，解气。其二，捕捉亮点，提炼升华，于口口相传中千琢万磨，自是民间口头文学拿手的好戏。

黑白相比，高低相衬，对于讲究对称的中国文化来说，有井名叫“廉泉”，必然有其反面。《晋书·吴隐之传》载，吴隐之赴广州任刺史，“未至州二十里，地名石门，有水曰贪泉，饮者怀无厌之欲”。新任刺史走到这里，贪泉与贪泉的传说挡在那，仿佛要试一试他。吴隐之自有主张，贪心与否在自身，不在饮水。于是，“至泉所，酌而饮之”。这颇有点正气凛然的势。喝过水，留下诗：“古人云此水，一歃怀千金。试使夷齐饮，终当不易心。”他的意思是，如果贪泉真的能试出人的襟怀操守的话，用来试伯夷、叔齐，他们的高风亮节是绝不会改变的。北齐《谈薮》记，南朝宋明帝和梁州人范百年谈及广州贪泉，问他：“梁州有贪泉吗？”范百年答：“梁州只有文川、武乡、廉泉、让水。”范百年只说有文、武、廉、让这样的地名，不讲有贪泉，大约是出于爱家乡的情感。他不愿让“贪”字沾家乡的边。可是，这故事的本身，皇帝问贪泉，正反映了广州贪泉名气不小。

贪泉传说，大约是盗泉的模子里抠出来的。汉代《说苑·谈丛》说：“水名盗泉，孔子不饮，丑其名声也。”不饮盗泉，因为讨厌它以“盗”相称。此事见于战国时代《尸子》一书记孔子事：“过于盗泉，渴矣而不饮，恶其名也。”一眼泉水，偏偏取名叫“盗”，孔夫子宁可渴得嗓子眼冒火、嘴唇干裂，也不愿意沾它。由盗泉到贪泉，故事的创作思路有所发展，从厌恶其名，变为其水致恶，喝下去要染毛病的。在那段合肥包公祠水井故事里，推想“抑或孝肃祠旁之井为廉泉，不廉者饮此头痛”，也是贪泉传说的思路。

包公的形象，在古人心目中充满着威严、正气。这形象又是绝不单薄、很具立体感的，人们多侧面地塑造着自己理想中的人物。讲着他的狗头铡、虎头铡、龙头铡三把大铡刀，说着他的审人、审鬼、探阴，也拿着合肥水里的藕，说无丝（私），指着包公祠的井，谈“廉”。清代檀萃《楚庭稗珠录》还录有如下故事：肇庆府署内有间瓦屋，四壁无门不可入，相传为包公所建，历代不敢开，称为“乌台大堂”。屋后有一口井，相传为包公所凿，井口用板盖住，人行其上，“空洞有声，亦不敢发”。这一屋一井，借着铁面无私包青天的威名，真的是正气凛然了。

（八）虎跑泉·马跑井

井与泉不同。泉是天然的水洼，汪在那儿，或流开去。井则不然，凿井及泉要靠凿，它是人工的产物。有没有不用挖掘的井呢？古人说，有的。例如，“神农既诞，九井自穿”，出于神话。此外，充满封建色彩的符瑞之说，还虚幻出所谓浪井，那“不凿之井”被说成是天下易主的征兆。

在民间传说里，还有一种虚构的成井方式，它有别于“九井自穿”“不凿之井”，却又不用一锹一篑地下功夫，它是传说造就的神来之笔，只画龙点睛般地那么一点，便得了佳井良泉。

民间传说中的这类故事，总是要沾些神气、仙气的。其中妇孺皆知的，当首推虎跑泉。虎跑泉是杭州的风景点。那里有茶室，就地汲水，沏茶飨客。还备水舀，方便游人品水。这是一眼井。虎跑的名字，来自老虎刨地出泉的传说。明初，大学士宋濂写道：唐代的性空大师来游此山，乐山间灵气郁盘，栖禅于山中。不久，只因找不到水源，遂生去意。一日，忽见神人跪告：“南岳童子泉将派二虎移泉至此。”转天，果然有两只老虎，跑山出泉，水质异常甘洌。没有了缺水之忧，性空大师留下来，建起佛寺。

我国不少地方流传着这类风物传说。

滇黔民间崇奉武侯，与诸葛亮的故事一道流传，还有关索的传说。关索是关羽第三子。据周绍良《关索考》，关索传说影响着滇黔一带的地名，那里有关索岭多处，还有关索城、关索寨、关索桥等。《古今图书集成·方舆汇编·职方典》安顺府永宁条：“关岭在州城西三十里……上有汉关索庙。《旧志》：索，汉寿亭侯子，从武侯南征有功，土人祀之。山半有马跑井，云索统兵至此，渴甚，马蹄跑地出泉，故名。”

关索庙、马跑井，同所在地关岭一样，展示着关于蜀汉的传说故事。那井，相传为马跑而成。

这样饶有趣味的文化景观，也见于湖北武昌的一眼古井——伏虎山卓刀泉。此井很深，水甘如醴，井台、井栏为明代所建。相传关羽以刀卓地，水涌成井，故以“卓刀”名之。与这段“卓刀”而井的传说相似的，是拄杖杵地而得水井的传说——《后汉书·志·郡国》长沙郡注引《荆州记》：益阳“县南十里有平冈。冈有金井数百，浅者四五尺，深者不测。俗传云，有金人以杖撞地，辄便成井”。神人手杖一磕，便磕出一眼井，这已是奇事，并且井数数百，又多得出奇。

河北获鹿的抱犊山，现已开发为风景旅游区。抱犊山的传说，有一段韩信井的故事。这段在民间流传的故事，是有文字来源的。获鹿比邻井陉，当年韩信曾在这一带打胜仗。并曾掘井，《太平御览》有材料：“韩信将下赵，引兵方出井陉口，师患无井。筮之得蒙，知山下有泉焉。信遣将索之，见二白鹿跑地有泉涌地。”《易经》的蒙卦，卦形为艮上坎下。艮为山，坎为水，所以此卦《象辞》说：“山下出泉，蒙。”韩信兵出井陉，取水无井，为此算了一卦。得蒙卦，于是相信山间会有水。派人去找，远见两只白鹿用蹄刨地，有泉水流出。韩信在那里掘成一眼水井。

与为汉王朝打天下的韩将军相类，抗匈奴保汉朝的霍去病将军也有此类传说。兰州皋兰山北麓五泉山，甘露泉、掬月泉、摸子泉、惠泉、蒙泉，汪汪五泉，相传为汉代名将霍去病所开。征西至此，士卒渴而无水，霍将军的马鞭连甩五下，鞭响泉涌。

甘肃天水渗金寺旁马跑泉，《秦州志》载，相传唐尉迟恭征战至此，军中苦于无水，他的坐骑以蹄踏地而得泉。

云南传说，当年忽必烈的大将阿喇铁木耳骑兵远征曲陀关，暑天干渴，却找不到水源。阿喇铁木耳所骑战马用蹄刨地，有泉水渗出。官兵们饮水再战，不久便占领了滇南，在曲陀关设立都元帅府，并在马刨出泉的地方修了一眼水井。

浙江民间传说故事讲，戚继光抗倭打了大胜仗，但天旱不雨却为戚将军出了大难题。倭寇探得这一情报，又在虎视眈眈。戚继光在星光下骑马巡视，见到处是枯草黄叶，不禁为找不到水源而愁眉紧锁。这时，他的坐骑忽然马失前蹄，趴在地上。戚继光下马察看，发现马卧的地方水气潮湿，拔剑掘土，如有泉眼。戚继光当夜组织挖掘，挖出一眼水井。一方百姓有井汲水，欢天喜地。倭寇探知，以为这是天助戚家军，再也不敢登陆骚扰。

台湾银锭山剑井的传说，则以郑成功为主角。这位收复台湾的爱国英雄自台南北上，被围于银锭山。饮水告急，影响了士气，郑成功用力将剑插入土中，甘泉随即涌出。畅饮激发了斗志，接下来是一场大胜仗。为此，也付出代价：郑成功的剑没有能够收回，沉入井中。郑成功也因此而一病不起，几天后离开了人间。当地相传，那剑每年端午节时浮上水面，此日井水，能治百病。郑成功舍剑得井，为此类井泉故事增了一条线索——古人称宝剑为龙泉，这传说的潜台词是：腰间龙泉（剑），化为山上龙泉（井）。

南征北战或许壮烈，或许不壮烈，但是兵也好将也罢，总是要饮水的。千军万马开到一个地方，没有水源，要解决口干舌燥的问题，只好掘井找水喝。此情此理，使得以上故事流传民间。

上面所述，是一类传说。下面一则故事，不讲临渴掘井，而讲将士们渴急发力，硬是扳倒水井，一通畅饮，情节构思别具一格。传说讲，河北邯郸城西北的官庄村，有一眼井口倾斜的水井，人称扳倒井。相传，当年邯郸的卜者王郎称帝，汉武帝兴兵前来讨伐。行军到此，将士、马匹干渴至极。好不容易找到一眼井，一时却又寻不到汲水的家什。情急之下众将士把井扳倒，饮了个痛快。这个故事显然话因斜生，是虚拟的风物传说。它的绝妙处有二：首先，众人一使劲，竟把水井扳倒，想象之奇，令人叫绝；其次，邯郸地方，出个卜者王郎，传说者将记载在《后汉书·光武帝纪》这段史事嵌入所述故事，其就地取材之妙，显示了民间文学结构故事的功力。

再版后记

那年到中国作家协会北戴河创作中心疗养，随集体活动之外，自设题目走了一些地方。榆关逛老城、昌黎看古塔，去卢龙则为访井，自然是古井。与老伴在陈官屯下车，第一眼看到的是钻井机械厂厂房，还有直径两三寸的钻井土芯、岩芯，一排排躺在路旁。当时说：古井、机井，这村庄与井的缘分可是不浅。穿过大半个村庄，找到那眼老井，井很深，无水。居家不远的一位老大娘前来说话，讲当年水旺，守着井建起社办工厂，又讲外宾旅游团曾来看井。老大娘热情，邀到家里喝杯水。我们一进门就见院子里两眼机井。我们问为什么要俩井，老大娘回答："那个浅，已汲不上水，又打了深的。"说着，一合电闸，地下水汩汩流出。

传统水井式微，因为面对自来水时代；另有尴尬，是一些地方地下水位的下降。陈官屯分明在以时光的截面，呈现汲水之井的古今变迁，这是此次卢龙行的额外收获。至于目标景物，欣赏了，触摸了，拍了照——那是一块刻着"大安元年二月十三日造井"字样的井口条石。辽代大安元年为公元1085年。

回想起来，这部书初版虽已廿载，对于水井，我的兴趣并不曾减。外出旅行，遇上古甃老井，总不免要停下脚步，端详一番。若携着相机，便派上用场。这次看校样，选了一些照片，承蒙责编支持，加了进来。诸如安徽寿州古城中仍在使用的三眼井，九华山肉身宝殿旁的阴阳井，河南禹州的锁蛟井，山东淄川蒲松龄故居的柳泉，湖南岳阳洞庭湖君山的柳毅井，等等。在安徽合肥，登上教弩台，悬匾“古屋上井”的亭子里，那眼奇井仍然水气氤氲；在广西壮族自治区三江侗族村寨，村民捐款修井，为两眼大井盖了井亭，梁上嵌着几百字的亭记，墙上写着保护水源的乡约……

关于井文化的话题，凹在岁月里，如伸向地下水脉的井，很深很深；又如泛着日光、浮着月辉的井湄，生活里一泓清凌凌之所在，可汲可品。

谈这部书稿，曾借“解剖麻雀”的说法，写过几行字：“用文化的视角端详一种器物，其实是以博大精深的中华文化为对象，专注于一个切入点，解剖麻雀。这样的‘麻雀’，如果能够琢磨透三百五百个，我们对于中华文化的认识将会登上新台阶。”如此学问路线，且借宋代笔记书名，称为“事物纪原式”吧。这样的选题，学界一直有人在做，成果早已斐然。

“解剖麻雀”云云，也是讲给自己的，“生肖”“门”还有这册“井”，做过三题之后，希望新的涉及。而如今，题目仍在，材料备着，只觉得白驹过隙，日历翻页好快。

谨以这篇后记致意读者。感谢出版社，书再版，给作者又一次面对读者的机会，或许还能续出话题来。

吴裕成

癸卯年正月初六记于至随斋